A HISTÓRIA DA PONTE DE IGAPÓ

Catalogação na Fonte
Elaborado por: Josefina A. S. Guedes
Bibliotecária CRB 9/870

N385h
2022

Negreiros Neto, Manoel Fernandes de
A história da Ponte de Igapó / Manoel Fernandes de Negreiros Neto. - 1. ed. - Curitiba : Appris, 2022.
460 p. ; 23 cm. – (Educação, tecnologias e transdisciplinaridade).

Inclui bibliografia.
ISBN 978-65-250-1920-8

1. Pontes de concreto. 2. Treliças (Construção civil). I. Título. II. Série.

CDD – 624.2

Livro de acordo com a normalização técnica da ABNT

Appris editora

Editora e Livraria Appris Ltda.
Av. Manoel Ribas, 2265 – Mercês
Curitiba/PR – CEP: 80810-002
Tel. (41) 3156 - 4731
www.editoraappris.com.br

Printed in Brazil
Impresso no Brasil

Manoel Fernandes de Negreiros Neto

A HISTÓRIA DA PONTE DE IGAPÓ

FICHA TÉCNICA

EDITORIAL	Augusto V. de A. Coelho Marli Caetano Sara C. de Andrade Coelho
COMITÊ EDITORIAL	Andréa Barbosa Gouveia - UFPR Edmeire C. Pereira - UFPR Iraneide da Silva - UFC Jacques de Lima Ferreira - UP
ASSESSORIA EDITORIAL	Renata Cristina Lopes Miccelli
REVISÃO	José A. Ramos Junior
REVISÃO ESPECIAL	Dr.ª Nouraide Fernandes Rocha de Queiroz
PRODUÇÃO EDITORIAL	Bruna Holmen
DIAGRAMAÇÃO	Juliana Adami Santos
CAPA	Eneo Lage
COMUNICAÇÃO	Carlos Eduardo Pereira Débora Nazário Karla Pipolo Olegário
LIVRARIAS E EVENTOS	Estevão Misael
GERÊNCIA DE FINANÇAS	Selma Maria Fernandes do Valle

COMITÊ CIENTÍFICO DA COLEÇÃO EDUCAÇÃO, TECNOLOGIAS E TRANSDISCIPLINARIDADE

Dedico este livro à minha mulher, Verônica, e aos meus filhos, Álvaro e Augusto.

AGRADECIMENTOS

Primeiramente, sou grato a todas as pessoas aqui nominadas que me ajudaram nesta pesquisa de 25 anos. Caso tenha esquecido alguém, que me procure para constar na próxima edição. Esta é a primeira edição e posso cometer erros. Que me perdoem e vamos para a próxima corrigindo. Pessoas, fotografias ou lugares foram cuidadosamente citados ou foram solicitadas as permissões para o uso no sentido de edificar uma história. Este é um livro de e sobre "A História da Ponte de Igapó", com detalhes de técnicas de engenharia civil centenárias. Muitas imagens são antigas, com mais de 100 anos, outras são de domínio público na Internet e citadas. Outras são da minha câmera.

Agradeço à Universidade Federal do Rio Grande do Norte (UFRN), ao Departamento de Engenharia Civil, nas pessoas de seus professores doutores Paulo Alysson, Olavo Santos Jr., Maria das Vitórias, e Jaquelígia Brito, minha inteligente orientadora. Não esqueço o competente e dedicado laboratorista de concreto Sr. Francisco Braz.

No Departamento de História, tive a acolhida séria, confiante e encorajadora dos professores doutores Raimundo Arrais e Helder Viana, visto que o primeiro logo me forneceu um parecer seu e uns projetos antigos de prédios próximos às cabeceiras da ponte velha: foi uma alegria. No Departamento de Geologia, conversei muito com a professora doutora Helenice Vidal sobre utilizar o "perfilador de subfundo" para auscultar os blocos das fundações. Agradeço ao Núcleo de Ensino e Pesquisa de Petróleo e Gás (Nupeg) da UFRN pelos ensaios de Teor de Cloretos na massa do concreto, como indicações do engenheiro doutor Fábio Pereira.

No Departamento de Arquitetura, no Grupo de Pesquisa, História da Cidade, do Território e do Urbanismo (HCUrb) e no Programa de Pós-Graduação em Arquitetura e Urbanismo (PPGAU), agradeço à vibrante acolhida dos arquitetos doutores George Dantas e Yuri Simonini, que sempre me ofereceram livros para pesquisar e seus tempos em boas conversas por meio dos tempos lentos da Natal daqueles anos de 1912. Sou muito grato a eles.

No Departamento de Química, agradeço demais ao engenheiro químico doutor Júlio César Freitas do Laboratório de Cimento. A descoberta da *katoita*, em grandes quantidades, por meio de nova difração de raio X –

DRX em 2012, realizada pelo estagiário de química Rodrigo, no cimento hidratado do Instituto Histórico e Geográfico do Rio Grande do Norte (IHGRN), foi um momento ímpar de descoberta científica.

Um lugar que foi o meu primeiro porto e ancoradouro de todas as horas foi o IHGRN, nas pessoas agradáveis do doutor Enélio Petrovich (*in memoriam*) e doutor Jurandyr Navarro. Os funcionários Antonieta e Manoel, sempre sorridentes, animavam-me. Não esqueço a historiadora Verônica, com sua calma e com a capacidade de saber onde a história está. Nesse porto, conheci o excepcional historiador, amigo e pesquisador brilhante e vibrante nas conversas intelectuais do passado, William Pinheiro Galvão, a quem sou grato.

A família de engenheiros civis que fazem a Engenharia e Cálculos LTDA. (Engecal), José, Flavio e, notadamente, doutor Fábio Sérgio da Costa Pereira, sou muito grato pelas entrevistas e conversas técnicas, pelos incentivos, pelos ensaios de esclerometria, pH, e orientações vibrantes. Sem os Pereira eu não teria avançado na ciência investigativa do concreto. Recebam a mais forte expressão da gratidão.

Ao engenheiro proprietário da AJAX, Antônio José, que proporcionou a máquina para a extração dos testemunhos nos blocos, sou grato. Lembro-me de nós dois tomando água de coco pendurados nas vigas I das treliças de quase um metro de altura da ponte metálica.

Ao Capitão Afonso Melo, que dispôs a lancha e um dia de trabalho em pesquisas subaquáticas nos pilares-blocos, sou igualmente grato. Ao iatista Eilson Amorim, obrigado por um passeio até os pilares velhos para várias fotografias. Ser grato é bom.

Sem a ajuda dos canoeiros Jailson e Daniel, ribeirinhos da margem direita do Potengi, as pesquisas *in loco*, várias vezes realizadas, não teriam sido possíveis. Com eles, fiz a primeira lista: escada de alumínio, trenas, prancheta, cabos elétricos, luvas e até primeiros socorros. Com eles aprendi a caminhar como um garoto por sobre vigas metálicas e aproximei-me dos rebites e das cantoneiras bem reais, porém corroídos. Os tempos de alpinismo no Rio de Janeiro me ajudaram a andar com mais desenvoltura sobre aqueles aços ainda tão belos.

Na Rede Ferroviária Federal S.A (RFFSA) fiz dois amigos empolgados: o senhor Atualpa Mariano, presidente da Associação dos Ferroviários Aposentados, que me presenteou com uma lanterna de trem a querosene e várias informações preciosas. E o engenheiro Ely Bastos, que me abriu todas as oficinas, museu e livros da atual Companhia Brasileira de Trens Urbanos (CBTU) – Natal.

A Federação das Indústrias do Estado do Rio Grande do Norte (FIERN), na pessoa de seu diretor e engenheiro Josenilson Dantas de Araujo, agradeço os ensaios de FRX e DRX no SENAI-CTGAS-ER, tanto do concreto quanto do cimento, ainda em 2010. E agora em 2021 com a ajuda no livro de seu presidente Amaro Sales.

Em 2010, fui agraciado para dar aulas no Instituto Federal do Rio Grande do Norte (IFRN) – com a bondade do professor Gilson Oliveira e outros. Lá o professor diretor Eurípedes Medeiros logo se apaixonou pela história, convidando-me para uma palestra na Expotec. Sou grato ao IFRN.

Os engenheiros muitas vezes se sensibilizam com histórias velhas de engenharia e o Conselho Regional de Engenharia e Agronomia do Rio Grande do Norte, na pessoa do engenheiro civil Adalberto Carvalho, muito me orgulhou quando me convidou para dar uma palestra inaugurando o novo auditório em 2011.

Nas casas UFRN, IHGRN e Crea-RN, existe o excepcional geólogo-engenheiro e professor Edgard Ramalho Dantas, que, sem o seu avô, o incrível Manoel Dantas, não é possível compreender essa história. Edgard, em uma época em que pensávamos que os blocos de concreto eram apoiados em estacas, foi quem primeiro me advertiu: "os blocos daquela ponte foram executados com tubulões a ar comprimido", sentenciou. A informação teria se passado para o mestre Gaag por um mestre de obras que trabalhou na construção da ponte. Foram muitas horas de conversas e muitas fotografias fornecidas com a maior naturalidade e bondade.

Nas investigações, sou grato aos amigos que encontrei Ricardo Tersuliano e Manoel Tomé de Souza, o Manozinho (*in memoriam*), do Instituto dos Amigos do Patrimônio Histórico e Artístico Cultural e da Cidadania (IAPHACC), um instituto que trouxe a locomotiva Catita-3, que estava em Recife (PE) para o Rio Grande do Norte e montou o Museu do Trem na Rotunda recuperada e reformada pelo IFRN-Rocas.

Agradeço a bondade do então promotor público doutor João Batista, que me proporcionou a pesquisa em seu processo e a batalha pela conservação da ponte. A ele informei, em 2011, o possível local de ruptura, tempo provável de 10 anos do desabamento da primeira treliça na margem direita.

No Departamento de Estradas e Rodagens do Estado do Rio Grande do Norte (DER-RN), com a gentileza do senhor Canindé, encontrei a batimetria da ponte de concreto apenas a 30 metros da minha ponte pesquisada. Sou, ainda, muito grato ao engenheiro Nadelson Freire pelas fotos cedidas de grande sensibilidade.

Agradeço a Rogério de Pinho Pessoa, da GÊPE Engenharia e Estudos Geotécnicos, pelo valioso relatório de sondagem realizado pelo seu pai, o engenheiro civil Pinho, em 1988. Essa sondagem foi balizadora para os cálculos. Igualmente, sou grato aos colegas de mestrado, os engenheiros civis João Sérgio Simões e José Wilson Júnior, que me ajudaram a calcular a capacidade de carga de um bloco de pilar, usando a conservadora fórmula de Terzaghi-Buisman.

Um dos momentos mais sensacionais desta pesquisa foi, em 2009, quando o funcionário da RFFSA, senhor André Lopes, achou uma cópia dos projetos originais e das adaptações para transformar a velha ponte em rodoferroviária. Tremi de alegria.

Os arquitetos Moacyr Gomes e João Maurício de Miranda me informaram sobre os vários caminhos a tomar. Sou grato.

Agradeço ao historiador pesquisador Wagner Nascimento Rodrigues (*in memoriam*). Seu livro e sua dissertação de mestrado sobre as ferrovias no Rio Grande do Norte são inspiradores, corretos, caprichados, com pujança, verve e dignos de serem citados. As suas fotografias maravilhosas do engenheiro Eduardo Parisot, que fotografou a ponte de Igapó e seus acessos sendo construídos, foram sensacionais. À sua nobreza de ceder gentilmente as fotos, faço minhas reverências.

As belas fotos de Esdras R. Nobre são excelentes e ilustram este livro. Só posso agradecê-lo e muito.

Sou grato ao amigo pesquisador Fred Nicolau, da Fundação Rampa. Ele foi excelente observador ao notar o velho prédio do porto em uma foto de 1941 da Segunda Guerra em Natal e me ajudou no contato telefônico com a Cleveland Bridge (CBUK) em Darlington 2011.

Agradeço a Aldemir Fernandes, do jornal *Diário de Natal*, que me forneceu algumas fotografias e exemplares de jornais ao longo da vida da ponte.

Também devo agradecer ao *Novo Jornal*, por uma boa entrevista. Agradeço à TV Ponta Negra, TV Câmara, TV Assembleia e a Cassiano Arruda no "É por aí". Agradeço ao Café São Braz pela entrevista em 2018. E pela entrevista de uma hora e pela expedição à "Ponte Perdida" com Augusto Maranhão, no seu programa "Conversando com Augusto Maranhão", em 2013.

O engenheiro civil e escritor José Narcélio, com a sua sensibilidade histórica e técnica, fez três artigos de jornais relatando dados técnicos e históricos da nossa Ponte de Igapó; da Florentino Ávidos, no Espírito Santo; e da Ponte Hercílio Luz, em Santa Catarina, que muito me influenciaram nas buscas por mais informações.

O engenheiro Marco Aurélio, ex-diretor da RFFSA, é uma pessoa excelente com quem dialoguei e gravei vários minutos de conversação. Ele conversa com informações técnicas precisas, suas aulas foram muito valiosas.

Só agradecer é pouco para a família do engenheiro fiscal da época (1912) João Ferreira de Sá e Benevides, em São José dos Campos (SP). Tive a honra de conversar com João Ferreira de Sá e Benevides Filho, que nasceu em Natal em 1916, tudo a partir de um encontro no Iate Clube com Sandra Garcia, promovido por Kátia Negreiros, que é amiga de Katia Benevides (neta do engenheiro fiscal) e Oilze Santos. Ela proporcionou um excelente encontro em 2012 com seu avô.

Lembro-me da gentil acolhida do Barão de Saavedra, Thomaz Saavedra, filho do Barão de Saavedra, que atendeu um telefonema investigativo meu e imediatamente me introduziu na família Proença no Rio de Janeiro. Consegui fotos de até 1923 e relatos sensacionais sobre o grande homem que foi o engenheiro João Júlio de Proença. A família Proença, notadamente João Nabuco, mantém um grupo de pesquisa permanente que visa captar mais informações.

Quando estava me preparando para ir à Inglaterra, o Cônsul do Reino Unido em Natal, Mr. Moore, fez uma excelente carta de apresentação ao pessoal da Cleveland.

O contato na CBUK não foi fácil. Demorou anos. No entanto, depois da quebra do gelo com a ajuda do "inglês britânico arcaico" do Fred Nicolau, me receberam muito bem na sede em Darlington. Quando cheguei lá, em 2011, o diretor Bob Forrester, um escocês orgulhoso por trabalhar na CBUK desde os 17 anos, já estava me esperando com um monte de livros, revistas, pastas, prospectos e, ainda, um livro e duas canetas para presentes. Foi um encontro sensacional. Também sou muito grato ao engenheiro de solda, "welding engineer", Trevor, que, tendo o Álvaro, meu filho, filmando, mostrou-nos toda a fábrica, a linha de montagem, além de oficinas e escritórios. Agradeço ao Museu do Trem em Darlington pela emoção dos *souvenirs* e pela locomotiva do Stevenson ao vivo. Esse foi um encontro para agradecer ao Grande Arquiteto do Universo.

Sem a revista da École D'Arts et Métiers não seria possível descobrir a vida do projetista Georges Camille Imbault. Assim, agradeço aos excelentes contatos com Christian Legrand, que é um ex-aluno da École d'Ángers, também. Sou muitíssimo grato ao monsieur Michel Colombot, neto do engenheiro G. C. Imbault e então CEO da Baudin Chateauneuf (BC), em 2012, ao monsieur Eytier e aos bons e-mails do senhor Hubert Labonne lá em Chateauneuf-Sur-Loire, França, motivando encontros.

Agradeço muito ao amigo "francês-natalense" Michel Lang (*in memoriam*), que o nosso Deus o chamou em 2015, nas traduções e treinamentos do francês.

Também agradeço ao Eduardo Alexandre Garcia, com o seu faro e conhecimento da história desse tempo e uma fotografia do alto da igreja matriz de Natal.

O bacharel em História Ivanilson dos Ramos, morador do bairro de Igapó, foi de uma contribuição marcante com seus relatos e suas fotos inéditas. A ele o meu muito obrigado.

Também em Igapó, agradeço às gentilezas dos senhores João Galvão e Carlinhos Galvão. Dois irmãos excepcionais no bairro de Igapó em Natal que me mostraram a base do britador de 1912 no quintal da casa de um amigo.

Excelentes foram as conversas com Wilson Collier (*in memoriam*) em busca de F. Collier. Wilson é neto de Edwin Collier, um engenheiro inglês que foi chefe da Estrada de Ferro Central do Brasil no Rio de Janeiro nos anos posteriores à inauguração da ponte metálica sobre o Potengi.

O historiador William Pinheiro Galvão, que está escrevendo um grande livro sobre Manoel Dantas, foi fundamental para este livro. Ele foi uma daquelas pessoas inteligentes e vibrantes que sempre quis conhecer. Minha gratidão e amizade com ele são infindáveis. Ele conseguiu descobertas para minha pesquisa, mandou recortes de jornais da época. Sempre ligava para ele para discutirmos como eram os anos entre 1911 e 1916. Ele é um homem do nosso tempo que sabe navegar em vários tempos passados. Senhor daqueles tempos lentos. O cara da história potiguar!

Em 2012, o senhor João Bosco Miguel, do Iate Clube do Natal, deu a dica sobre o britador que ficava na margem esquerda do rio Potengi, já na cidade de Macaíba. Foi reveladora, apesar de não ter conseguido as provas, a probabilidade de ele ter sido utilizado na construção da ponte é muito alta. Mais tarde, voltei lá em companhia do engenheiro Jarbas Cavalcanti e de seu filho Jarbas Cavalcanti Filho, mas só a ligação da fabricação desse britador com o cientista James Watt já nos trouxe emoção.

Também foi importante a atuação do senhor João Maria Firmiano, do Iate Clube do Natal, em localizar e encontrar o neto do maquinista Manoel Carnaúba, o senhor Heriberto Pedro da Silva.

No Instituto Ludovicus – Instituto Câmara Cascudo, tive uma manhã de aula sobre o nosso grande mestre com a sua neta e presidente do instituto, Daliana Cascudo Roberti Leite. Lá ganhei a gentil autorização para o uso de uma bela fotografia e citações do mestre no interior do livro. Muito obrigado!

Para que nenhuma pessoa ou órgão seja esquecido, faço a lista a seguir, acompanhada do meu muito obrigado. Não foi fácil. E se esqueci, perdoe-me, na próxima edição eu acrescentarei.

– AJAX Ltda.
– Sr. Aldemir Fernandes
– Empresário Alberto Serejo
– Sr. Anderson T. de Lyra
– Arq. João Mauricio
– Arq. Moacyr Gomes
– Arquivo da Marinha. Ilha das Cobras, Rio de Janeiro
– Arquivo Nacional
– Arts Métiers Magazine
– Empresário Augusto Maranhão
– Baudin Chateauneuf (FR)
– Mr. Bob Forrester
– Botamax Ltda.
– Bosco Miguel Iate Clube do Natal
– Canoeiros do Potengi
– CBTU-Natal- Erly Bastos
– Monsieur Christian Legrand (FR)
– CBUK
– Clube Engenharia RJ
– Clube Engenharia RN

– Consulado Reino Unido em Natal (RN)
– Crea-RN
– Daliana Cascudo Roberti Leite
– *Diário de Natal*
– École D'Arts Métiers (FR)
– Eng. Adalberto Carvalho
– Eng. Dr. José Pereira
– Eng. M. A. Cavalcanti
– Eng. Nadelson Freire (*in memoriam*)
– Eng. Trevor. Oficinas da CBUK. Darlington (UK)
– Eng. Dr. Fábio Sérgio da Costa Pereira
– Engecal Ltda.
– F. A. Duarte
– Fotógrafo Esdras R. Nobre
– Família R. Iglésias
– Família Eng. J. Benevides
– Família F. Matoso
– Família M. O. Cavalcanti
– Família Proença – Rio (RJ)
– Fiern/Senai/Ctgas
– Eng. Francisco Matoso
– Fred Nicolau
– Fundação Rampa
– Geo. Edgard R. Dantas, neto de Manoel Dantas
– Gepê Engenharia Ltda.
– HCurb-UFRN
– Heriberto Pedro da Silva, neto do maquinista Manuel Carnaúba
– Monsieur Hubert Labonne (FR)
– Iaphacc. Ricardo Tersuliano
– Iate Clube do Natal. Comodoro Marcilio Carrilho (*in memoriam*)
– IFRN/Eng. Euripedes e Eng. Alexandre Spotti
– IHGRN / E. Petrovich (*in memoriam*)

– Internorth Ltda.
– Irmãos João Alfredo Rodrigues Galvão e Carlos Alberto Rodrigues Galvão
– Ismar Siminéa
– Ítalo Siminéa
– Hist. Ivanilson (Novinho)
– Eng. Jarbas Cavalcanti
– Eng. Jarbas Cavalcanti Filho
– Sr. Jailson e Daniel (barqueiros do Potengi)
– Sr. João Bosco Miguel
– Sr. João Maria Firmiano
– Sr. Manozinho – Manoel Tomé de Souza (*in memoriam*)
– Médico Olímpio Maciel
– Monsieur Michel Colombot (*in memoriam*)
– Monsieur Jean-Luis Eytier
– Novo Jornal
– Patrícios Metais
– Prof.ª Dr.ª Jaqueligia Brito
– Prof.ª Dr.ª Maria das Vitórias
– Prof. Olavo Santos
– Dr. João Batista
– Prof. Dr. Raimundo Arrais
– Rapaziada Potiguar
– RFFSA
– Rodrigo estagiário do Laboratório de Química da UFRN em 2012
– Sr. Ricardo Tersuliano
– Senai – CTGAS-ER
– Sr. A. Modrach
– Sr. André Lopes
– Sr. Gaspar Arruda Mariano
– Sr. Atualpa Arruda Mariano da AARFFSA
– Sr. Canindé DER/RN
– Sr. William Collier

– Sr. Wilson Collier
– Structurae
– Thomaz Saavedra
– UFRN – Dep. Geologia
– UFRN – Dep. História – Profs. Dr. Raimundo Arrais e Dr. Helder Viana
– UFRN – Dep. Eng. Civil
– UFRN – Dep. Eng. Química – Prof. Dr. Júlio César de Oliveira Freitas
– UFRN – Nupeg
– UFRN – PPGAU/CT
– UFRN – Dep. Arquitetura – Profs. Dr. George Dantas e Yuri Simonini
– Jornalista Vicente Serejo
– Consul Reino Unido – Natal (RN)
– UNP /Prof. Hênio Tinoco, Maurílio Medeiros e Ítalo Vale Monte
– Hist. Dr. Wagner N. Rodrigues (*in memoriam*)
– Hist. Willian Pinheiro Galvão.

PATROCINADORES

Federação das Indústrias do Estado do RN

PELO FUTURO DA INDÚSTRIA

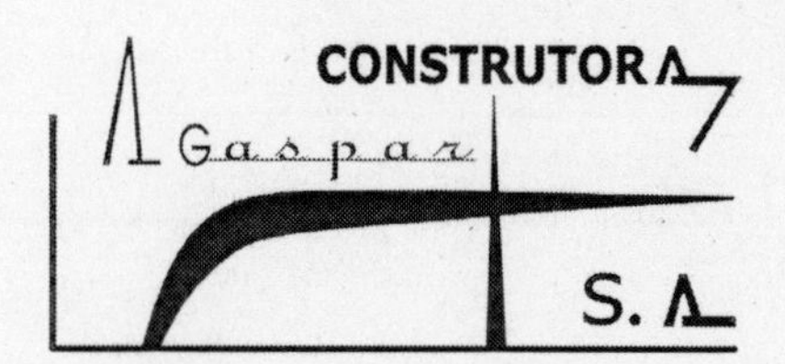

Manoel Negreiros

Manoel Fernandes de Negreiros Neto é engenheiro civil, mestre em estruturas e construção civil pela UFRN. Tem especialização em gestão de negócios pela UFRN e avaliações e perícias de engenharias pela FAL. PROFESSOR DO IFRN – Instituto Federal de Educação, Ciência e Tecnologia do Rio Grande do Norte. Escritor.

A verdade é filha do tempo e não da autoridade, mas a dúvida é o começo da sabedoria[1].

(Galileu Galilei)

[1] Frase também atribuída ao escritor latino Aulo Gélio em sua obra Noites Áticas. Fala sobre a ideia de que aquilo que hoje não tem ainda a possibilidade de aparecer como tendo elementos de veracidade, com o tempo mostrará caminhos.

PREFÁCIO

UMA HISTÓRIA, UM HISTORIADOR

Salto esculpido / sobre o vão /
do espaço / de pedra e de aço /
onde não / permaneço /
– passo.

Zila Mamede
(A Ponte)

A grande história não nasce apenas de uma curiosidade, nem faz nascer um historiador. Precisa ser uma história de verdade para ter a força reveladora de um historiador. História e historiador nascem do encantamento que transforma a curiosidade em uma paixão a dominar a própria vida.

É assim que nascem, nas páginas deste livro, com igual intensidade, a História da Ponte de Igapó e o Historiador Manoel Negreiros.

Duas vezes, até hoje, a produção histórica do Rio Grande do Norte venceu seus próprios limites. Em 1955, quando Câmara Cascudo lançou a *História do Rio Grande do Norte*, e, vinte anos depois, com Hélio Galvão lançando a *História da Fortaleza da Barra do Rio Grande* (1999).

Nesse espaço, entre 1955 e 1978, temos a vaidade das duas maiores, mais extensas e profundas pesquisas: *A História do Rio Grande do Norte,* ampla, rica e inovadora narrativa dos quatro séculos da terra e da gente, o registro de todos os ângulos de sua evolução social, política e econômica, seguindo um modelo moderno de ordenamento temático que fugiu da cronologia linear para ser o retrato de uma história viva que nunca fora contada antes, com a visão do homem como centro de tudo. A segunda, a *História da Fortaleza da Barra do Rio Grande*, maior do que os limites históricos da sua edificação física e do seu papel nos domínios português, francês e holandês, fixando as marcas de um processo civilizatório que começou ali e se projeta ao longo de mais de quatro séculos desde o Brasil colonial.

Essa *História da Ponte de Igapó* é a grande história que a vida intelectual do estado devia diante do seu segundo maior monumento, também secular. Uma história não apenas nascida de uma tecnologia revolucionária e pioneira à época, mas igualmente de um papel social, econômico e político que representou. Ela ligou as duas partes da cidade para que o rio não mais a separasse, integrando seu território urbano em expansão, até ser desativada com a construção, e depois a duplicação, da nova ponte, agora de concreto.

O processo urbano de Natal não foi substancialmente diferente das cidades do mundo. Aqui também o ferro e o cimento foram os elementos modernizadores do sonho construtor dos homens. Está nas grades e nos arabescos do Palácio Potengi e do Teatro Alberto Maranhão, os exemplos mais relevantes, e nas três sacadas do chalé nas quais Câmara Cascudo viveu e produzia sua obra intelectual com dimensões locais, nacionais e internacionais. A arte, que adornava com nobreza os edifícios mais solenes e representativos, também encontrou no ferro a tecnologia importada dos ingleses e franceses, a força que disparou o processo de modernidade arquitetônica nas aristocracias rural e urbana.

Aqui, em algumas centenas de páginas, não está apenas o abrigo cuidadoso de palavras, nomes próprios, plantas técnicas, cálculos, mapas e fotografias, ordenados em uma cronologia de datas, fatos e episódios. É uma história que vence a aridez da visão de engenharia e que já bastaria para ser uma grande aventura intelectual de quando uma bela história sabe proporcionar o êxtase da descoberta ao historiador e ao leitor. Vai além. Revela a *Ponte de Igapó* não apenas como uma obra física, consagradora da ousadia técnica e do arrojo administrativo, mas, principalmente, a revolucionária visão de integração com um ramal rodoferroviário que desenhava, à época, os caminhos sociais e econômicos para o crescimento da capital, maior centro urbano, a força catalizadora dos seus municípios, daqui, para o resto do Brasil, a partir de Recife.

A leitura da *História da Ponte de Igapó* é um belo, longo e rico caminho feito de muitas descobertas. Do que estava perto dos olhos e das mãos, e do escondido em velhos arquivos, documentos e jornais; e do que estava longe, tão longe, que só o encantamento do historiador seria capaz de alcançar. E tudo para levantar dos arquivos vivos e mortos uma história que ninguém tivera a ousadia contar. Um sonho impossível realizado pela magia da curiosidade humana quando transpõe os limites do apenas real.

Ao longo de suas páginas, desfilam as maiores figuras de uma história administrativa que se fez no Rio Grande do Norte e que esperou mais de um século para ser contada, reunindo engenheiros, governadores, políticos e trabalhadores. Nada mais espantoso, há mais de um século, do que a engenharia desafiando o mistério do Rio Potengi para fazer nascer das suas águas ancestrais as suas pilastras concretadas com cimento inglês para nelas sustentar os seus arcos que vieram de velhas e históricas fundições inglesas, como os lances da magia humana e sua capacidade de superar a própria realidade.

Aqui está a Ponte de Igapó na sua majestade e magnitude secular, refeita e intacta, como se sua forma se eternizasse ao abraçar o rio e ao ser testemunha da vida que por ali passou ao som de suas placas estridentes, anunciando a chegada e a partida dos trens, automóveis, dos bichos de carga e das pessoas e seus sonhos sobre os vãos livres de sua ousadia.

Sem desmerecer todas as outras histórias, algumas também contadas há um século, tão velhas e tão solenes, esta *História da Ponte de Igapó* do professor Manoel Negreiros é mais do que a revelação do engenheiro e do professor. Revela para todos nós o mais importante Historiador na fase moderna da historiografia do Rio Grande do Norte. Um caçador solitário que andou pelo mundo levando nos olhos a ponte que viu quando ainda era um menino.

Natal, no ano da peste e sem graça de 2021.

Vicente Serejo

APRESENTAÇÃO

A construção da ponte em treliça metálica sobre o rio Potengi em Natal, estado do Rio Grande do Norte, entre os anos de 1912 e 1916, foi uma realização além da engenharia brasileira da época. Devido a isso, a história de Natal deve ser considerada antes e depois dessa obra.

Quando o engenheiro João Proença recebe da, então, República Velha um contrato em nome de sua Companhia de Viação e Construções S.A. para empreender a *Ponte sobre o Potengy*, conforme o jornal *O Paiz* relatava na época, percebe a enorme tarefa e vai subcontratar uma renomada empresa estrangeira. Essa empresa, inglesa, nasceu na região berço das primeiras ferrovias, o Condado de Durham, mais precisamente, na cidade de Darlington, no Reino Unido. A solução naqueles anos era fundações em blocos de concreto armado e vãos em treliças metálicas. No entanto, no caso do rio Potengi, seria mais complexo.

A construtora subcontratada chamava-se Cleveland Bridge Engineering Company (CBEC), e a ponte metálica era o símbolo da segunda revolução industrial a partir de 1870. Exatamente nesses anos de 1912 a 1916 o engenheiro chefe e projetista da CBEC era, curiosamente, um francês chamado Georges-Camille Imbault. O senhor Imbault teve uma vida excepcional construindo e recuperando pontes antes e depois das duas grandes guerras pelo mundo afora. O processo de tubulões a ar comprimido tinha acabado de ser desenvolvido pela construtora e foi o método escolhido para as fundações em Natal. Segundo o projeto do engenheiro Imbault, suas bases deveriam ser apoiadas sobre o cascalho encontrado no pós-leito do rio Potengi.

É fato que aqui se trata de uma investigação e pesquisa científica em que a similaridade é usada e em todos os casos será explicada ao leitor.

O fiscal, por parte do governo brasileiro, foi o engenheiro civil João Ferreira de Sá e Benevides, um paraibano, filho de um desembargador, nascido em Guarabira e formado na Escola Politécnica do Rio de Janeiro, a única de sua época no Brasil.

O engenheiro chefe, por parte da CBEC, foi Stephen, um homem competente e sério. Uma das dificuldades foi descobrir a identidade desse Stephen, pois o jornal da época em nenhum momento fala seu nome completo. Entretanto, consegui. Foram muitas emoções.

A obra não foi fácil, houve acidentes; dois tubulões tombaram e ficaram caídos e enfincados sob o leito do rio, mas, com um homem como o Dr. João Proença, uma empresa de renome como a CBEC, um engenheiro projetista mundialmente famoso, um engenheiro chefe local competente e, sobretudo, um fiscal extremado nas suas atuações, a ponte só poderia ser um sucesso. E foi. É até hoje. Em 1916 ela foi inaugurada com direito a muita festa. E estão lá, intactos, até hoje, seus blocos de fundações. O cuidado com o traço do concreto foi enorme para aqueles incipientes anos de engenharia brasileira. Em extração de dois testemunhos de concreto, em 2010, por este autor e amigos relatados mais a frente, foram obtidos resultados altos, uma resistência à compressão normal para hoje, mas enorme para aqueles dias. Vários outros ensaios foram realizados no concreto confirmando a sua excepcional qualidade. Aqueles foram anos em que sequer havia uma fábrica de cimento confiável no Brasil, e todo ele foi importado da Inglaterra em barris de 170 Kg. Conforme veremos, houve um cuidado extra na escolha dos aglomerados, da areia, da pedra e, sobretudo, da água de amassamento.

Muita água passou por debaixo da velha ponte metálica de Igapó. Desde a minha vinda para morar em Natal em 1982, sempre procurei saber por que aquela ponte velha de aço estava ali abandonada, porém firme como uma dama da época vitoriana[2]. Meus primeiros estudos para valer iniciaram-se quando peguei um contrato para construir uns galpões para o Grupo Guararapes em Extremoz, nos anos de 1996 a 1999, anos de muitas obras. Hoje sou professor de construção civil, mas no fundo de minha alma considero-me um engenheiro de obras e construtor. Todo dia passava ao lado daquela "maravilha tecnológica" impassível, resistente. Em um dia eu observava o nivelamento dos blocos; no outro, os detalhes das treliças superiores; no outro, os rebites; no outro, as rótulas de apoio.

Então já se passaram mais de 25 anos. Durante esse tempo, conheci muitas pessoas solícitas a ajudar. Foi e continuará sendo uma pesquisa

---

[2] A era vitoriana no Reino Unido, segundo a enciclopédia Barsa, foi o período do reinado da rainha Vitória, de junho de 1837 a janeiro de 1901. Esse foi um longo período de prosperidade e paz para o povo britânico, com os lucros adquiridos a partir da expansão do Império Britânico no exterior, bem como com o auge e a consolidação da Revolução Industrial.

muito penosa, obsessiva e dispendiosa. Sem progressos, uma luta contra a montanha. E não me intimidei, pois aprendi a escalar montanhas no meu tempo do Rio de Janeiro. Tive que adquirir muitos livros novos e velhos de várias nacionalidades. Tive que viajar a São Paulo, a São José dos Campos, ao Rio de Janeiro, a Itabira, a São Gonçalo do Amarante, a Darlington/ru e a Chateauneuf-Sur-Loire/FR. Passei madrugadas e mais madrugadas na internet. É incrível o quanto foi difícil arrancar dos baús essa velha história de uma ponte, essa arqueologia de engenharia.

Não sabia que forças me moviam a fazer isso. Até que um dia sobre ela (a ponte), conclui: foi a sua resistência, sua durabilidade e completo abandono. Com mais de um século de existência, a metade de solidão, abandonada. Mesmo que não tenha vida como concebemos, foram vidas que a criaram. Certamente, algumas perdidas. O cemitério de Igapó, ao lado dela, tem umas 20 covas não identificadas para anos abaixo de 1920. Quanto trabalho foi executado para erguê-la! Era assim mesmo que os ingleses falavam: "*erect a bridge*".

Os primeiros resultados animadores só começaram a aparecer quando desisti de procurar no idioma português. Foi quando comecei a procurar nas línguas inglesa e francesa que os primeiros resultados apareceram.

Realmente foi uma obra de multinacionais em um mundo que ainda não sonhava com a globalização, mas a estavam empreendendo em 1912. O empreiteiro João Júlio de Proença (JJP)[3] comprava de quem tinha o melhor preço: Inglaterra, França ou Alemanha. Lá na frente veremos que o JJP estava propenso a comprar os vãos metálicos da Alemanha, mas, por causa da tecnologia das fundações profundas exigidas no Potengi, a parceria saiu com os ingleses.

A ponte sobre o rio Potengi não é nenhuma obra de arte especial, fora dos padrões dos seus anos de projeto. O trecho de contrato inicial era de 500 metros divididos em dez vãos de 50 metros cada, mas, com o acidente nos pilares-blocos 4 e 5 e o grande aprofundamento do fundo do rio mais ao norte, na margem esquerda, foi executado um vão de 70 metros entre os pilares-blocos 5 e 6, ficando a ponte acabada com nove vãos de 50 metros e o citado de 70 metros, totalizando 520 metros de extensão. A ponte ferroviária sobre o rio Potengi foi somente ferroviária até o ano de 1944, quando passou a ser também rodoviária. Desse ano em

---

[3] Sempre procurarei usar as abreviaturas nominadas na Lista de Siglas e Abreviaturas deste livro para facilitar e agilizar o desenvolvimento da leitura.

diante, foi utilizada sem apresentar nenhum problema até 1970, quando foi, então, inaugurada uma ponte rodoferroviária de concreto armado 30 metros mais a montante.

Os acontecimentos posteriores a esse fato foram os mais dramáticos e obscuros, para não dizer de extrema insensatez no Rio Grande do Norte e no Brasil. Eram os anos de 1970. Auguste Comte (1798-1857), pai do positivismo disse: "Não se conhece completamente uma ciência enquanto não se souber a sua história". A solidez do conhecimento de um engenheiro civil não está somente baseada em cálculos e números exatos. É necessário o conhecimento da história e ter a sensibilidade da evolução da ciência a qual se estuda. Engenhar, projetar e executar também é baseado em erros e acertos de construções semelhantes dos antepassados. A teoria algumas vezes, na prática, é outra, e o hoje é aluno do ontem.

A engenharia civil é, sem dúvida, o maior pilar da civilização. A engenharia e a civilização sempre andaram de mãos dadas ao longo dos séculos. Histórias surpreendentes e enigmáticas aparecem todos os dias para ilustrar essa constatação. A história que se passou em Natal, então capital da província do Rio Grande do Norte, não foi diferente.

Em 1912, a engenharia civil nacional era muito incipiente, quando um engenheiro ganhou a concorrência (ninguém se habilitou, então ele foi lá e fez) para construir a ponte sobre o Rio *Potengy*. A Escola Politécnica do Rio de Janeiro era a maior do país, mas ele tinha vindo da Escola de Engenharia e de Minas de Ouro Preto (MG). O IPT estava no seu estado embrionário e toda a sua história é contada só a partir de 1916. O engenheiro, homem responsável, foi então subcontratar a maior construtora de pontes do mundo naquele tempo. Era um mundo movido a vapor de uma simples betoneira a um transatlântico. A comunicação mais rápida era o telégrafo.

Natal, então, vai ser palco do mais puro exemplo de "globalização", de multinacionais e de empreendedorismo fervilhante da engenharia de um país que deu asas a seus homens, livres para empreender, mas dentro das regras da ciência. Eram 500 metros a vencer, segundo o projeto. Por ali deveriam passar locomotivas apressadas de 12 toneladas por eixo rumo à zona canavieira de Ceará-Mirim (RN) com o açúcar e, mais tarde, deveria buscar o sal em Macau (RN).

Foi um tempo tremendo de ação. Não existia a sofisticação de um PERT-CPM ou um MS-Project. Os ingleses gostavam de dizer que bastava ter os três "m": *Man, Money and Machine.*

Devido à enorme dificuldade de se encontrar fotografias e figuras que descrevessem exatamente o método utilizado na construção em Natal, este autor utilizou recursos de livros, fotografias e figuras semelhantes de antes e de depois para descrever e ilustrar o realizado no Potengi. Somente consegui as fotografias locais e originais, do rio Potengi, fornecidas pelo excepcional historiador Wagner Nascimento Rodrigues (*in memoriam*).

O objetivo geral foi o de se fazer uma reflexão da história da engenharia, executando uma verdadeira arqueologia em documentos e projetos velhos. Seus erros e seus acertos. E, depois de confrontadas essas constatações, proceder-se às reflexões sobre o ensino da engenharia civil no Brasil de hoje, que, com a absoluta certeza, afirmo: naqueles anos de 1912, as obras de engenharia eram decididas e comandadas somente por engenheiros.

Nessa perspectiva, os objetivos específicos da pesquisa técnica e histórica foram o de desvendar a técnica utilizada nas fundações, nas treliças e seus funcionamentos, pesquisar os materiais utilizados e de onde eles vieram, e compreender a logística do fornecimento de materiais e engenheiros da época.

O conflito das durabilidades das construções e a sua avaliação pós-ocupacional são temas coadjuvantes deste livro. Na enigmática construção estudada, nota-se o monstruoso crime de abandono de uma obra genuinamente "feita para durar", segundo Cascudo (2010). As fundações de concreto armado estão lá, niveladas e intactas. Assim foram realizados *in loco* os principais ensaios em concreto armado com as normas da Associação Brasileira de Normas Técnicas (ABNT) vigentes.

A pesquisa não termina aqui, apenas travei algumas batalhas. Não a declaro terminada, nunca estará. Sempre estarei pesquisando.

Este é um livro escrito preferencialmente para engenheiros, mas para quem gosta de engenhos é um prato feito, pois lerão e entenderão com facilidade. Alguns detalhes técnicos de execuções descritos aqui poderão facilmente ser entendidos por não habilitados na arte.

Os estudos e as conclusões de todos esses anos resultaram em uma dissertação de mestrado na Universidade Federal do Rio Grande do Norte (UFRN) em 2013 que se intitulou "A construção da ponte metálica sobre o rio Potengi: aspectos históricos, construtivos e de durabilidade – Natal/RN, Brasil (1912-1916) – Estudo De Caso". Essa dissertação me foi orientada pela engenheira, professora e doutora Jacquelígia Brito. Assim, alguns detalhes que estão na dissertação são citados aqui neste livro por serem de vital importância para a compreensão da história da ponte metálica do Potengi e por serem de interesse acadêmico.

A *História da Engenharia no Brasil*, de Pedro C. da Silva Telles, elenca várias obras no Brasil desde o Brasil colônia. No Capítulo 11, é detalhada a criação da Escola de Minas de Ouro Preto por Dom Pedro II. É dessa escola que vai sair o nosso grande protagonista.

Procurei sempre passar ao leitor as informações que obtive nessa incessante procura desde 1996. Com alguns fatos pude ser rigoroso, como nas dissertações de mestrado, e citar referências. Com outros, encontrei provas nas documentações, mas com poucos cumprirei apenas o dever de informar o que constatei. Nesse caminho, teremos alguns capítulos curtos com histórias plausíveis, mas sem provas, ora são mais de 100 anos decorridos.

A velha dama de ferro de Igapó é, para mim, uma cena de investigação permanente. Continuo em uma estrada de ferro pequena, apenas de 520 metros, ali sobre o Potengi, que se ergueu em um passado muito distante de há mais de 100 anos, mas da melhor engenharia.

LISTA DE SIGLAS E ABREVIATURAS

AARFFSA – Associação dos Aposentados da Rede Ferroviária Federal
Abenge – Associação Brasileira de Educação em Engenharia
ABNT – Associação Brasileira de Normas Técnicas
APCM – Associated Portland Cement Manufacturers Ltd.
BCE – Baudin Chateauneuf Enterprise
Caern – Companhia de Águas e Esgotos do Rio Grande do Norte
CBEC – Cleveland Bridge Engineering Company (a antiga de Darlingtom)
CBUK – Cleveland Bridge United Kingdom (a de hoje em Darlingtom)
CBTU – Companhia Brasileira de Trens Urbanos
CFN – Companhia Ferroviária do Nordeste
CG – Cleveland Group (Compreende várias empresas inclusive a CBUK)
Cosern – Companhia de Serviços Elétricos do Rio Grande do Norte
Coppe – Instituto Alberto Luiz Coimbra de Pós-graduação e Pesquisa em Engenharia
CTGAS-ER – Centro de Tecnologias do Gás e Energias Renováveis
CVC – Companhia de Viação e Construções SA.
DER-RN – Departamento de Estradas de Rodagem do RN
DRX – Difração de raios X
EFCRGN – Estrada de Ferro Central do Rio Grande do Norte
EFSP – Estrada de Ferro Sampaio Correia
Fiern – Federação das Indústrias do Estado do Rio Grande do Norte
FRX – Fluorescência de raios X
GEM – Global Entrepreneurship Monitor
GWBR – Great Western Brazilian Railway Company
HCUrb – Grupo de Estudos de História da Cidade e do Urbanismo (UFRN)
IAPHACC – Instituto dos Amigos do Patrimônio Histórico, Artístico Cultural e da Cidadania
Ibape – Instituto Brasileiro de Avaliações e Perícias
Ibracon – Instituto Brasileiro do Concreto
IFOCS – Inspetoria Federal de Obras Contra as Secas
IFRN – Instituto Federal de Educação do Rio Grande do Norte

IHGRN – Instituto Histórico e Geográfico do Rio Grande do Norte

Iphan – Instituto do Patrimônio Histórico e Artístico Nacional

IPT – Instituto de Pesquisas Tecnológicas.

IRC – Indian Road Code

KVA – Kilo Volt Ampere (unidade de potência aparente)

Lbs – Libra-força (unidade de força Inglesa = 0,4546 Kgf)

MPa – Mega Pascal (unidade de pressão. 1 Mpa = 10 Kgf/cm^2)

MVOP – Ministério de Viação e Obras Públicas

NUPEG – Núcleo de Ensino e Pesquisa em Petróleo e Gás

OAE – Obra de Arte Especial

PERT – Program Evaluation and Review Technique

RFFSA – Rede Ferroviária Federal SA

Senai – Serviço Nacional de Aprendizagem Industrial

SPT – Standard Penetration Test

UFRN – Universidade Federal do Rio Grande do Norte

UFRJ – Universidade Federal do Rio de Janeiro

Urbana – Companhia de serviços Urbanos de Natal

V – Volt

SUMÁRIO

CAPÍTULO 3

A ESTRADA DE FERRO CENTRAL DO RIO GRANDE DO NORTE E A COMPANHIA DE VIAÇÃO E CONSTRUÇÕES SA

CAPÍTULO 4

CAPÍTULO 5

CAPÍTULO 6

CAPÍTULO 7

CAPÍTULO 1

NATAL DE 1912-1919 E AS PONTES FERROVIÁRIAS NO MUNDO E NO BRASIL

1.1 A Natal de 1912

A Natal de 1912 era a Natal de Manoel Dantas, o *ombudsman*[4], o jornalista, o advogado empolgado e preocupado com o progresso da cidade. Ele estava em todos os acontecimentos. Falava e escrevia em inglês e francês. Assinava revistas e periódicos importantes publicados no mundo. Tinha excelente trânsito tanto entre políticos, quanto entre técnicos e médicos. Foi diretor do mais importante jornal do estado, o *A República*, e nele tudo fazia, desde o editorial ao noticiário estrangeiro. Formou-se em Recife, em 1891, foi promotor e logo juiz substituto seccional, mas procurou outros rumos que mais se coadunassem com a sua personalidade. Exerceu a advocacia com desembaraço, pois possuía cultura jurídica, gostava da tarefa e tinha a vocação de servir. Era o talento! O homem dos sete instrumentos.

Manoel Dantas era um homem tão por dentro de Natal que, quando em 1914, a empresa inglesa, tendo terminado seus serviços de construções da ponte sobre o Potengi, nomeou-o representante. As obras não foram fáceis e deixaram acidentes para trás que precisavam ser sanados e resolvidas as questões judiciais que eclodiram.

Segundo Luís G. M. Bezerra (2012)[5], *in memoriam*, Manoel Dantas acompanhou as obras desde os primeiros dias até a inauguração.

O que se passou por aqueles anos de 1911 a 1916 foi de uma significação ímpar para a cidade que não tinha, mas sonhava em ter, energia elétrica, porto e uma estação de ferro central com uma ponte. Essa última era o grande sonho tecnológico a vencer.

A construção da ponte metálica de Igapó da qual este livro trata está fazendo mais de 100 anos, mas, como Manoel Dantas dizia, "os séculos são instantes na vida dos mundos; e, para apreciar as harmonias da natureza, a idade não influi"[6].

---

[4] Expressão de origem sueca que significa "representante do cidadão". A palavra é formada pela união de "ombuds" (representante) e "man" (homem). O termo surgiu em 1809, nos países escandinavos, para designar um ouvidor-geral do parlamento, responsável em mediar e tentar solucionar as reclamações da população junto ao governo. A função do búds, como também são conhecidos, é a de enxergar os problemas e os pontos negativos de determinada empresa ou instituição, a partir da ótica do consumidor/cidadão, e tentar solucionar as crises de maneira imparcial. Dentro da imprensa, o ombudsman é o intermediador entre a editoria do jornal, por exemplo, e seus leitores.

[5] Luis G.M. Bezerra foi um cidadão natalense da mais alta qualidade de fina inteligência e foi entrevistado desse autor em 2012.

[6] Frase do discurso de Manoel Dantas.

O governo do então presidente Campos Salles havia negociado suas dívidas até 1911. A partir de então as construções de ferrovias ganharam grande impulso no Brasil.

Lá no estreito, após o Reffolles[7], a ponte teria que ter entre 550 e 600 metros de comprimento. Manoel gostava de fotografar e tinha uma sofisticada câmera Verascope de Jules Richard[8] de duas lentes. O filme fotográfico era de peças de vidro que de tempos em tempos eram enviadas a Paris para a revelação das fotografias.

É de se supor, com certo grau de certeza, que Manoel fotografou a construção da ponte em suas várias etapas. Sendo um jornalista e repórter mais por paixão do que meio de sobrevivência, Manoel tinha acesso ao rebocador Enid[9] ou a lancha chamada Progresso[10], que o governador Alberto Maranhão havia comprado para ajudar nas travessias do Cais da Tavares de Lyra[11] à Estação Pedra Preta[12].

O acervo fotográfico deixado por Manoel Dantas para a posteridade é um tema que revira as mentes mais inquietas da cidade que buscam os fatos naqueles anos. Em 1912 o mundo estava sem guerras e em ebulição. A *Belle Époque* foi um período de cultura cosmopolita na história da Europa que começou no final do século XIX (1871) e durou até a eclosão da Primeira Guerra Mundial em 1914.

---

[7] Local próximo ao estreitamento do rio Potengi, margem direita e antes do estreitamento. Local atribuído ao esconderijo do pirata francês com esse sobrenome.

[8] O engenheiro mecânico francês Jules Richard (1848-1930) desenvolveu uma câmera fotográfica que utilizava lâminas de vidro. Foi comercializada de 1904 a 1930 praticamente sem alterações.

[9] Rebocador que fazia parte dos equipamentos comprados pela CVC para a construção da Ponte de Igapó.

[10] Lancha comprada pelo governador Alberto Maranhão para auxiliar nas travessias do Cais da Tavares de Lyra para a margem esquerda na Estação Pedra Preta e para acompanhar a construção da ponte.

[11] Era o único cais oficial existente em Natal e ficava no final da Avenida Tavares de Lyra, margem direita do rio Potengi.

[12] Era a estação de trem existente na margem esquerda do Potengi que vencia toda uma área de mangue, que foi aterrado, e ia se encontrar na Estação de Igapó. Estação também chamada de Estação Natal, Estação da Corôa e Estação do Padre. Incrível a quantidade de nomes dessa estação que será detalhada mais adiante.

Figura 1. Fotografia de Manoel Dantas constante na Benfeitora Loja Maçônica A.·.R.·.L.·.S.·. 21 de Março - N. 152 – que funciona na Rua Vigário Bartolomeu, Natal (RN)

Fonte: acervo da Loja Maçônica A.·.R.·.L.·.S.·. 21 de Março

A expressão é utilizada para o clima intelectual desse tempo. Foi uma época marcada por profundas transformações culturais que se traduziriam em novos modos de pensar e de viver o cotidiano.

A Belle Époque foi uma era de ouro, da beleza, inovação e paz entre os países europeus. Novas invenções tornavam a vida mais fácil em todos os níveis sociais, e a cena cultural estava em efervescência: grandes ferrovias e belas estações se alastravam pelo mundo, para elas as pontes e os viadutos eram essenciais.

A arte, a arquitetura e a engenharia eram inspiradas no estilo dessa era. O Dr. Manoel Dantas, o intelectual de sua época, percebeu esse movimento e se integrou nele. Nesse período foi iniciada uma cultura urbana de divertimento incentivada pelo desenvolvimento dos meios de comunicação e transporte gerados pelos lucros e pelas necessidades da política imperialista inglesa, que aproximou ainda mais as principais cidades do planeta.

Segundo Arrais, Andrade e Marinho (2008), durante a segunda administração do governo Alberto Maranhão no Rio Grande do Norte entre os anos de 1908 e 1912, o governo do estado obteve recursos para inserir várias inovações técnicas no meio urbano, como a energia elétrica, o bonde, o telefone e o forno de incineração de lixo. Para isso foram solicitados e conseguidos empréstimos na casa dos banqueiros Rothschild na Inglaterra e França. Guardo uma parte centesimal desses títulos obtidos do grande historiador William Pinheiro Galvão.

O italiano Antônio Polidrelli foi convidado para fazer a divisão das quadras com ruas largas em Tirol e Petrópolis em 1904. Em 1929, quando Manoel já havia morrido, Giácomo Palumbo deu continuidade e levou a fama, segundo conta o arquiteto João Maurício de Miranda (1999). Os bairros das Rocas e do Alecrim ainda estavam em formação. O plano da cidade nova, que hoje compreende os bairros de Petrópolis e Tirol, estava apenas iniciando.

Foram duas palestras marcantes realizadas em Natal por volta do ano de 1910, a de Manoel Dantas e a do futuro senador e então deputado federal Eloy de Souza. O primeiro falou sobre a Natal do futuro. O segundo abordou alguns aspectos das relações sociais e dos comportamentos dos natalenses; Eloy descreveu a cidade e as contradições da vida urbana e, ao concluir, constatou que, enquanto a velha Natal estava agonizando, já se vislumbrava o nascimento de uma nova cidade, que seria construída pelos jovens e que realizaria sonhos de bondade e de civilização. Sonhos esses que, em seguida, seriam pintados em cores vivas por Manoel Dantas. Segundo ele, Eloy, a Natal que agonizava era uma cidade provinciana, ligada aos folguedos folclóricos e à devoção religiosa.

A Natal que sonhavam trazia a marca do novo e de uma juventude confiante no futuro. Na visão de Eloy de Souza, durante a primeira década do século XX, Natal estava passando por um profundo processo de transição. As transformações abrangiam tanto os aspectos sociais quanto os de comportamento.

Manoel escreveu: “A cidade desperta do seu sono três vezes secular e eu sinto bem a alegria de ver que a estão vestindo de novo, para a alegria de uma vida nova”[13]. De fato, nas primeiras décadas do

[13] Frase de Manoel Dantas.

século XX, Natal passou por grandes transformações. A economia do estado se desenvolvia pelos ouros brancos: algodão e sal. Esse dinamismo econômico propiciava, e ao mesmo tempo exigia, investimentos na infraestrutura e nos serviços da capital e do estado.

Foram construídas as primeiras ferrovias, com propósito, principalmente, de transportar algodão do interior do Rio Grande do Norte para o Guarapes (bairro de Natal hoje) e, depois, para Natal e daí ser exportado. A primeira ferrovia, operada pela empresa inglesa Imperial Brazilian Natal and Santa Cruz Railway Company Ltd., havia sido inaugurada em 1883.

Em 1906, era a vez de entrar em funcionamento a Estrada de Ferro Central do Rio Grande do Norte. Sem esquecer que a Great Western Railway chegava a Natal, também naqueles anos.

Em 1904, foi inaugurada a iluminação a gás de acetileno na Cidade Alta e, em 1906, na Ribeira. Ligando a Cidade Alta à Ribeira, bairros de Natal capital, em 1908, entrou em funcionamento a primeira linha de bondes puxados por animais.

Depois de instalada a energia elétrica, com a construção de uma usina de eletricidade, as linhas de bondes elétricos foram instaladas em 1911, ano em que foi inaugurado o primeiro cinema de Natal, o Polytheama.

Uma música que deve ter sido muito tocada pela cidade foi a "Royal Cinema"[14], encomendada pelo proprietário do Cinema Royal especialmente para a inauguração em 1913 e anos seguintes. Essa música ecoou pelos salões de Natal daqueles anos e seguintes. Há de se imaginar que trabalhadores da construção da ponte assistiram a filmes no Royal Cinema. E que alguém tinha algum disco plano para tocar no gramofone alguma coisa de Chiquinha Gonzaga. Ou simplesmente nas rodas de música com os instrumentos da época.

---

[14] Música composta por Tonheca Dantas, natural da cidade de Carnaúba dos Dantas (RN). De família de músicos da região do Seridó, no Rio Grande do Norte, fez sua iniciação musical com José Venâncio Dantas, seu irmão mais velho, mestre da banda de Carnaúba dos Dantas. Estudou o clarinete, mas chegou a tocar todos os instrumentos da banda. Começou a compor dobrados, polcas, valsas e hinos, e, destacando-se como excelente músico, foi convidado a organizar a banda de Acari, principal cidade da região do Seridó potiguar. Atuou como mestre de banda da Polícia Militar do Rio Grande do Norte e da Paraíba. Também esteve em Belém, onde foi primeiro clarinetista da Banda do Corpo de Bombeiros. A sua composição mais conhecida é a valsa Royal Cinema, que marcou época na cidade do Natal quando era executada na abertura das sessões de cinema local. Dizem que também tocava muito na BBC de Londres durante a Segunda Guerra.

Era muito plausível que algum engenheiro inglês tenha trazido um gramofone e escutado músicas da época como "It 's a long way to Tipperary" ou a linda canção "If you were the only girl in the world", imortalizada com uma novela inglesa atual retratando a Primeira Guerra. Ou que os engenheiros brasileiros escutaram "O Forrobodó" e "Te amo", do Grupo Chiquinha Gonzaga, e "Ao Luar", de João Barros.

O IHGRN foi criado em 1902. O Banco de Natal em 1906. A Sociedade Agrícola em 1905. Em 1909, a Escola de Aprendizes Artífices (atual Instituto Federal de Educação, Ciência e Tecnologia do Rio Grande do Norte – IFRN), instituída pelo então presidente da república, Nilo Peçanha. No plano cultural local, o governador Alberto Maranhão (1901-1904 e 1908-1913) incentivava as letras e as artes, promovendo recitais, premiando autores e publicando livros (Santos, 1998).

Nas primeiras décadas do século XX, a população de Natal passou por um grande crescimento, de 16.059 em 1900, para 30.696 habitantes em 1920. Na ocasião, foram introduzidas diversas ações sanitárias que contribuíram de modo máximo para melhorar as condições de vida da população de Natal.

Tínhamos a Praça Augusto Severo na Ribeira. Tínhamos o Balneário no Baldo, ainda com seu córrego limpo, oriundos da Lagoa Manoel Felipe e do rio Tissurú.

Eram os anos dos melhoramentos. Da capital Rio de Janeiro para o Sul, para o Norte e Nordeste, houve melhoramentos. Em Natal foram realizados melhoramentos, entre 1908 e 1913, nas condições de saneamento e no serviço de abastecimento de água que, inaugurado em 1882, teve então suas tubulações substituídas, durante o período, quando já ocorria a limpeza noturna das ruas, também foi reorganizada a coleta do lixo.

Natal era comandada pelo intendente municipal Joaquim Manoel Teixeira de Moura, que, em 1901, havia determinado a implantação do plano da cidade nova. A realização desse trabalho de reorganização dos serviços e da infraestrutura e de embelezamento sempre fiel ao mote dos melhoramentos valeu ao intendente de Natal a comparação, feita por Manoel Dantas, com o Barão Haussmann, o lendário gestor do plano de Paris, executado por volta de 1850 (Santos, 1998).

Assim o intendente Joaquim Manoel deixaria a antiga cidade para trás, que cedeu "lugar à Natal moderna, bela e radiante, com suas avenidas, parques e praças, com suas árvores, muitas árvores, sombreando o asfalto e oxigenando o ar", segundo Manoel Dantas.

Se eu pudesse realizar o desejo do geógrafo Milton Santos[15] em uma pós-graduação sobre o tempo nas cidades, eu faria sobre a Natal lenta de 1912. As obras de construção da ponte, bem mais a montante do rio Potengi, pareciam lentas para o natalense, mas caminhavam sob o ritmo da segunda revolução industrial e impulsionadas por uma empresa que, justamente, nasceu na região berço dessa revolução, a região de Newcastle, que fica um pouco abaixo de Darlington.

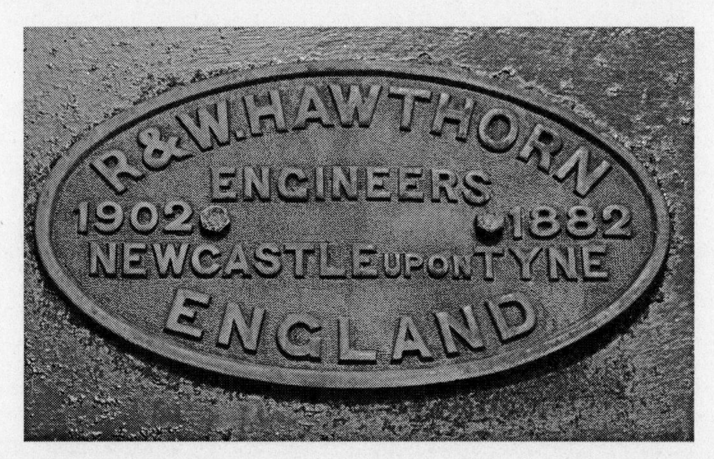

Figura 2. Fotografia que mostra uma placa fixada na pequena locomotiva chamada Catita 3 que, segundo o ferroviário Manozinho, foi a que inaugurou a ponte do Potengi em 1916

Fonte: acervo do autor

Os fiscais da Inspetoria de Saúde Pública visitavam todos os prédios particulares antes de eles virem a ser habitados (Santos, 1998). Esses eram os principais elementos que se conjugavam para criar um clima de transformações vivido por Natal na primeira década do século passado. Foi em meio a esse ambiente pleno de possibilidades e de expectativas que ocorreram as palestras de Eloy de Souza e Manoel Dantas. Ao primeiro, coube anunciar a morte da velha Natal e o nascimento de uma nova cidade. Ao segundo, coube descrever o

[15] Foi professor titular do Departamento de Geografia, da Faculdade de Filosofia, Letras e Ciências Humanas da Universidade de São Paulo, e faleceu em 2001.

formato e as qualidades dessa nova cidade. Não, propriamente, como ela pudesse ser na realidade, mas como a elite intelectual natalense desejava que ela fosse. E Eloy, bem mais tarde, vai ser o mentor das passarelas da ponte que libertaram as populações às margens esquerda e direita de pagarem passagem para atravessar o Potengi.

Como a última frase revela, isso era só assunto das elites. Natal ainda era uma cidade de ruas desalinhadas e sujas, sem saneamento, que só viria bem mais tarde.

No momento o sonho maior era o da Ponte sobre o Potengi.

O presidente da república era Hermes Rodrigues da Fonseca, que governou de 1910 a 1914, ano do término da construção da ponte.

1.2 O que é uma ferrovia didaticamente e onde uma ponte ferroviária se insere

Via férrea, estrada de ferro ou ferrovia é apenas uma das partes que compõem o patrimônio de uma empresa prestadora de serviços de transporte ferroviário de cargas e passageiros. Assim entendida, a via férrea é então formada pela infraestrutura e pela superestrutura ferroviária.

1.2.1 A infraestrutura

É composta pelas obras de terraplenagem, obras de arte corrente e obras de arte especiais, situadas, normalmente, abaixo do greide[16] de terraplenagem.

a) Obras de terraplenagem

a.1) Cortes: em caixão e em meia encosta

a.2) Aterros

b) Obras de arte corrente

[16] Do inglês "grade". Significa uma série de cotas que caracterizam o perfil de rolamento de uma via. É a linha que acompanha esse perfil. Define a altitude de seus diversos trechos e mostra o quanto o solo deve ser cortado ou aterrado.

São assim chamadas porque podem obedecer a projetos padronizados.

b.1) Superficiais

b.1.1) Sarjetas

b.1.2) Valetas: de proteção de crista ou de contorno; laterais ou de captação (montante[17]) e de derivação (jusante[18])

b.1.3) Descidas d'água ou rápidos

b.1.4) Bacias de dissipação

b.1.5) Bueiros: abertos; fechados (tubulares ou celulares); de greide

b.1.6) Pontilhões

b.2) Profundas

b.2.1) Drenos longitudinais de corte

b.2.2) Espinhas de peixe

b.2.3) Colchão drenante etc.

b.3) Sub-horizontais: drenos sub-horizontais de taludes.

c) Obras de arte especiais

Devem ser objeto de projetos específicos.

c.1) Pontes, pontilhões e viadutos: com estrutura metálica, em concreto armado ou protendido. Uma ponte então é uma OAE.

c.2) Túneis: escavados ou falsos.

c.3) Contenções de talude: muros grelhas, cortinas etc.

---

[17] O que está antes de um ponto prefixado em deslocamento de um fluido.

[18] O que está após de um ponto prefixado em deslocamento de um fluido.

c.4) Passagens: superiores; inferiores; travessias (linhas de telecomunicação); condutores de energia em baixa ou alta tensão; tubulações de líquidos ou gases.

1.2.2 A superestrutura ferroviária

A superestrutura das vias férreas é constituída pela plataforma ferroviária e pela via permanente, as quais estão sujeitas à ação de desgaste do meio ambiente, de intempéries e das rodas dos veículos. A superestrutura é construída de modo a poder ser restaurada sempre que seu desgaste atingir o limite de tolerância definido pelas normas de segurança e de comodidade de circulação dos veículos ferroviários, podendo ser substituída em seus principais componentes, quando assim o exigir a intensidade do tráfego ou o aumento de peso do material rodante.

Os elementos principais da superestrutura e que compõem a via permanente são: o lastro, os dormentes e os trilhos. Os trilhos constituem o apoio e ao mesmo tempo a superfície de rolamento para os veículos ferroviários. Esses três elementos apoiam-se sobre a plataforma ferroviária.

1.2.3 Plataforma ferroviária

A plataforma ferroviária ou coroa do leito ferroviário é, em princípio, a superfície final resultante da terraplenagem que limita a infraestrutura. É considerada como suporte da estrutura da via, da qual recebe, por meio do lastro, as tensões devidas ao tráfego e também às cargas das demais instalações necessárias à operação ferroviária, como o posteamento, os condutores, os cabos, a sinalização e outros.

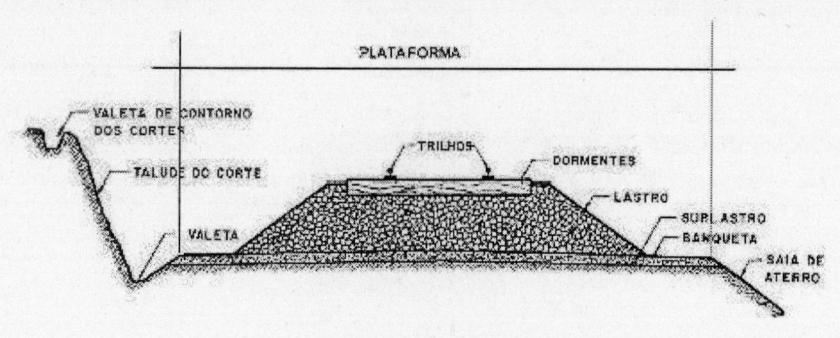

Figura 3. Corte esquemático de uma via férrea

Fonte: Manual Didatico de Ferrovias (2011)

Basicamente, a plataforma ferroviária é constituída por solos naturais ou tratados, sublastro, no caso de cortes ou aterros, ou então por estruturas especiais, no caso de obras de arte.

A plataforma da Figura 3 é a mesma que foi realizada ao longo do trecho de mangue aterrado para se realizar o encontro com a cabeceira da margem direita da ponte do Potengi.

Figura 4. Em diagonal da direita para a esquerda descendo, podemos ver o imenso aterro circundado por uma elipse preta. Essa fotografia de Eduardo Parisot com data de 1919 foi tirada no bairro hoje chamado Nordeste em Natal/RN

Fonte: acervo Wagner Nascimento Rodrigues

A fotografia da Figura 4, inédita para os natalenses, revela-nos dois segredos:

O da elipse a esquerda mais ao alto era o que se chamava de o "Alto do inglês", a casa grande e confortável que fora construída para abrigar os engenheiros ingleses, mais a montante da ponte e na margem esquerda de onde toda a obra se processou, hoje é a antiga sede do jornal *O Diário*, que passou para a FIERN.

E mais acima, no eixo da fotografia, podemos ver montes de sal compondo uma salina. Exatamente o local onde até alguns anos funcionavam fazendas de camarões de uma cooperativa.

1.2.4 Bitolas

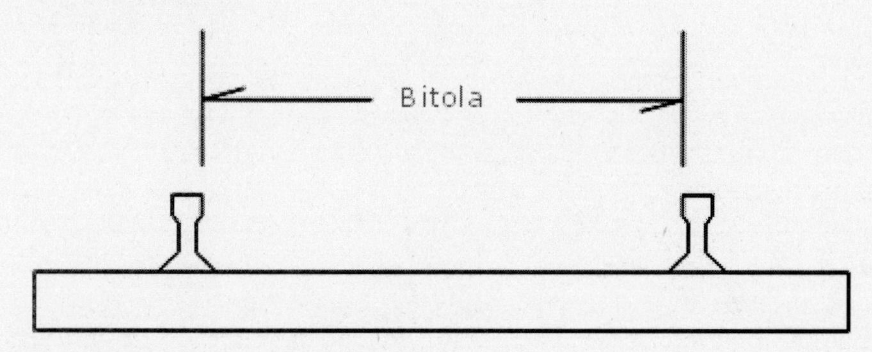

Figura 5. Bitolas e escalas no ferreomodelismo

Fonte: Cavalcanti (1993)

Denomina-se bitola a distância entre as faces internas das duas filas de trilhos, medida a 16 mm, abaixo do plano de rodagem, na face superior dos trilhos.

Stephenson foi o primeiro construtor de vias férreas que na Inglaterra identificou a importância de padronizar as bitolas ferroviárias em um país. Ele também adotou o comprimento de 1,435 m (4" 8 ½ ") nas primeiras ferrovias que construiu (Stockton a Darlington e Liverpool a Manchester). Essa bitola correspondia ao comprimento dos eixos das diligências inglesas construídas na época (1825).

1.3 As implantações das ferrovias no mundo e no Brasil

As ferrovias no mundo:

Diversos países europeus utilizavam vias sobre trilhos de madeira desde o início do século XVI, era como uma consequência natural depois da invenção da roda. Eram trilhos para auxiliar a mineração no transporte de carvão e minérios extraídos de minas subterrâneas.

Segundo Brina (1983), as vias de mineração eram constituídas por dois trilhos de madeira que penetravam até o interior das minas. Homens ou animais de tração movimentavam os vagões equipados com rodas dotadas de frisos ao longo dos trilhos. Os vagões moviam-se com mais facilidade sobre esses trilhos do que sobre o chão irregular e úmido das minas. Isso era lógico e logo adotado pelos mineradores do mundo inteiro.

No século XVII, as companhias mineradoras de carvão da Inglaterra iniciaram a construção de pequenas vias de trilhos de madeira para transportar carvão na superfície e no subsolo. Cavalos eram utilizados para tracionar certa quantidade de vagões sobre esses trilhos. Em meados do século XVIII, os mineiros começaram a revestir os trilhos de madeira com tiras de ferro para torná-los mais resistentes e duráveis. Mais ou menos na mesma época, os ferreiros ingleses deram início à fabricação de trilhos, inteiramente, de ferro. Os trilhos eram munidos de bordas para conduzirem os vagões com rodas comuns de carroções. No final do século XVIII, os ferreiros estavam produzindo trilhos, inteiramente de ferro, sem bordas, que eram utilizados para conduzir vagões dotados de rodas com bordas ressaltadas.

Figura 6. Fotografia no Museu do Trem em Darlington, 2011, mostrando como eram os trilhos e os dormentes nos anos iniciais das ferrovias

Fonte: fotografia do autor

James Watt desenvolveu a máquina a vapor em 1770. Era a era do "steam engine". Mais tarde, Watt deu consultoria à Fundição Soho[19], fabricante do H. R. Marsden, localizada em Leeds, Inglaterra. Essa fundição fabricou no período de 1888 a 1920 o britador existente em Macaíba (RN), mais a montante da ponte. Esse britador foi muito provavelmente o utilizado para britar as pedras do concreto utilizado na construção da ponte. Mais adiante falarei mais detalhadamente dele, principalmente com uma descoberta no fundo de um quintal no bairro de Igapó, em Natal.

No início do século XIX, o inventor inglês Richard Trevithick construiu a primeira máquina capaz de aproveitar altas pressões de vapor para girar um eixo trator, montada sobre um chassi de quatro rodas, projetado para deslocar-se sobre trilhos. Em 1804, Trevithick fez uma experiência com esse veículo, puxando um vagão carregado com 9 toneladas de carvão por uma via de trilhos com 15 km de extensão. Essa foi a primeira locomotiva bem-sucedida do mundo.

[19] Mais tarde essa fundição passou a ter como um dos proprietários James Watt Junior.

Outros inventores logo seguiram seu exemplo, visando desenvolver e aperfeiçoar a ideia.

No entanto, foi George Stephenson, um construtor inglês de locomotivas a vapor, quem construiu a primeira ferrovia pública do mundo, ligando Stockton a Darlington em 1825. A ferrovia cobria uma distância de 32 km e tornou-se a primeira ferrovia no mundo a conduzir trens de carga em horários regulares.

Figura 7. A locomotiva de George Stephenson em Darlington

Fonte: fotografia do autor

Um ano antes, em 1824, Stephenson já havia vencido um concurso de velocidade para locomotivas, patrocinado pela companhia de transporte ferroviário Liverpool and Manchester Railway, com uma locomotiva chamada "The Rocket".

Figura 8. "The Rocket"

Fonte: Stephenson's Rocket (2015)

As ferrovias difundiram-se rapidamente pela Inglaterra e por todo o continente europeu. Logo depois pelo mundo.

Os historiadores sempre relatam que a Inglaterra conquistou o mundo pelo aço, e isso é verdade. Por volta de 1870, as principais redes ferroviárias da Europa já haviam sido construídas. As linhas principais e auxiliares adicionais foram construídas durante o fim do século XIX e o princípio do século XX. Algumas dessas linhas exigiram a construção de túneis através dos Alpes para ligarem a França à Itália.

O túnel ferroviário do Simplon[20], que une a Itália à Suíça, foi concluído em 1906 e é um dos maiores túneis ferroviários do mundo.

No fim do século XIX, a França e a Alemanha construíram ferrovias em suas colônias africanas e asiáticas. A Inglaterra, também, construiu quase 40.200 km de linhas férreas na Índia, no fim do

[20] O túnel do Simplon é um túnel ferroviário sobre os Alpes que liga a cidade de Briga, na Suíça, à localidade de Iselle, no Piemonte, Itália. O túnel, que festejou o seu centenário em 2006, tem duas galerias e o seu comprimento é de 19.8 km.

século XIX. A Rússia, que, mais tarde, por algum tempo, fez parte da extinta União Soviética, iniciou, em 1891, a construção dos 9 mil km de linhas da Ferrovia Transiberiana, concluída em 1916, que é ainda hoje a linha férrea contínua mais extensa do mundo. A Austrália deu início aos trabalhos de construção de uma ferrovia pelas planícies do sul do país, em 1912. A linha, concluída em 1917, estendeu-se por 1.783 km, ligando Port Pirie, na Austrália do Sul, a Kalgoorlie, na Austrália Ocidental.

Com o tempo, os engenheiros foram aumentando a potência e a velocidade das locomotivas a vapor. No fim do século XIX, muitos trens já chegavam, com facilidade, a 80 ou 100 km/h.

As ferrovias foram introduzindo o uso do aço na fabricação de trilhos e vagões. Os trilhos de aço tinham durabilidade 20 vezes superior à dos trilhos de ferro e, assim, foram aos poucos os substituindo. Os primeiros vagões de carga ou de passageiros eram quebradiços e inseguros, pois eram de madeira.

Os vagões de passageiros, fabricados inteiramente de aço, começaram a funcionar em 1907 e logo substituíram os carros de madeira. Os primeiros vagões de carga totalmente de aço entraram em circulação mais cedo, em 1896. No fim da década de 1920, eles já haviam substituído, quase que totalmente, os vagões de madeira.

O mundo todo viajava de trem. As próprias ferrovias procuravam atrair os passageiros. Em 1867, um inventor e homem de negócios norte-americano, George Pullman, começou a fabricar um vagão-dormitório que inventara no fim da década de 1850. Outros vagões-dormitório já eram usados antes do de Pullman entrar no mercado, mas o de Pullman obteve uma grande aceitação. A partir de 1875, cerca de 700 vagões-dormitório Pullman circulavam nos Estados Unidos da América e em outros países. As ferrovias tinham, também, luxuosos vagões-restaurante e vagões-dormitório.

1.4 As ferrovias no Brasil

A primeira tentativa de implantação de uma ferrovia no Brasil foi em 1835, quando o regente Diogo Antônio Feijó promulgou uma lei concedendo favores a quem quisesse construir e explorar uma estrada de ferro ligando o Rio de Janeiro, capital do Império, às capitais

das províncias de Minas Gerais, São Paulo, Rio Grande do Sul e Bahia. Não apareceu nenhum interessado em tão grandiosa empreitada.

Segundo Brina (1983), em 1840, o médico inglês Thomas Cockrane obteve concessão para fazer a ligação entre Rio de Janeiro e São Paulo com vários privilégios. No entanto, essa empreitada também não foi adiante.

Em 1852, Irineu Evangelista de Souza, o Barão de Mauá, apenas por sua conta e risco, construiu a ligação entre o Porto de Mauá, no interior da Baía da Guanabara, até a Raiz da Serra, hoje Petrópolis.

Assim, em 1854, foi inaugurada a primeira estrada de ferro do Brasil, com 14,5 km de extensão, que tinha a bitola de 1,63 m, que foram percorridos em 23 minutos a uma velocidade média de 38 km/h.

Depois da estrada de ferro Mauá, sucederam-se as seguintes ferrovias, todas em bitola de 1,60 m:

Ferrovia	Data da inauguração
Recife a São Francisco	08/02/1858
D. Pedro II	29/03/1858
Bahia a São Francisco	28/06/1860
Santos a Jundiaí	16/02/1867
Companhia Paulista	11/08/1872

Figura 9. Pequena tabela mostrando os trechos de ferrovias e suas respectivas datas de inaugurações de 1858 a 1872

Fonte: Manual de Ferrovias - Departamento de transportes. www.dtt.ufpr.br/Ferrovias/.../MANUAL%20DIDÁTICO%20DE%20FERROVIAS%pdf. Acesso em: 28 fev. 2017

A segunda ferrovia inaugurada no Brasil foi a Recife-São Francisco, no dia 8 de fevereiro de 1858, que, mesmo não tendo atingido seu objetivo — o Rio São Francisco, desde Recife —, contribuiu para criar e desenvolver as cidades por onde passava e constituiu o primeiro tronco da futura Great Western Railway.

O grande legado dessas primeiras ferrovias no mundo foram as cidades que se formavam em torno das estações de trem, segundo Hall (2016). A Companhia Estrada de Ferro D. Pedro II foi inaugurada em 29 de março de 1858, com trecho inicial de 47,21 km, da Estação da Corte a Queimados, no Rio de Janeiro. Essa ferrovia se constituiu

como uma das mais importantes obras da engenharia ferroviária do país, na ultrapassagem dos 412 metros de altura da Serra do Mar, com a realização de cortes colossais, aterros e perfurações de túneis, entre os quais o Túnel Grande, com 2.236 m de extensão, na época o maior do Brasil, aberto em 1864. No qual trabalhou Antônio Rebouças, irmão do nobre engenheiro André Rebouças, amigo pessoal de D. Pedro II.

O governo imperial de D. Pedro II promulgou, em 26 de julho de 1852, a Lei n.º 641, na qual dava vantagens do tipo isenções e garantia de juros sobre o capital investido. Era uma excelente oferta às empresas nacionais ou estrangeiras que se interessassem em construir e explorar estradas de ferro em qualquer parte do território nacional.

Essa política de incentivos para a construção de ferrovias surtiu, de imediato, os efeitos desejados. Foi um impulso tremendo, desencadeando um saudável surto de empreendimentos em praticamente todas as regiões do país. Entretanto, houve alguns problemas de imediato:

– Bitolas diversas, causando dificuldade de integração.

– Traçados de estradas de ferro excessivamente sinuosos e extensos.

– Problemas com a terraplenagem, pois o traçado tinha que driblar os acidentes geográficos.

1.5 Tipos de pontes

A palavra ponte provém do Latim *pons*, que por sua vez descende do etrusco *pont*, que significa "estrada". Em grego, πόντος (Póntos) deriva talvez da raiz "Pent", que significa uma ação de caminhar.

Um dos melhores artifícios que a engenharia usa é o arco romano, que não foi desenvolvido pelos romanos e sim pelos etruscos.

Existem, atualmente, sete tipos de pontes tradicionais. Na sequência, é evidenciado cada um dos tipos.

1.5.1 Suspensa

Figura 10. Ponte suspensa Hercílio Luz, em Florianópolis (SC), inaugurada em 1928

Fonte: http://pt.wikipedia.org/wiki/Ponte_Herc%C3%ADlio_Luz. Acesso em: 17 abr. 2015

As pontes suspensas abarcam distâncias mais longas do que qualquer tipo de ponte, vencendo até, aproximadamente, 2.100 m de comprimento. As mais básicas são feitas de madeira e corda, mas essas são geralmente instáveis e perigosas. As pontes suspensas modernas utilizam fios de aço de alta resistência amarrados uns aos outros para formarem um cabo forte que suporta o peso do tabuleiro[21]. Um cabo pode conter milhões de cabos individuais de aço. A ponte suspensa mais longa, chamada Akashi Kaikyo, está no Japão e mede 1.991 m de comprimento.

[21] É a plataforma de rolamento dos veículos.

1.5.2 Em arco

Figura 11. Ponte de Gard, no sul da França, construída pelos romanos
Fonte: http://sh.wikipedia.org/wiki/Pont_du_Gard. Acesso em: 17 abr. 2015

As pontes em arco têm sido utilizadas há milhares de anos, e os melhores exemplos da sua construção podiam ser vistos na Roma Antiga. Elas têm uma força natural considerável, pois os métodos de construção criam um tipo de empurrão e um aperto natural nos materiais da estrutura. Tradicionalmente, as pontes de arco eram feitas de pedra ou de tijolos, mas os engenheiros contemporâneos utilizam concreto e aço.

1.5.3 Cantilever

Figura 12. Ponte, em cantilever, Firth of Forth, Edimburgo, na Escócia
Fonte: http://www.lem.ep.usp.br/pef2309/antigo/2002.1/2002pontes/Pontes%20-%20Estradas%20de%20Ferro.htm. Acesso em: 17 abr. 2015

As pontes cantilever[22] utilizam uma "plataforma" em cada lado do vão para suportar um terceiro vão ao centro. Essas "plataformas" estão fixadas nos extremos terrestres por vigas fortes.

1.5.4 Em viga

Figura 13. Ponte em viga de aço

Fonte: http://portuguese.steel-trussbridge.com/sale-580444-custom-steel-girder-bridge-steel-beam-bridge-for-simple-structure.html. Acesso em: 17 abr. 2015

As pontes em viga são as mais antigas e consistem em uma viga suportada por hastes em cada lado. Na sua forma mais simples, ela consiste em um tronco de árvore sobre um rio, mas a sua construção tem evoluído consideravelmente. As pontes em viga geralmente são feitas de madeira, de metal, concreto armado ou protendido.

[22] É uma estrutura com vigas engastadas. Esses engastes, próximo aos pilares, sustentam as extremidades das pontes.

1.5.5 Estaiada

Figura 14. Ponte estaiada Forte Redinha, em Natal (RN)

Fonte: fotografia do autor

As pontes estaiadas são similares às pontes suspensas, mas, em vez de um cabo longo suspenso sobre o comprimento da ponte, elas utilizam cabos curtos fixados em um design de ventilador ou de "harpa" que trabalham à tração. Esses cabos estão conectados diretamente com a ponte a partir de uma ou de várias torres de alta tensão (grandes pressões) ortogonais ao tabuleiro da ponte.

1.5.6 Pontes móveis ou giratórias

Figura 15. Ponte Giratória em Recife (PE)

Fonte: http://www.onordeste.com/onordeste/enciclopediaNordeste/index.php?titulo=Ponte+Girat%C3%B3ria+Recife-Pernambuco<r=p&id_perso=2185. Acesso em: 17 abr. 2015

Na ponte rotativa, o tabuleiro roda em torno de um pilar. Essa seria a melhor opção para Natal daqueles anos de tráfego intenso de barcaças para Macaíba (RN):

- A ponte vazante, em que o tabuleiro eleva-se e desce quando necessário.

- A ponte basculante, em que o tabuleiro se eleva com contrapesos.

- A ponte de elevação, em que a ponte é elevada verticalmente com um elevador gigante.

As pontes móveis são geralmente construídas para ficarem sobre cursos de águas navegáveis para que os botes e as embarcações possam atravessá-los. A ponte levadiça é o tipo de ponte móvel mais antigo, mas há muitos outros, desde os que utilizam um elevador para levantar a seção móvel até os tipos que submergem a parte móvel e os que a enrolam.

1.5.7 De transbordo

Figura 16. Ponte de transbordo do bairro La Boca, em Buenos Aires

Fonte: http://latidobuenosaires.com/fotoslabocavueltaderochapuentetransbordador-buenosairesargentina.html. Acesso em: 22 abr. 2015

As pontes de transbordo foram típicas do século XVII e XIX, quando reinava a era dos grandes veleiros e *packets*[23]. Com ela era possível a passagem nas águas dessas embarcações, para a de pedestre, utilizava-se uma barquinha como em uma ponte rolante a atravessar o braço de rio ou canal.

[23] Packets boats, aportuguesado para paquete, eram embarcações mistas de vapor e vela muito utilizadas até o início do século XX. Eram rápidos e eficientes.

1.5.8 Ponte treliçada

Figura 17. Ponte em treliça. A "truss bridge"

Fonte: http://pt.wikipedia.org/wiki/Treli%C3%A7a. Acesso em: 17 abr. 2015

As pontes de treliças são compostas por uma série de triângulos. São geralmente de vigas de aço que suportam o vão da ponte. Esse design é comumente incorporado a outros tipos de pontes para formar uma espécie de ponte híbrida, como as pontes cantilever, de arco e de viga. É o modelo da ponte metálica de Igapó. Existem vários tipos de design de treliças. As mais comuns são a Warren, a Howe e a Pratt, sendo essa última a de Natal de 1912.

1.5.9 A treliça Pratt

Figura 18. Ponte em treliça metálica tipo Pratt, em Chicago (EUA)

Fonte: http://www.videos.engenhariacivil.com/tag/ponte-metalica. Acesso em: 16 abr. 2015

A treliça Pratt, modelo da ponte metálica de Igapó, é a do tipo de banzo[24] superior curvo, como bem mostra a Figura 18.

1.6 As primeiras pontes metálicas no mundo

Figura 19. A Iron Bridge, como é conhecida em todo o mundo

Fonte: http://construcaoemtemporecorde.com.br/diariodaobra/estrutura-metalica-e--inovacao-uma-historia-com-mais-de-dois-seculos/. Acesso em: 16 abr. 2015

A Iron Bridge é um ícone e é conhecida como a primeira ponte em estrutura metálica — ferro fundido — do mundo. Ela está localizada em Coalbrookdale, cidade no interior da Inglaterra. Os responsáveis por essa façanha de 1779 são Abraham Darby III e o engenheiro Thomas Pritchard. Ela transpõe o rio Severn. Anos antes, o avô de Darby III, Darby I, havia inventado um método de produzir ferro fundido em caldeiras.

[24] Viga.

1.7 Algumas pontes metálicas semelhantes à do Potengi no Brasil

1.7.1 A Ponte Dom Pedro II de 1885

Figura 20. Ponte Imperial Dom Pedro II, na Bahia

Fonte: http://folclorefalso.blogspot.com.br/2011/04/ponte-imperial-dom-pedro-ii-viaduto-das.html. Acesso em: 17 abr. 2015

Segundo Vasconcelos (1993) a ponte Imperial Dom Pedro II cruza o rio Paraguaçu na Bahia, ligando a cidade de Cachoeira a São Félix. A ideia da construção da ponte foi por causa da rivalidade entre elas e pela necessidade de escoamento da produção mineral da Chapada Diamantina. As primeiras ideias de construção remontam há mais de 100 anos.

A construção foi executada pela Brazilian Imperial Central Bahia Railway Company Limited. Os primeiros projetos são de 1865, mas só em 1881 é que a obra começou. As obras de infraestrutura, como fundações e cabeceiras, foram dirigidas pelo engenheiro Frederico Merei e a fiscalização foi do engenheiro Affonso Cunha Maciel.

Os vãos são metálicos e foram executados na Inglaterra. Sua inauguração foi em 1885, quatro anos antes da Proclamação da República, e recebe esse nome porque foi autorizada pelo Imperador. É uma ponte de porte construída 24 anos antes da ponte sobre o Potengi.

Essa ponte tem um comprimento total de 365 metros divididos em quatro vãos. Os dois centrais têm 91,50 m cada e os dois laterais, das cabeceiras, têm 86,00 m cada. É uma ponte imponente. Tem um estrado inferior (tabuleiro) com 9,50 m de largura. A parte central é destinada ao tráfego de trens e, na ausência destes, é liberada para animais e carroças.

As treliças são de banzos paralelos com múltiplas diagonais nos dois sentidos e não possuem montantes[25]. Os passadiços para pedestres estão por fora das treliças.

Nas fundações tiveram sorte, pois foram apoiadas diretamente sobre rocha. Diferentemente da ponte sobre o Potengi, os pilares são de cantaria[26], o que se assemelha aos da ponte ferroviária sobre o rio Mossoró (RN), só que em Mossoró são de pedra calcária e na Bahia, de granito.

1.7.2 A ponte Rio Branco ou ponte de Gado de 1917

Figura 21. Ponte Rio Branco, em Feira de Santana (BA)

Fonte: http://www2.uefs.br/pgh/fotos.html. Acesso em: 15 abr. 2015

[25] Peça de uma treliça que trabalha na vertical e à compressão.

[26] Alvenaria de pedra facejada e argamassada.

O arquiteto Paulo Ormindo D. de Azevedo[27], da Faculdade de Arquitetura da Universidade da Bahia, publicou na revista *Panorama* em 1983, sob o título "Essa ponte pede passagem", um artigo suplicando que ela fosse restaurada.

Está localizada a 15 km do centro de Feira de Santana e transpõe o rio Jacuhype. Possui três vãos, sendo o central o maior, que tem a forma de treliça Warren, com banzo superior parabólico. Não é uma ponte estritamente ferroviária, foi projetada para o transporte de boiadas e por isso ficou conhecida como Ponte de Gado de Feira de Santana.

Essa ponte tem uma coincidência singular de ter sido iniciada exatamente no mesmo ano da ponte sobre o Potengi, em 1912. Um dos maiores desafios era o transporte da estrutura chegar ao interior da Bahia naqueles anos. Foi inaugurada em 1917.

Não há notícias de outras pontes com extensões similares às do Potengi por esses anos. Registre-se apenas a ponte pênsil Hercílio Luz, em Florianópolis (SC), inaugurada em 1926, e a ponte, em treliça, Florentino Ávidos, inaugurada em 1928, em Vitória (ES). Ambas bem depois da inauguração da Potengi.

[27] Arquiteto doutor em Conservação de Monumentos e Sítios pela Universidade de Roma, La Sapienza, Consultor da Organização das Nações Unidas para a Educação, a Ciência e a Cultura (Unesco) com missões na América Latina, Caribe e África lusófona, professor titular da Universidade Federal da Bahia (UFBA), aposentado e membro da Academia de Letras da Bahia.

CAPÍTULO 2

O ENGENHEIRO JOÃO JÚLIO DE PROENÇA

2.1 O engenheiro de minas e civil João Júlio de Proença

Figura 22. João Júlio de Proença. Fotografia de até 1923

Fonte: acervo da família Proença, no Rio de Janeiro (RJ)

Figura 23. Luiza Carolina Barcelos Proença, esposa de João Júlio

Fonte: acervo da família Proença, no Rio de Janeiro (RJ)

João Júlio de Proença, como gostava de assinar em seus documentos mais importantes, é decerto a maior figura na construção da ponte metálica sobre o rio Potengi. Foi ele quem teve a coragem de entregar um projeto e orçamento em 1910 à República para construí-la.

Ele foi uma dessas figuras totalmente desconhecidas da velha Natal daquela época que, à medida que foi sendo estudada, essa velha Natal, e desvendadas as suas realizações, tornou-se gigante para a capital potiguar. Com a absoluta certeza e com a maior dignidade de mérito, eu colocaria seu nome em uma praça ou uma avenida de Natal.

Ele sabia que o maior desafio seriam as fundações que obrigatoriamente teriam de ser profundas, pois o leito do rio era de várias camadas de lamas, argilas e pedregulhos. No momento da entrega do orçamento, como comprovado em uma correspondência, JJP pensava em comprar os 10 vãos de uma empresa alemã, mas quando, em busca por uma empresa especializada em fundações profundas, chegou a Cleveland Bridge Engineering Co (CBEC), empresa baseada

em Darlington (RU). Para isso fez algumas viagens à Inglaterra, desembarcando em Southampton, como o jornal *O Paiz*[28] registrou em 1912.

Nesses anos, a CBEC tinha desenvolvido uma tecnologia própria para essas fundações. Foi usada na King Edward VII, na ponte sobre o rio Tyne, em Newcastle, na Inglaterra, em 1906, e na ponte sobre o rio Nilo Azul, em Cartum, capital do Sudão, em 1909, chefiada pelo mesmo engenheiro responsável da Potengi. JJP foi conferir essas informações devido à sua formação e ao caráter de alta responsabilidade.

Em toda história sempre nos identificamos com o seu maior personagem, o mais intrépido. Aquele que movimentou maiores forças, o *entrepreneur* de Peter Drucker[29], que fez a diferença no seu tempo. Nessa o personagem é o JJP, que deixou obras da melhor qualidade na capital Natal e no interior do estado do Rio Grande do Norte. Sabemos que ele fez obras no estado de Minas Gerais, do Rio de Janeiro e do Maranhão, mas só abordaremos aqui o feito dele no Rio Grande do Norte.

Nascido em Valença (RJ), filho de Joaquim Júlio de Proença e de Antônia Soares Gouveia de Proença, perdeu o pai com 7 anos e foi com os irmãos e a mãe morar em Ouro Preto. Começou a trabalhar ainda jovem. Fez-se professor, por concurso, da cadeira de Geometria do Ginásio Mineiro de Ouro Preto. Mais tarde cursou, de 1887 e 1893, a Escola de Minas de Ouro Preto, sendo nesse período o primeiro aluno e formado em engenharia de minas e civil. Ainda na Escola de Minas, estudante, casou-se com Luiza Carolina Barcelos de Carvalho de Proença. Seus irmãos Antônio Júlio, Lucas Júlio e Joaquim Júlio de Proença igualmente formaram-se em engenharia na Escola de Minas de Ouro Preto. Tudo era em quantidade com JJP: teve oito filhos com dona Luiza. Antônio Julio veio com JJP morar em Natal (RN) e ficou muito tempo no grande acampamento da CVC chamado Baixa Verde, que mais tarde passou, injustamente, a se chamar João Câmara no Rio Grande do Norte.

---

[28] O jornal O Paiz foi um periódico matutino publicado no Rio de Janeiro, de 1 de outubro de 1884 até a Revolução de 1930.

[29] Peter Ferdinand Drucker foi um professor autríaco naturalizado americano que escreveu o "best seller" "Inovação e empreendedorismo: práticas e princípios." em 1985 e muitos outros na área de administração.

Em seu livro *Homens de Ouro Preto, memórias de um estudante*, Pedro Demóstenes Rache (1879-1959) define JJP como um "homem de grande porte físico e de invulgar bravura"[30].

Esse acontecimento, descrito a seguir por Pedro Rache, ocorreu ainda quando JJP estudava na Escola de Minas. Dedico a narração ao amigo e professor geólogo Edgard Ramalho Dantas[31], neto do intrépido Manoel Dantas da Natal de 1912:

> *Dizia-se que certa vez na mina da Passagem, por ocasião de excursão científica e instrutiva, Proença em companhia de Clorindo Burnier, ambos curiosos das novidades, se haviam destacado da turma, não tardando que se vissem completamente desorientados, em meio da escuridão subterrânea. Enveredaram por todos os miseráveis caminhos que encontraram francos, no afã de encontrar a saída salvadora. As dificuldades, porém, eram enormes. As galerias apertadas e escuras, a falta de orientação segura, o labirinto de estreitos condutos abertos na rocha, cruzando-se em todos os sentidos, tudo isso se acumulava de vez para afligir os dois estudantes desarvorados pelo desânimo.*
>
> *Quando cansados e descuidadamente subiam por uma dessas galerias, apertada e gotejante, ouviu-se o ruído estridente de uma wagoneta que se despencava a toda velocidade pelo plano inclinado, que os desventurados estavam pretendendo galgar.*
>
> *Momentos de pânico!*
>
> *Não havia espaços laterais que permitissem fugir ao iminente perigo.*
>
> *Os trilhos que se viam nos tortuosos e grosseiros túneis ocupavam toda sua largura, deixando somente estreita faixa livre entre ele e aparede. Mesmo assim, esse pequeno espaço seria tomado pela wagoneta[32], algo mais larga que a bitola da linha, roçando nas paredes da escavação. A morte parecia inevitável!*
>
> *Tem-se a impressão de que nos grandes perigos os sentidos adquirem um poder imensamente maior que o normal, e o*

[30] Trecho do livro de Pedro Demóstenes Rache.

[31] Edgard Ramalho Dantes é geólogo em Natal e foi entrevistado por este autor conforme consta na bibliografia deste livro.

[32] Vagão pequeno usado para transportar minério dentro das minas.

conceito seguro das situações críticas torna-se mais fácil de apreender.

Proença descobriu inesperadamente salvadora reentrância na rochada parede, onde apesar do seu corpo volumoso, se pôde mal acomodar. Suspendeu no ar a Clorindo, segurando-o pelo fundo das calças, e o pesado fardo foi mantido nessa posição até que instantes depois passasse a wagoneta em desabalada carreira.

Foi devido a essa força colossal que Clorindo Burnier pôde conservar a vida.

Ainda na construção de Belo Horizonte, planejada pelo engenheiro e urbanista Aarão Reis, JJP mudou-se para a capital mineira, mais precisamente para as redondezas da antiga fazenda do Curral del Rei[33].

2.2 A trajetória de um homem desbravador e de muita coragem

Além das qualidades de professor, engenheiro civil, de minas e empresário, JJP sabia oferecer banquetes a pessoas ilustres de seus dias. Era cidadão de fino trato, educado, bem vestido e atencioso.

CLUB DE ENGENHARIA

ADMISSÃO DE SOCIO EFFECTIVO

Proponho que seja admittido na qualidade de socio effectivo do Club de Engenharia o Sr.: João Proença

que deseja e merece essa distincção, e sobre elle presto as seguintes informações:

Nacionalidade: Brazileiro | Idade:

Natural de: | Residencia:

TITULOS E SERVIÇOS

Engenheiro

27.06.2013 11:09

[33] Nome do arraial, freguesia da Comarca de Sabará, Minas Gerais, situado no local onde, em 1897, implantou-se a cidade de Belo Horizonte, nova capital do estado, planejada e construída em substituição à velha capital, Ouro Preto.

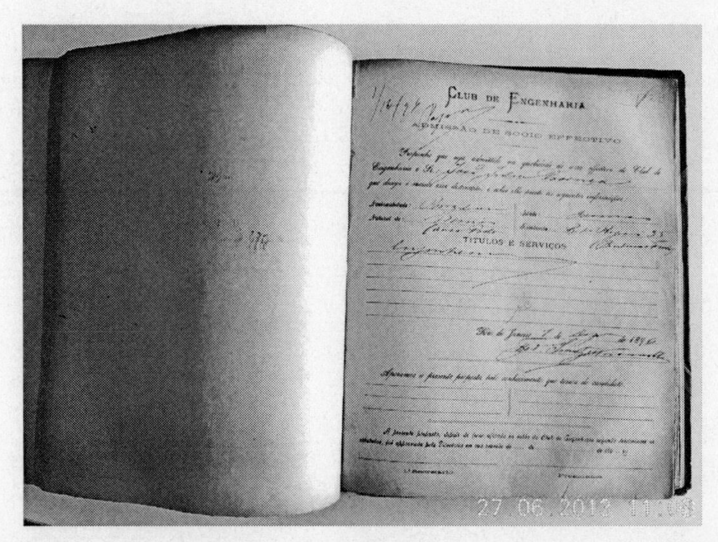
CLUB DE ENGENHARIA

ADMISSÃO DE SOCIO EFFECTIVO

TITULOS E SERVIÇOS

Figura 24 e 25. Livro de filiação ao *Club de Engenharia*, como se escrevia naqueles anos, em 1º de dezembro de 1896, mostrando o seu endereço comercial, no Rio de Janeiro, como Rua do Rosário, n.º 33. Neste ano JJP ainda estava preparando a sua mudança para o RJ

Fonte: fotografias deste autor em arquivos do Clube de Engenharia no Rio de Janeiro

O Jornal A Gazeta de Notícias, do Rio de Janeiro, noticiou em 19 de janeiro de 1910: "No restaurante Sul America realizou-se ante-ontem um banquete intimo oferecido aos Srs. E. John, L. A. Gustschow, J. Klepech, Meyer, J Wahle e F. Muller pelos Srs. João Proença, Luiz Echeverria e Americo Lassance"[34]. Luiz Echeverria era o sócio de JJP no Rio de Janeiro.

Em 28 de junho do mesmo ano, o mesmo jornal noticiou na coluna "Sociaes": Chegaram hontem da Europa, no paquete "Amazon", os Srs. Engenheiros João Proença e Zozimo Barosso do Amaral...".

A competência de JJP é explicada pela sua própria história. Homem de teoria e prática. Construtor de ruas e avenidas. Foi pioneiro na abertura de novas estradas de acessos à região berço de sua Minas Gerais. Dedicou-se à engenharia e trabalhou na empreiteira da Estrada de Ferro Minas-Vitória. Não deixou o magistério e sempre dava as suas aulas de Geometria e Trigonometria, que eram disputadas por causa de seu entusiasmo e correlações com a prática. Pela segurança e cultura que impunha, pelo seu zelo e pela

[34] Noticiado no jornal A Gazeta de Notícias, do Rio de Janeiro, em 19 de janeiro de 1910.

probidade como professor de várias gerações, foi convidado para ser reitor do antigo Ginásio Mineiro. Registrava seu filho, João Júlio de Proença Filho, por ocasião de homenagem ao centenário de seu pai em Belo Horizonte em 10 de agosto de 1965.

Em 1900 fundou a Companhia de Mineração do Brasil, destinada à exploração de jazidas minerais do estado de Minas Gerais. Foi seu presidente e diretor, revelando sua capacidade de administrador e profundos conhecimentos de mineralogia.

E, não sendo diferente de muitos mineiros, mudou-se para o Rio de Janeiro, onde fundou a firma Proença, Echeverria & Cia por volta de 1905.

Em 1908 ganhou, com a firma, a concorrência para a construção da Estrada de Ferro São Luís a Caxias, no Maranhão. Logo incorporou e organizou a CVC, vencendo a concorrência para a construção da Estrada de Ferro Central do Rio Grande do Norte.

Em 4 de julho de 1911, com os preparativos e projetos para iniciar a construção da grande ponte do Potengi, o jornal *O Paiz*, na coluna "Dinheiro", informava seus recebimentos de dinheiro por parte do governo:

> O Sr. ministro da fazenda mandou cumprir os pedido de pagamentos feitos pelo seu colega da Viação a João Proença, empreiteiro da construção da Estrada de Ferro do Rio Grande do Norte, 429:916$400, de medições provisórias de trabalho[35].

No meio da construção da Ponte de Igapó, *O Paiz* noticiava uma viajem de JJP à Inglaterra, em 28 de outubro de 1913, assim: "Para Southhampton e escalas, pelo paquete inglez Andes, partiram hontem as seguintes pessoas: J. P. Hill, [...] Dr.João Proença [...]."[36]

Já afastado do Rio Grande do Norte, o jornal *O Paiz* falava em sua coluna "Vida Social" em 24 de setembro de 1921:

> *Pelo Masilia, entrado hontem, chegaram da Europa, o Dr. João Proença e sua Exma. Família. O Dr. João Proença é um dos vultos de relevo da engenharia e das figuras de maior prestígio nos nossos meios sociais. Ao seu desembarque,*

[35] Em 4 de julho de 1911, na coluna "Dinheiro" o Jornal O Paiz informava.

[36] Em 28 de outubro de 1913, O Paz noticiava.

que foi muito concorrido, compareceu grande numero de famílias de suas relações[37].

Figura 26. Casa palacete que JJP mandou construir na rua Real Grandeza, n.º 155, bairro de Botafogo, Rio de Janeiro, provavelmente pelos anos de 1923. Hoje não existe mais

Fonte: acervo da família Proença, Rio de Janeiro (RJ)

2.3 O pioneiro em pavimentação asfáltica no Brasil

Com a firma Proença, Echeverria & Cia, executou vários asfaltamentos em ruas do Rio de Janeiro. Essa empresa foi a primeira a executar, em asfalto, o trecho que margeia o canal do Mangue.

Segundo seu filho JJP Filho[38], que também era engenheiro civil, por volta de 1923, dedicou-se obstinadamente ao estudo de nossos problemas siderúrgicos e da pesquisa petrolífera.

---

[37] Em 24 de setembro de 1921 O Paz noticiava.

[38] João Júlio de Proença Filho.

2.4 As batalhas travadas no Rio Grande do Norte

No Rio Grande do Norte chegou com a sociedade na firma Proença & Gouveia.

Pela análise de todos os seus contratos, JJP nunca encontrou facilidades no Rio Grande do Norte. Enfrentou muita dificuldade até com pessoas de dinheiro e prestígio local que averbavam escrituras de terrenos de Marinha para atrapalhar a vida do construtor e obter vantagens nas indenizações do governo federal, atrasando em muito as obras.

Deixo registrado aqui a recomendação do artigo do meu amigo Wagner N. Rodrigues (*in memoriam*), "Tensões e conflitos na instalação de um pátio Ferroviário na Esplanada Silva Jardim, Natal (1909 – 1920)", facilmente encontrado na internet. Esse texto mostra toda a guerra que foi a implantação das oficinas, da rotunda e do prédio da sede da Estrada de Ferro Central do Rio Grande do Norte, nas Rocas, Natal. Vejamos que um período de 11 anos é muito longo para sofrimentos de obras. Foi exatamente dentro desses anos que saíram as obras da ponte sobre o Potengi. O texto de Rodrigues é esclarecedor do quanto JJP sofreu para implantar as suas obras por aqui.

Permito-me a observação, por já ter sido empreiteiro de obras públicas, de que todo construtor quer fazer a obra e receber o mais rápido possível. Tempo sempre foi dinheiro. Nesse caso o tempo lento representava dinheiro lento e prejuízos para JJP.

Afora as dificuldades com uma fiscalização superior ingênua e apenas punitiva, como demonstrarei nos capítulos seguintes, JJP enfrentou acidentes graves em dois blocos de fundações na ponte, ataques da polícia local sem motivo aparente, greves de operários, importação de aço e cimento com burocracia local lenta.

Há de se livrar dessa pecha de fiscalização fraca o grande engenheiro fiscal local João Ferreira de Sá e Benevides, que tudo fez para que os serviços se desenvolvessem o mais rápido possível e dentro da melhor qualidade.

Em 4 de outubro de 1905, Pombo (1922) diz que, com o Decreto n.º 5.703, foram então aprovados o projeto geral da Estrada de Ferro Central do Rio Grande do Norte e os estudos definitivos do primeiro trecho, cuja construção foi imediatamente iniciada pelo

governo que, pouco tempo depois, resolveu empreitar os serviços de construção, contratando também o arrendamento do tráfego com a empresa construtora.

Em concorrência pública, foi escolhida, em 1908, a proposta de Luiz Soares de Gouvêa, que, associado ao engenheiro doutor JJP, transferiu os contratos à firma Proença & Gouvêa, que então se constituiu e da qual pouco tempo depois, em 1909, tornou-se cessionário o sócio Dr. João Proença.

Assim, deu-se a entrada de João Proença no Rio Grande do Norte. Em 1911, organizou o Dr. João Proença a CVC, da qual foi incorporador e principal acionista, e a ela transferiu os contratos de construção e arrendamento dessa importante via férrea, assumindo a direção da companhia, no cargo de diretor-presidente.

Impossível e injusto seria não fazer o registro e depoimento de Melcíades de Souza em depoimento em *Baixa-Verde, raízes da nossa História*[39], de que um irmão de JJP, o engenheiro e agricultor Antônio Júlio de Proença, foi o fundador de Baixa-Verde em 1909, a atual cidade de João Câmara, parada obrigatória do trem que ia para Lajes no Rio Grande do Norte.

Em seu depoimento, o Sr. Melcíades fala de outro engenheiro personagen dessa história: Octavio Penna, filho do presidente da República Affonso Penna, que vai dar uma ordem sobre qual distância deveria ter o tabuleiro da ponte de Igapó para a linha da maior maré.

---

[39] Documento em pdf publicado pela Câmara de Vereadores da Atual João Câmara, tendo como organizador seu presidente Aldo Torquato, em 2009.

Figura 27. Corpo docente do Ginásio Mineiro do qual JJP fazia parte, em maio de 1906

Fonte: Chaves Júnior (2010)

JJP era um daqueles homens que sempre caminhava um quilômetro extra todo santo dia. Na época da fotografia da Figura 27 se observa, nas suas realizações, que ele já estava organizando empresas para atuar no Rio de Janeiro e no Rio Grande do Norte. Já imprimia uma marca do homem empreendedor, pois não bastava ensinar, ele tinha que fazer e realizar.

Ao traçar o seu perfil, vimos que ele tem todas as características de comportamento empreendedor muito além do seu tempo.

CAPÍTULO 3

A ESTRADA DE FERRO CENTRAL DO RIO GRANDE DO NORTE E A COMPANHIA DE VIAÇÃO E CONSTRUÇÕES SA.

3.1 Os primeiros projetos para uma ponte sobre o rio Potengi

Figura 28. Vista aérea da ponte metálica sobre o rio Potengi ou simplesmente Ponte de Igapó como era chamada na década de 1960, quando foi tirada a fotografia

Fonte: acervo do engenheiro Nadelson Freire

O Imperador Dom Pedro II (1825-1891) ainda não tinha subido ao trono quando as primeiras tentativas para a construção da ponte sobre o rio Potengi começaram. Em 23 de julho de 1840, o parlamento brasileiro declarou formalmente Pedro II maior aos 14 anos de idade. Segundo Barman (1999), o jovem imperador prestou juramento de ascensão, sendo aclamado, coroado e consagrado em 18 de julho de 1841. Iniciando-se, então, uma magnífica era no Brasil com ferrovias e pontes. O imperador não mediu esforços para fazer o Brasil crescer, inclusive o Rio Grande do Norte (RN).

Segundo Rodrigues (2003), quem primeiro propôs uma ponte ligando a cidade com o interior foi o presidente da província do Rio Grande do Norte, Silva Lisboa. Passava-se o ano de 1837 e era a localidade conhecida como Peixe-Boi, descrita nos relatórios, como a parte mais estreita do Rio Potengi, perto de Guarapes, hoje bairro de Natal.

Figura 29. Fotografia de Grevy, que tem a data apontada à mão no verso como de 25 de maio de 1949. Vista de montante – margem esquerda. Consta no IBGE

Fonte: IBGE Fotografia Grevy

Neste ano uma lei autorizou essa construção. O presidente estava certo em sua modesta pretensão, pois as distâncias entre as margens do Potengi ao lado de Natal eram da ordem de 700 a 500 metros, com custos inadequados para a província. Mesmo com a modéstia calculada, passaram-se 12 anos sem que nenhuma companhia nacional tivesse interesse.

Em 1846 veio o presidente Morais Sarmento[40] com mais tentativas e nada de interessados. Até que em 1849, a cidade de Natal desistiu de uma ponte sobre o rio Salgado, como Rodrigues (2003) relata no seu *Potengi – Fluxos do Rio Salgado no século XIX*, editora Sebo Vermelho.

Desse tempo em diante, toda a força-tarefa foi para melhorar o Aterro do Salgado, como era chamado o aterro no qual se processava uma ferrovia nas margens esquerda do rio Potengi. Essa ferrovia era a única que se comunicava com o interior em direção à zona oeste.

[40] Foi presidente das províncias do Rio Grande do Norte e do Ceará, nomeado por carta imperial de 4 de abril de 1845, de 28 de abril de 1845 a 9 de outubro de 1847. Depois, presidiu a província do Ceará de 14 de outubro de 1847 a 13 de abril de 1848.

Figura 30. Fotografia do acervo do Museu da Aviação organizado pelo sociólogo e pesquisador Leonardo Barata mostrando o grande aterro que foi executado na área de mangue, margem esquerda do Rio Potengi, Natal (RN). Esse aterro foi empreendido para suportar a linha férrea que ia da Estação Natal-Estação da Coroa-Estação do Padre até a Estação de Igapó mais a norte

Fonte: acervo do Museu da Aviação

Novamente em 1854 fala-se na ponte exatamente em frente ao Aterro do Salgado, mas logo depois foi iniciada a construção de uma ponte em Macaíba. Essa construção foi contratada com os empreiteiros coronel Estevão José de Moura e major Fabrício Gomes Pedrosa, hoje nomes de rua que ficaram para a história de Natal e Macaíba. A obra custava 1:000$000 (um conto de réis) e o interessante era que cada um era responsável de construir a metade, mas o major Fabrício pediu dispensa e o major Manoel Modesto Pereira a concluiu recebendo 1:500$000 (um conto e quinhentos réis) por sua parte.

Essa Ponte de Macaíba, por ser principalmente de madeira, ficou recebendo investimentos para reparos e reformas até 1870. Macaíba, por causa da ponte, passou a ter preponderância comercial na região, o que não agradou as autoridades em Natal (RN). Era uma época em que os barcos e as barcaças subiam o rio até lá. Não havia nenhuma ponte impedindo a passagem desse fluxo comercial. Era o tempo da feira de Macaíba (RN).

Também é relatado que em 1859 o então presidente da província do Rio Grande do Norte pediu ao coronel do Imperial Corpo

de Engenheiros, o Dr. Ricardo José Gomes Jardim, um orçamento de uma ponte na altura do aterro. Chegou-se à soma de 132:810$000 (cento e trinta e dois contos, oitocentos e dez réis), quantia acima da capacidade da província.

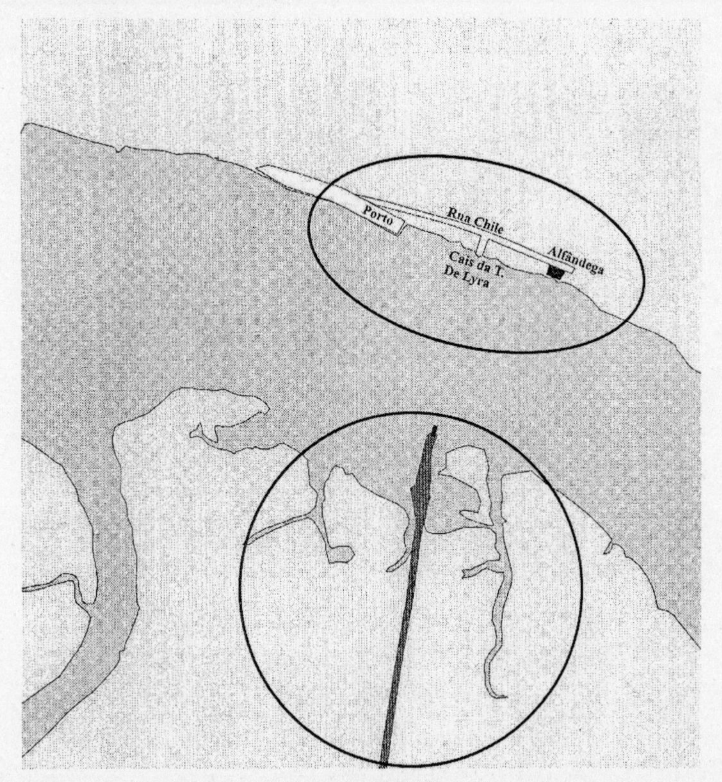

Figura 31. Croquis realizados por Rodrigues (2003) e adaptado por este autor, a partir de carta náutica do Rio Potengi de 1978. O trem passava na rua Chile e parava a poucos metros do cais da Tavares de Lyra. As mercadorias eram atravessadas em barcaças até a Estação Natal – do Padre na margem esquerda do rio, para então percorrer o trecho conhecido como Aterro do Salgado que ia até a Estação de Igapó

Fonte: Plano Diretor Portuário do Brasil. Portos do Estado do RN: Porto de Natal. Parte A Cadastro. Rodrigues. Adaptado por este autor

Então Natal sofria com a baldeação de mercadorias e passageiros de 1906 até 1916, como exemplificado na Figura 31. Assim, só restou a ponte de Macaíba para a travessia do Potengi, bem longe de Natal.

Figura 32. Vista da Estação Natal/Pedra Preta, também conhecida como da Coroa, à esquerda da fotografia

Fonte: Lyra (2001)

A seguir, há uma cronologia das tentativas de construção da ponte:

1837 – Proposta de construção na localidade de Peixe-Boi. Era a Lei n.º 18 de 31 de outubro de 1837.

1838 – O presidente da província confirma a lei, mas afirma que a construção estava além da capacidade de endividamento.

1839 – A presidência da província do Rio Grande do Norte manda afixar editais convidando empresas nacionais e estrangeiras para a formação de uma companhia para a construção da ponte. A concorrência é deserta. Nem por subscrição voluntária é obtido sucesso.

1841 – Nova resolução provincial n.º 69, de 8 de novembro de 1841, renova o pedido de construção da ponte, dessa vez indicando o local.

1843 – Novamente ninguém se interessa, muito menos a província.

1846 – A lei para a construção da ponte faz aniversário de 8 anos.

3.2 A autorização de Dom Pedro II para construir a ponte em 1870

Essa era a época do Brasil do Imperador Dom Pedro II, o maior impulsionador das ciências e do progresso brasileiro de todos os tempos. E em 1870 é sancionada a Lei Imperial n.º 617, de 3 de junho, que, no artigo 19, autoriza o presidente da província do Rio Grande do Norte a contrair um empréstimo de 350:000$000 (trezentos e cinquenta contos de réis) para a construção da ponte, sendo o valor convertido em dívida pública amortizável em dez anos com juros de 6% até 8% ao ano. Isso oneraria o cofre em 40:000$000 por ano, mas nada se concretizou.

O presidente da província declinou do empréstimo explicando que ultrapassaria em muito a capacidade de pagamento. Uma atitude incrivelmente séria de um homem público. Ele se chamava Silvino Elvídio Carneiro da Cunha (1813-1892), 1º Barão de Abiaí. Foi presidente da província do Rio Grande do Norte de 22 de março de 1870 a 11 de janeiro de 1871. Cidadão da mais absoluta honestidade.

3.3 A Estrada de Ferro Central do Rio Grande do Norte

Figura 33. Prédio sede da EFCRGN construído pela CVC do engenheiro JJP no bairro da Ribeira, Natal (RN)
Fonte: fotografia feita pelo autor

Quando a Estrada de Ferro Central do Rio Grande do Norte (EFCRGN) foi arrendada à CVC, existiam os seguintes atos decretos:

- Decreto n.º 7.074 de 20 de agosto de 1908.
- Decreto n.º 7.164 de 5 de novembro de 1908.
- Decreto n.º 7.172 de 12 de novembro de 1908.
- Decreto n.º 7.186 de 19 de novembro de 1908.

Verdade que se diga, a EFCRGN nunca apresentou lucro à CVC nos anos seguintes à construção da ponte do Potengi.

Em 15 de dezembro de 1911, sai a Ordem de Serviço tão esperada por todos. O ofício fora dado pelo engenheiro designado fiscal João Ferreira de Sá e Benevides. Foi assim. Curta e simples.

À ESTRADA DE FERRO CENTRAL
DO RIO GRANDE DO NORTE

Ao Sr. Empreiteiro

Queira mandar construir a ponte sobre o rio Potengy de accordo com o projecto aprovado pelo Governo.

Natal 15 de dezembro de 1911

Engenheiro Fiscal
(Assinado) Sá e Benevides[41]

Eram os anos do presidente Hermes Rodrigues da Fonseca, que assinou vários decretos relativos à ponte do Potengi. No final do seu mandato, a construção da ponte já tinha terminado em dezembro de 1914. O governador no início da construção era Alberto Maranhão, mas a inauguração só vai ocorrer em 1916 com o presidente Venceslau Brás Pereira Gomes e o governador Joaquim Ferreira Chaves.

Segundo Pombo (1922), em 31 de dezembro de 1903, a Lei 1.145 autorizou o governo a mandar proceder aos estudos de uma estrada que, partindo do ponto mais conveniente do litoral do estado do Rio Grande do Norte, fosse ter aos sertões desse estado, penetrasse nos sertões da Paraíba, Pernambuco e Ceará, e aí, ligando-se à Estrada

[41] Trecho retirado do livro Oficios da Inspetoria das estradas de Ferro, anos de 1919 a 1920.

de Ferro de Baturité, no ponto mais conveniente, completasse em parte o plano geral de viação férrea do norte do Brasil.

Após esses estudos, segundo Pombo (1922), o governo notou que a linha férrea de penetração que mais convinha aos interesses gerais era a que fosse construída em prolongamento da antiga Estrada de Ferro de Natal e Ceará-Mirim, já então estudada, não só por ser o porto de Natal o mais apropriado para centro de convergência da futura rede de estradas de ferro do Rio Grande do Norte, como também por ser esse traçado o que melhores condições técnicas apresentava, como se verificou dos estudos de reconhecimento efetuados em diversos vales dos principais rios da região. o Rio Grande do Norte foi planejado como centro de convergência no nordeste brasileiro naqueles anos, porém hoje foi totalmente ultrapassado por Pernambuco e Ceará, porquê ?

Ainda de acordo com Pombo (1922), a linha se iniciava em Natal, que possuía o primeiro porto do Nordeste do Brasil, não só pelas condições excepcionais do seu ancoradouro, perfeitamente abrigado em uma extensão de 18 metros (será explicado no capítulo 14, que aborda o cais ponte), mais ou menos, e francamente acessível em qualquer maré a todos os navios da época que viajavam na costa brasileira, como também pela sua posição geográfica, um dos mais próximos da Europa, o que o tornava um grande centro de movimento comercial, tendo em vista os melhoramentos que já estavam em execução.

A estrada partia da cidade de Natal, na margem direita do rio Potengi, o local da estação mostrado na Figura 31, acompanhava esse rio em cerca de 5 milhas, onde o atravessaria com uma ponte metálica de 500 metros, constituída por 10 vãos de 50 metros (esse era o projeto, mas não ficou assim); passando então para a margem esquerda e logo dela se afastando em extenso tabuleiro, por onde corre até o Extremoz, alcançando aí o vale do Ceará-Mirim, onde a cana-de-açúcar era o seu lugar favorável.

Quatro quilômetros adiante, segundo Pombo (1922), de Taipu, a linha atravessa o Ceará-Mirim, galgando, por meio de várias rampas, terrenos planos e arenosos que nos invernos são férteis para a lavoura dos cereais, da mandioca e do algodão. Daí até o quilômetro 88, ainda segundo o autor (Pombo, 1922), onde se encontra a florescente povoação de Baixa-Verde, hoje João Câmara, o terreno é constituído de pequenos morros isolados de rochas silicosas e calcárias. O granito existe em diversos pontos em estado de decomposição.

Este autor faz aqui a observação da grande injustiça de Baixa--Verde se chamar hoje de João Câmara, pois devia se chamar pelo nome do seu fundador, o engenheiro Antônio de Proença, irmão de JJP, que aí montou um grande acampamento para a CVC.

No quilômetro 98, a cerca de 10 quilômetros à esquerda da linha, existe a vila de Jardim de Angicos, em cujo município a linha atravessa vastas e importantes fazendas de criação de gado vacum, cavalar e lanígero. Essa cidade possui já muitos estabelecimentos comerciais e máquinas de descaroçar algodão, sendo muito importante o seu comércio como dizia Pombo (1922). Na verdade, o algodão era o ouro dessa época.

Logo mais a linha atravessava grandes campos de capim panasco (ótima forragem para o gado e cujo poder alimentício é comparável ao do milho em igualdade de peso), até atingir, no quilômetro 134, o divisor de águas do rio Ceará-Mirim e dos afluentes do rio Açu, onde existem grandes blocos de rocha vermelha (Pombo, 1922).

Pombo (1922) relata que, à esquerda da linha, nesse ponto, existe o morro de Cabugi, com a altitude de 600 metros, e a cidade de Lajes, de grande importância comercial devido ao cruzamento de duas estradas de rodagem, de tráfego intenso. Até aí, está atualmente o tráfego da estrada de ferro, em uma extensão pouco inferior a 150 quilômetros.

Estava também em estudos o ramal de Lajes a Macau e outro porto do Rio Grande do Norte, importantíssimo pelas riquíssimas salinas, cuja produção é suficiente para abastecer a todos os mercados do mundo, sendo esse elemento indispensável à vida. O sal do Rio Grande do Norte contém 98% de cloreto de sódio. Esse ramal deveria ter aproximadamente 100 quilômetros de extensão.

Entre o ramal de Lajes a Macau viriam a ter duas cidades, a de Pedro Avelino e a de Afonso Bezerra. E vai ser entre esse trecho de Lajes e Pedro Avelino que a CVC utilizaria um vão que não pôde ser utilizado na ponte de Igapó.

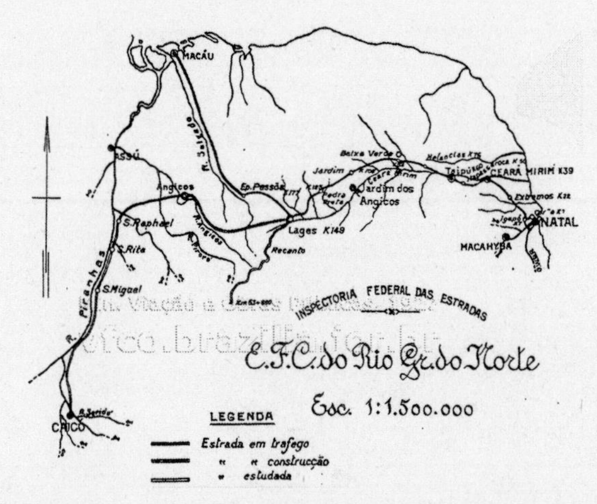

Figura 34. Mapa da EFCRGN mostrando os trechos de Lajes a Epitácio Pessoa, hoje Pedro Avelino e Lajes a recanto, trecho no qual foi escavado o túnel ferroviário pela CVC de JJP

Fonte: Mapas do Ministério de Viação e Obras Públicas - 1927 - Imprensa Nacional 1030 - Apresentação Flavio R. Cavalcanti. http://vfco.brazilia.jor.br/ferrovias/mapas/1927-Estrada-Ferro-Central-Rio-Grande-Norte.shtml. Acesso em: 20 abr. 2015

A CVC utilizará um vão de 50 metros, que não foi utilizado na ponte sobre o Potengi, por mudança de um dos vãos, no quilômetro 15. É digno de registro, também, o quanto de empreendedorismo e de liberdade de comprar eram dados aos empreiteiros ao adquirir pontes. É nesse mesmo trecho Lajes-Pedro Avelino que vamos encontrar uma ponte de aço tipo "Pratt" de fabricação alemã, "Peiner Walzwerk", com dois vãos de aproximadamente 32 metros cada. Essa ponte tem uma distância de seu tabuleiro para o fundo do rio de 12 metros.

Figura 35. Ponte metálica de aço tipo "Pratt" de fabricação alemã, "Peiner Walzwerk", com dois vãos de aproximadamente 32 metros cada. Essa ponte tem uma distância de seu tabuleiro para o fundo do rio de 12 metros. Na foto vemos o empresário Marinho, que participou da expedição de reconhecimento nesse dia

Fonte: fotografia do autor

Segundo Arrais (2006), a EFCRGN vai atingir Lajes no sertão central em 1914, o que vem a corroborar com a exequibilidade da colocação do vão de 50 m em trecho logo após Lajes.

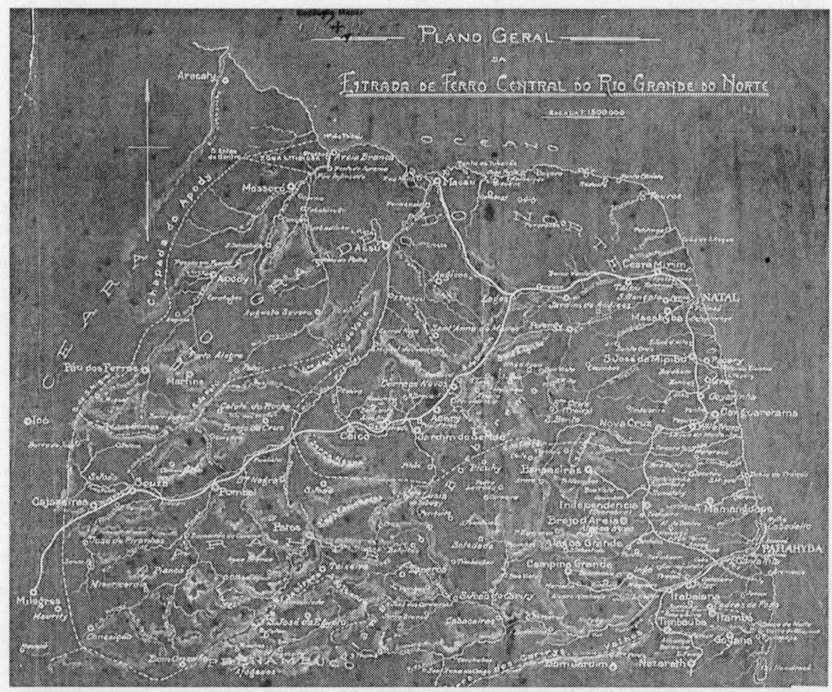

Figura 36. Planejamento da EFCRGN. Esse era o plano: observar que em Lajes há a bifurcação para Macau ao norte e para Currais Novos e Caicó ao sul. Interessante observar que essa imagem representa uma cópia heliográfica de projetos daqueles anos

Fonte: Medeiros (2011)

A população das zonas que seriam servidas pela EFCRGN é computada por volta de 1916, por dados oficiais, em 60 mil habitantes, segundo Pombo (1922), e a produção do algodão sobe a algumas dezenas de milhares de fardos, sendo o produto da melhor qualidade e comparado pelos entendidos mais bem reputado do que o do Egito. Nessa época o nosso algodão já começava a ter fama de bom.

Segundo Pombo (1922), a indústria das peles tinha tomado tal incremento nessas regiões que já se podia considerar como definitiva e como elemento de expansão considerável, uma vez que, terminada a estrada, permitiria aos criadores a pronta remessa desse produto aos pontos de embarque. A exportação das peles pelos portos de Natal e Mossoró tinha atingido nesses últimos anos números crescentes, computando-se o seu valor comercial em alguns milhares de contos

de réis da época — e isso apesar da falta de transporte econômico e rápido, que só se obteve após a construção da estrada de ferro.

A extração de cera de carnaúba e da borracha de mangabeira e maniçoba eram também outras indústrias que se tornaram por certo bem importantes. Para se ter uma ideia da importância comercial da EFRGN, basta considerar como elementos principais de seu tráfego: o algodão, que, como foi dito, tem aí uma produção importantíssima no sentido da exportação, e o sal, idem, produtos esses cujo consumo é extraordinário nas regiões centrais do Brasil. Essa estrada teve, portanto, o seu tráfego perfeitamente equilibrado, realizando assim o ideal das vias de transportes, como observava Pombo (1922). A bitola dessa estrada é de um metro, entre faces internas dos trilhos. Não havia curvas de raio superior a 300 metros e a rampa mais forte era de 0,012 m por metro. Os trilhos eram de 25 quilos por metro corrente e a largura da plataforma de 3,60 nos aterros e 4 metros nos cortes. Essa é uma informação bem técnica, mas que devemos dar em respeito aos leitores.

As locomotivas adotadas eram de 36 toneladas, ou 9 toneladas por eixo, visto que as pontes são todas calculadas prevendo-se para o futuro um material mais pesado de até 12 toneladas por eixo, depois passando para 16 toneladas por eixo. Hoje, atingem mais de 30 toneladas por eixo.

3.4 A Companhia de Viação e Construções SA.

A CVC foi uma companhia derivada da Proença e Gouveia, que já realizava trabalhos na EFRGN. A CVC foi em busca dessas riquezas e tinha uma grande ponte em seu caminho.

Companhia de Viação e Construcções

ACTA DA ASSEMBLÉA GERAL DOS SUBSCRIPTORES

Aos vinte e um de fevereiro de mil novecentos e onze, ás 2 horas da tarde, á rua da Assembléa n. 33 sobrado, reunidos, em virtude do convite feito pelo fundador e publicado no *Diario Official* e *Jornal do Commercio* de 19 do corrente, todos os subscriptores de acções, para a formação da Companhia de Viação e Construcções, como se verifica do livro de presença que accusa o comparecimento de oito subscriptores representando o total de sete mil e quinhentas acções do valor nominal de duzentos mil réis cada uma, de que se compora o capital social na importancia de 1.500:000$, o Sr. Dr. João Proença, incorporador, declara que, sendo esta a assembléa geral preparatoria, denominada dos subscriptores, para constituição da sociedade, propunha para presidil-a o Sr. Barão de Ibirocahy, representante dos subscriptores Ibirocahy &Comp., o que foi por todos approvado. Assumindo este a presidencia, convida para secretarios os Srs. Drs. Eduardo Tito de Sá e Alvaro Barroso e, em seguida, abre a sessão, declarando que o capital subscripto, além a parte em dinheiro, consiste em bens e direitos, com os quaes concorre o fundador Dr. João Proença e que se verificam pelo saldo entre o activo e passivo de seu balanço, na qualidade de unico titular dos contractos, celebrados com o Governo Federal para construcção e arrendamento da Estrada de Ferro Central do Rio Grande do Norte, conforme os decretos n. 7 074 de 20 de agosto e n. 7.186 de 19 de novembro de 1908 e termo de transferencia lavrado na Secretaria do Ministerio da Viação e Obras Publicas com data de 30 de outubro de 1909, contractos esses em pleno vigor e em adiantada exploração. Os onus e vantagens, bem como valor real do respectivo acervo já são do inteiro conhecimento dos Srs. subscriptores. Esta assembléa, entretanto, em obediencia á lei, deverá nomear tres louvados que terão de estimar aquella prestação de capital, que não consiste em dinheiro. Terminada esta exposição, o subscriptor Dr. Alvaro Barroso pede a palavra e propõe que sejam convidados e nomeados louvados os Srs. Eugenio José de Almeida e Silva, Wilhelm Brosenius e Richard Repsold. Sujeita esta proposta á votação, é unanimemente approvada e, não podendo proseguir a installação da companhia, sem a entrega e approvação do laudo, o presidente declara que opportunamente, depois de preenchida essa e outras formalidades da lei, será convocada a assembléa geral definitiva de constituição da sociedade e que nada mais havendo a tratar, encerrava a sessão, lavrando-se a presente acta em duplicata e assignada por todos os subscriptores, depois de submettida á discussão e approvada sem debate.

João Proença.
Proença, Echeverria & Comp.
Eduardo Tito de Sá.
Barão de Ibirocahy.
Bertholdo Waehneldt.
Alvaro Barroso.
Francisco da Cruz Vianna.
João Carlos Kastrup.

Figura 37. Ata original retirada do Diário Oficial, 9 março de 1911

Fonte: Diário Oficial da União

Para a análise, seguem na sequência os estatutos da companhia citada em seu original:

CAPITULO I

DENOMINAÇÃO, FINS, SÉDE, DURAÇÃO E CAPITAL

Art. 1º. Sob a denominação de Companhia do Viação e Construcções fica constituída esta sociedade anonyma cujo objecto é operar, em geral, em construcções e, especialmente, continuar a exploração dos contractos celebrados com o Governo Federal do conformidade com os decretos ns. 7.074, de 20 de agosto e 7.186, do 19 de novembro de 1908 e termo de transferência de 30 de outubro de 1909, para a construcção e arrendamento da Estrada de Ferro Central do Rio Grande do Norte.

Art. 2º. A séde social será na cidade do Rio de Janeiro.

Art. 3º. O prazo de duração da sociedade será de 60 annos, contados da data, de installação da sociedade, podendo ser prorogado.

Art. 4º. O capital social é fixado em 1.500:000$, podendo ser elevado, dividido, éle 7.500 acções integradas de 200$ cada uma.

Art. 5º. As acções poderão ser ao portador ou nominativas e conversiveis de uma para outra especie, a vontade do possuidor.

A certidão de registro na Junta Comercial do Rio de Janeiro foi passada no dia 9 de março de 1911. Eram os preparativos para a construção da grande ponte do Potengi, tão ansiosamente aguardada em Natal. O primeiro grande erro com o qual nos deparamos é o local da sede, principalmente em se tratando das distâncias e dos meios de locomoção da época.

Há de se observar também que a empresa deveria ter obras no Rio de Janeiro e no Maranhão. Registra-se que não foram encontrados na Junta Comercial do Estado do Rio Grande do Norte (JUCERN) nenhuma companhia ou filial registrada com esse nome. Deve ter sido muito difícil para os fiscais locais operacionalizar ações. Provavelmente um grande erro que custou mais tarde, em 1920, dias muito difíceis para a CVC.

Quando do acidente com os cilindros caídos, durante as obras, entre os blocos 4 e 5, a companhia e a Cleveland Bridge trabalharam

em prol de diminuírem seus custos e tiveram de os deixar lá, caídos, apenas com a sinalização que o tempo já destruiu.

Em 15 de novembro de 1910 saiu o decreto específico, contendo orçamento e aprovação da construção da ponte:

> ***DECRETO N. 8.372 - DE 11 DE NOVEMBRO DE 1910.***
> *Artigo Único. Ficam approvados o projecto e orçamento na importancia total de 2.474:939$, apresentados polo engenheiro João Proença, empreiteiro e arrendatario da Estrada de Ferro Central do Rio Grande do Norte, para a construcção da ponte metallica sobre o Rio Potengy, ligando a cidade do Natal ao actual ponto inicial da mesma estrada; devendo ser adoptados os passadiços para transeuntes pedestres. Rio de Janeiro, 11 de novembro do 1910, 89º da Independencia, 22° da Republica.*
>
> *NILO PEÇANIHA.*
> *Francisco Sá*[42].

A quantia citada anteriormente foi paga ao arrendatário CVC. O contrato com a Cleveland Bridge foi outro. Esse último ficou em torno de cem mil libras esterlinas de 1912. Mais tarde, pós-obra, a comunicação oficial da companhia foi realizada da seguinte maneira no Diário Oficial de 29 de agosto de 1916:

> *Companhia de Viação e Construcções pede que este Ministerio (de Viação e Obras) providencie junto ao da Marinha para que este certifique si a collocação do balisamento fixo de dous cylindros abandonados, das fundações da ponte sobre o rio Potengy, é medida definitiva e bastante para tal fim.- Dirija-se, querendo, ao Ministerio da Marinha*[43]

A medida foi considerada definitiva e suficiente, o que obviamente foi um fato intrigante, pois os cilindros caídos apresentavam grande perigo para a navegação. E Natal desconhecia esse grande acidente. Provavelmente a navegação foi declarada morta após a ponte que impediu o direito de ir e vir em barcaças maiores dos moradores e comerciantes a montante, a outrora vibrante Macaíba. O projeto original, que previa um vão giratório, não foi executado.

---

[42] Decreto de 15 de novembro de 1910.

[43] Comunicação no Diário Oficial de 29 de agosto de 1916.

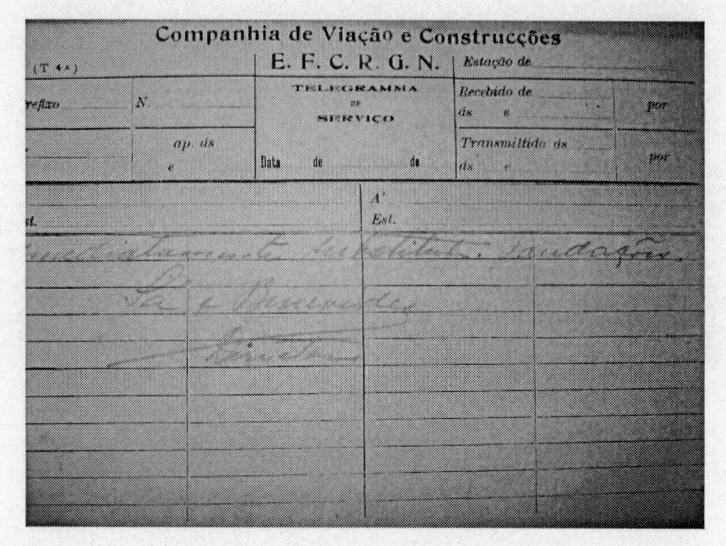

Companhia de Viação e Construcções

(T 4A) E. F. C. R. G. N. Estação de

TELEGRAMMA DE SERVIÇO

Prefixo N. ap. ás e Data de de

Recebido de ás e por

Transmittido ás ás e por

A' Est.

Est.

Figura 38. Formulário de telegrama de serviço utilizado pela CVC e EFCRGN. Exemplo de um formulário assinado por "Sá e Benevides", "Director" que era o eng. JFSB

Fonte: fotografia sobre o original realizada pelo autor

Esse formulário de telegrama de serviço foi muito utilizado na época. O telegrama era o modo mais rápido de comunicação, portanto indispensável, principalmente em uma construção de vulto como uma ponte naquela época. Mesmo depois de encampada pela EFCRGN, como foi divulgado o fato na época, o formulário foi utilizado assim mesmo pelos meses seguintes.

3.4.1 Uma construtora criada para ser grande

Com toda a experiência do JJP, na hora de fundar a CVC, ele procurou um nome impessoal e vários sócios de peso no Rio de Janeiro. Estava claro que era uma companhia de viação, de transportes e construções. Poderia ser de trens ou de caminhões. JJP já era atento ao desenvolvimento de rodovias, pois ele próprio já tinha trabalhado com asfaltamento em ruas do Rio de Janeiro. Além disso, as construções eram também objetivo social da companhia.

JJP usou sua formação e experiência como engenheiro de minas ao escavar o túnel em rocha no trecho que ia de Lajes a Recanto (RN). Foi abandonada com várias cabeceiras, pilares de

pontes e viadutos totalmente finalizados, além de dois túneis escavados na rocha, só faltando receber a parte metálica de pontes e pontilhões. Nesse caso foi a Primeira Guerra Mundial, com grande demanda de aço, o que atrapalhou a finalização das obras. O governo brasileiro resolveu pará-las e nunca mais retornou. Em companhia de jipeiros amigos percorremos uma parte desse trecho de túneis e pilares de pedras facejadas executados de forma impecavelmente perfeitos, sem trincas ou fissuras a olho nú. Uma lástima que ficou abandonado sem ser concluído.

3.4.2 Uma companhia além do seu tempo

A CVC era consciente de que só recursos técnicos e financeiros executam uma obra complexa. Como prova, ao se deparar com o leito lamacento e argiloso do rio Potengi, foi atrás de quem sabia fazer o serviço. Certamente nessa época ele já tinha uma sondagem mostrando o perfil do terreno pós-fundo de rio.

JJP foi encontrar uma companhia inglesa, exatamente a melhor na especialidade. Quanto custaria? Não interessa para um empreendedor. O que vale é a realização. É vencer o desafio e fazer bem feito. Deixar para as próximas gerações. A língua não foi um obstáculo, pois não consta que JJP viajava para a Inglaterra com um intérprete.

Se hoje existisse, a CVC tranquilamente teria participado da construção da Transamazônica e estaria no programa de privatizações de ferrovias e rodovias do país. Teria várias empresas subsidiárias. Estaria atuando no ramo de petróleo e de mineração.

Figura 39. Ponte metálica ponte de aço tipo "Pratt" de fabricação alemã, "Peiner Walzwerk", no trecho ferroviário de Lajes a Pedro Avelino
Fonte: fotografia do autor

Figura 40. Projeto da estrutura central da mesma ponte, mostrando detalhes e cotas de construção
Fonte: fotografia do autor sobre os originais no Arquivo Nacional

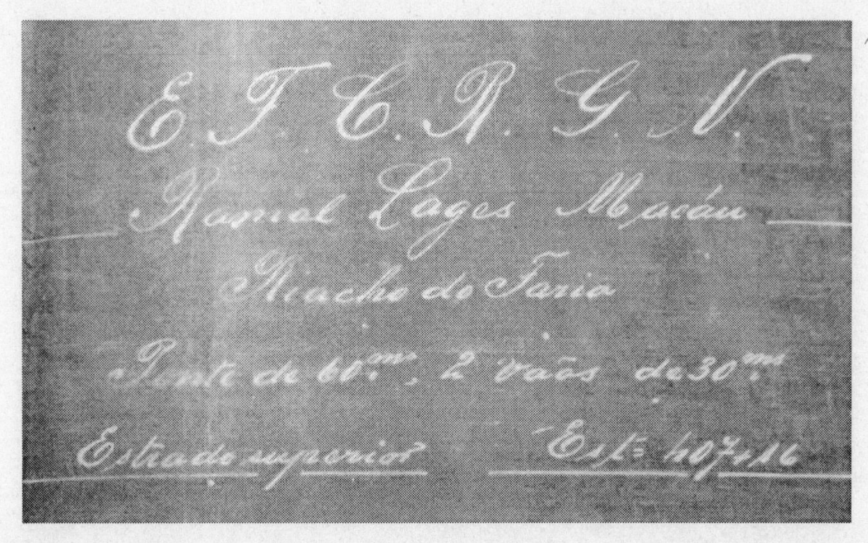

Figura 41. Ampliação do projeto anterior designando o trecho Lajes-Macau e o rio Riacho do Faria, sobre o qual a ponte passaria. Ponte de 60 metros com dois vãos de 30 metros. Detalhe ampliado

Fonte: fotografia do autor sobre os originais no Arquivo Nacional

THE
CLEVELA
BRIDGE
AND
ENGINEE
DARLING
ENGLAND

CAPÍTULO 4

A CLEVELAND BRIDGE ENGINEERING CO LTD

4.1 História de um nicho no mercado de ferrovias no mundo

Segundo Helena Russell (2002), a aquisição de um modesto pedaço de terra em Darlington — condado de Durham — no nordeste da Inglaterra e no pé da Escócia, marcou o humilde início da Cleveland Bridge and Engineering Company (CBEC). Era o ano de 1877. No Brasil ainda corria a magnífica era de Dom Pedro II, na província do Rio Grande do Norte era novidade a concessão da estrada de ferro em Mossoró para o suíço radicado lá chamado Ulrich Graff. Eram empreendidas as tentativas de se transpor o rio Potengi.

Então Henry Isaac Dixon[44] Comprou, por meio de uma carta de intenções, um hectare em Smithfield, Darlington, e iniciou um negócio que estava para se tornar uma das maiores e mais renomadas construtoras de pontes do mundo. Um gol no mundo iniciante das ferrovias que necessitam de pontes e viadutos.

Foi um tempo dinâmico para a região do Teesside[45], no Condado de Durham, o mesmo da famosa universidade. Em 1851, dois homens de negócios locais, Henry Bolckow e John Voughan, que já possuíam uma fundição de ferro e uma fábrica de rodas perto de Middlesbrough, tinham descoberto uma mina de ferro nas colinas de Cleveland, ainda segundo Russell (2002).

A indústria estava se expandindo no mesmo tempo em que a família Dixon decidiu implantar seus negócios. Justamente dois anos antes, Bolckow e Vaughan tinham aberto o primeiro forno conversor Bessemer[46] em uma fábrica em Middlesbrough. Essa nova tecnologia capacitava o ferro para ser convertido em aço em maiores e melhores quantidades do que o método usado até então. Era um avanço. Esse novo forno, que parecia simples, foi uma das maiores invenções do homem moderno na era do aço.

Cleveland Bridge foi inaugurada em 1877 e Henry Dixon instalou logo o seu filho Ernest como gerente. Uma doença logo forçou Ernest a uma aposentadoria e seu irmão Charles comprou seus direitos. Charles Dixon foi uma figura lendária da Cleveland de Darlington.

---

[44] Primeiro proprietário da CBEC.

[45] Conurbação no nordeste da Inglaterra constituída pelas cidades de Billingham, Middlesbrought, Redcar, Skelton-in-Cleveland, Stockton-on-Tees, Thornaby e envolvendo estabelecimentos próximos ao rio Tees.

[46] Forno conversor de aço primitivo, que será abordado no capítulo seguinte.

A firma foi à frente com um novo sócio, Cecil Hawley, por alguns anos. Dixon então pegou de volta a companhia em 1882. No ano seguinte constituiu uma companhia limitada, a Cleveland Bridge and Engineering Company Ltd. (CBEC).

Segundo Russell (2002), nos seus primeiros anos, a CBEC tinha ambições modestas. Entretanto seu escopo gradualmente se alargou seguindo a bússola de trabalhos de engenharia, incluindo o erguimento de pontes, em particular a instalação de cilindros e caixas em aço. A companhia edificou pontes fixas e móveis, conversores Bessemer, tanques, tubos de vapor e assemelhados.

A companhia foi fundada na hora certa. Naquele tempo as ferrovias em todo o mundo tinham uma enorme necessidade por pequenas pontes. Daí o nicho de mercado. Em 1889, então, a CBEC tinha suprido não somente estruturas para a Great Western Railway da Grã-Bretanha (GWBR), mas para a Noruega, a Suécia, a Austrália, o Canadá, a Índia, o México e o Brasil, que já era dominado pela GWBR.

E, assim, não foi surpresa quando o século XX chegou e o diretor Frank W. Davis decidiu oficialmente estender o escopo da companhia para contratos de engenharia. Isso marcou o começo da longa e distinguida carreira da CBEC em maiores projetos de engenharia, principalmente de pontes. Era a vocação da empresa, a que a mantém até os dias de hoje, mesmo carregando a imensidão desses anos.

Em poucos anos a companhia estendeu-se muito além de suas especialidades em trabalhos de fabricação em aço. Nos primeiros anos do século XX, a CBEC apreciou um alto sucesso baseado nas suas conquistas com a engenharia de estruturas.

No livro *Made in Darlington*, de Emett (2003), a CBEC é citada com destaque no quesito exportação de engenharia com excelência. Era o orgulho do nordeste da Inglaterra no ponto de sua maior excelência: o domínio do mundo pelo aço, com engenharia.

Em 1901, segundo Russel (2002), a companhia ganhou um contrato da North Eastern Railway para renovar a Brotherton Bridge sobre o rio Aire e outro de Cambrian Railway em Wales para a reconstrução no Barmouth Viaduct. Vários contratos se processaram então dentro do Reino Unido.

Nos arquivos dessa época é possível detectar logo que a causa desse sucesso era oferecer alternativas e soluções inovadoras aos

clientes. Sempre a inovação. A inovação é a única maneira de crescimento de homens e de uma nação. Não foi diferente nesses tempos. Todo empreendedor sabe que deve inovar e inovar.

Em 1902 a companhia ganhou seus primeiros maiores contratos para construção de pontes. Um para construir uma ponte ferroviária sobre o rio Tyne — a famosa Tyne Bridge — em Newcastle (RU) e outro para construir uma ponte sobre o rio Zambeze em Victoria Falls, na então Rodésia, hoje Zimbabwe, local fabuloso que até hoje conserva essa ponte. A ponte em Victoria Falls é cartão postal e foi lá que o mesmo engenheiro projetista de Natal trabalhou.

A ponte King Edward VII, em Newcastle era o primeiro contrato no qual a CBEC demonstrou a técnica de escavação sob ar comprimido. Isso estava para se tornar uma de suas marcas registradas nas próximas três décadas. E é na ponte sobre o rio Potengi que entre 1912 e 1914 a Cleveland vai usar esse processo também com sucesso. Chegamos com a CBEC até Natal.

Figura 42. Anúncio da CBEC da época. Na foto vê-se a ponte de Newcastle. O anúncio diz "Especialistas em fundações em águas profundas"

Fonte: Jornal inglês The Engineer. http://www.gracesguide.co.uk/Cleveland_Bridge_and_Engineering_Co. Acesso em: 8 maio 2012[47]

[47] Matéria publicada no Graces Guide UK . Em gracesguide.co.uk/Cleveland_Bridge_and_Engineering_Co. Acesso em: 8 maio 2012

O propósito para a ponte de Newcastle era uma construção nova entre Newcastle e Gateshead para a expansão da via férrea desde que a existente ponte construída pelo grande engenheiro Robert Stevenson, filho de George Stevenson, o inventor da locomotiva eficiente, tinha esgotado a capacidade. De acordo com uma reportagem no jornal *The Engineer*[48], foi o maior contrato de engenharia da época. O autor da reportagem, em 1902, explicou que os caixões que a CBEC estava executando para construir os tubulões eram os maiores que já tinham sido usados em trabalhos de fundações profundas. Cada um dos três pilares da ponte que se erguem de cada bloco foi concretado seguindo o eixo de cada tubulão. A profundidade desses tubulões variava entre 8 e 17 metros pós-fundo de rio. Em Natal essas profundidades vão variar de 10 a 14 metros.

O local de trabalho de cada pneumatic well, poços pneumáticos[49], tinha 8 metros de comprimento por 2,5 metros de largura com as extremidades abauladas. Três tubos conectados com a superfície propiciavam trabalhos e transporte de material escavado com entradas e saídas de trabalhadores. No topo de cada campânula estava um compressor desenhado e patenteado pela CBEC para seus contratos.

Esse método descrito vem a ser exatamente o utilizado em Natal, anos mais tarde, porém com diâmetros diferentes.

Sob condições normais, por volta de 20 homens poderiam trabalhar na câmara em qualquer momento. Cuidados tinham de ser tomados antes para proteger os trabalhadores dos transtornos de se trabalhar sob ar comprimido. Todos os que deviam descer tinham que fazer exames médicos e em média de 5% eram rejeitados. Nenhum homem com mais de 40 anos poderia descer às câmaras e ninguém poderia passar mais do que 4 horas lá embaixo. Existia uma escala: quanto maior a pressão na câmara, que variava de 30 a 50 libras por polegada quadrada (lbf/in2), menor era o tempo que se podia ficar trabalhando.

[48] Foi fundado em janeiro de 1856 e estabelecido por Edward Charles Healey, um empresário e entusiasta da engenharia com interesses financeiros nas ferrovias, cujos amigos incluíam Robert Stephenson e Isambard Kingdom Brunel. A revista foi criada como uma revista técnica para engenheiros.

[49] Poço escavado em cilindros com diâmetros que variam de 2,50 a 6,00 metros com ar comprimido para evitar a penetração de água no seu interior.

Figura 43. Sede da Cleveland, Smithfield Road

Fonte: "Keys to the past" www.keystothepast.info. Acesso em: 2011

A ponte Victoria Falls de 150 metros de vão em arco metálico abaixo do tabuleiro foi um imenso avanço não somente do ponto de vista estrutural como em termos de localização. Todos os materiais e equipamentos foram de Darlington, da mesma forma do que em Natal também.

Figura 44. Anúncio da CBEC em uma revista inglesa de 1912

Fonte: https://www.flickr.com/photos/bolckow/4043474416. Acesso em: 11 jun. 2021

Quando a construção começou em Victoria Falls em 1904, o jornal *The Engineer* não tinha nada a dizer a não ser elogiar a CBEC por conseguir tão prestigioso contrato.

Victoria Falls foi desenhada com a participação direta de seu engenheiro residente, o francês Georges-Camille Imbault. Era sobre o rio Zambezi e ficava a 120 metros acima da lâmina d'água. O *The Engineer*[50], de 7 de abril de 1905, relatava a dramática cena explicando que o spray das cataratas escurecia e molhava as barras de aço e obrigava um rigoroso tratamento dos equipamentos, mas nada disso atrapalhou a velocidade recorde da montagem. O cabo elétrico para transportar materiais e pessoas para ambos os canteiros de obras das margens era o mais eficiente já visto e tinha um vão de 275 metros. Além do local formidável, o projeto da Victoria Falls era também notável pelo método pelo qual o arco romano foi construído. A estrutura era apoiada em bases quase naturais em cada lado das margens, que formavam uma garganta. Esses apoios ficaram tão bem executados e amarrados com cabos que passaram a funcionar como engastes. Assim os lances foram sendo montados como balanços sucessivos em treliças metálicas. Em trabalho similar, 20 anos depois na famosa Sidney Harbour Bridge[51], G. C. Imbault foi engenheiro consultor exatamente por essa experiência quando jovem, porém o destino fez com que seu nome não ficasse marcado na Austrália. Coisas de inglês.

Aí vieram mais pontes para a CBEC e G. C. Imbault vai estar no posto como responsável pelas pontes ferroviárias em Khartoum para o governo do Sudão, uma no rio Nilo Branco e outra sobre o rio Nilo Azul. Em ambas, os vãos foram montados simultaneamente. A do Rio Nilo Azul foi executada com a estrutura jamais construída em treliça com arco curvo com 65 metros. Em Natal tivemos uma em treliça "Pratt" de 70 metros e outras nove de 50 metros.

As fundações dessas duas pontes acima também foram executadas pelo processo de ar comprimido. O engenheiro diretor da companhia na época, Frank Davis, tinha desenhado pessoalmente compressores especiais para os topos das campânulas movidos por

---

[50] Revista inglesa, já comentada, sobre notícias da engenharia em geral. É uma revista mensal e site com sede em Londres, cobrindo os últimos desenvolvimentos e notícias de negócios em engenharia e tecnologia no Reino Unido e internacionalmente

[51] Na baía de Sydney, Austrália.

motores girados por caldeira a vapor. O grande cuidado era manter as caldeiras funcionando sempre.

Outra reportagem no *The Engineer* revela a dificuldade que a CBEC encontrou ao introduzir sua sofisticada técnica para uma destemida força-tarefa. Era muito difícil introduzir os nativos lá dentro dos tubulões para trabalhar. Os engenheiros tinham que entrar para provar que nenhum mal lhes aconteceria e para explicar suas tarefas. No entanto, o progresso foi bom. Em 24 horas um cilindro poderia escavar 5,8 metros. Esses trabalhos eram realizados na época do verão. Nesses locais as temperaturas observadas eram em torno de 45 graus Celsius na sombra. Além do calor excessivo, o contrato tinha que contar com chuvas repentinas nos rios.

Em 1908 a firma de Darlington era a versatilidade e a destreza na engenharia mundial, seja desenhando, seja construindo, fazendo o mundo, globalizando a terra, com o aço, máquinas, navios, telégrafo e o empreendedorismo.

O ano de 1911, na era do Rei Jorge V (reinou de 1910 a 1936), aproximando-se do nosso início em Natal, foi incrível em número de contratos. Todas as 55 propostas preparadas pela CBEC foram aceitas, e com certeza uma delas era a nossa ponte sobre o rio Potengy[52], como era chamada na época tanto lá como cá. Esses contratos foram divididos mais ou menos entre outros fornecedores nas diversas especialidades. Ou seja, eram as terceirizações acontecendo naqueles anos. Era muito trabalho. Tinha que ser divididos por especialidades. E na compra do aço três fabricantes foram observados em Natal.

Em 5 de janeiro de 1912, o jornal *The Yorkshire Post*[53] noticiava que a CBEC havia ganhado um contrato com a EFCRGN, a prova cabal de que o arrendatário JJP, dono da CVC, era o contratante, e que esse contrato excedia as cem mil libras esterlinas e duraria dois anos. Nessa mesma notícia estava incluído o contrato de vinte mil libras para o novo porto de Natal, capital da província do Rio Grande do Norte, como dizia o jornal.

Esse porto ou cais ponte, como ficou chamado aqui, será também estudado por este autor adiante. O jornal também descrevia a

[52] Assim chamado naqueles anos.

[53] Jornal da época publicado na cidade de York, ao norte de Londres.

ponte como 10 vãos de 50 metros e que os cilindros de ar comprimido seriam apoiados em mais ou menos 20 metros abaixo do nível da água. Como o nível médio da água medido por este pesquisador no local é de mais ou menos 8 metros, podemos concluir que a profundidade pós-fundo de rio seria de 12 metros em média, o que está em perfeita sintonia com as pesquisas e sondagens posteriores.

Uma lista dos clientes da CBEC naquele tempo revela a extensão das operações internacionais da companhia. Os contratos incluíam suprimentos de pontes em Wellington, Nova Zelândia, duas pontes Swing[54] para a ferrovia do Egito, uma ponte em Brisbane, na Austrália, e várias pontes para a Ferrovia Sudeste em São Paulo no Brasil.

Aqui se observa o quanto de subempreitada houve. Foi um número grande de contratos em uma era, a esplêndida era das ferrovias, mas quando a comunicação era apenas pelo telégrafo, e para o transporte intercontinental só havia o navio a vapor. Podemos afirmar que os gerentes da Cleveland poderiam ser tranquilamente professores de logística em Harvard hoje.

Além de contratos além-mar, a CBEC recebeu um grande volume de trabalho na sua própria pátria, como a South Eastern and Chatham Railway Company, a North Eastern Railway, a York City Council, a Great Northern Railway e outras mais.

Em Darlington, segundo Clough (1998), por esses anos eram os "Golden Years". E é verdade que a Cleveland colaborava para essa pungência financeira. Seus engenheiros e técnicos de uma forma ou de outra deviam ter ligações com a cidade que primeiro fez uma ligação de trem oficialmente, como a de Stockton para Darlington em 1825, com a locomotiva fotografada por este autor no primeiro capítulo.

Essa foi a vida dessa grande companhia até os dias que antecederam o contrato com JJP da CVC em Natal, estado do Rio Grande do Norte, Brasil. E é até essa época que foi feito o relato aqui, a não ser por um contrato interessante relacionado ao Brasil mais tarde novamente, em 1974, a ponte Rio-Niterói, para a qual a Cleveland forneceu, em estrutura metálica do vão central. Esse vão oscilava muito na década de 1970.

---

[54] Pontes com mudanças, movimentações em vãos permitindo a passagem de grandes barcos ou navios.

É preciso anotar que as maiores forças de propaganda da Cleveland eram as próprias companhias ferroviárias do mundo justamente exploradas por ingleses. A força do patriotismo é aqui fortemente verificada. Nenhuma nação cresce sem patriotismo e sem a valorização de seus próprios engenheiros e cidadãos.

A história da CBEC, hoje chamada no Reino Unido de CBUK, já que existe uma Cleveland Bridge em Dubai, é cheia de edifícios, estruturas aquáticas no rio Tâmisa e até estádios de futebol.

> Requerimento despachado.
>
> The Cleveland Bridge and Engineering Company, Limited, pedindo que seja certificado si são extranhas à Companhia de Viação e Construcções as obras complementares da construcção da ponte sobre o rio Potengy, que se refere o aviso do Ministerio da Marinha n⁰. 2.815, de 5 de agosto do corrente anno (1916)[55].

Ao refletirmos sobre o requerimento, podemos considerar que poderia estar havendo algum desentendimento entre a contratante companhia e a contratada Cleveland. Mais tarde, com a nota do jornal *A República* de que a Cleveland colocou uma sinalização nos cilindros caídos — acidentados —, podemos concluir que poderia ser em relação a esse fato.

Em agosto de 2011, em uma entrevista e pesquisa na sede da Cleveland, este autor esteve com o diretor Bob Forrest, na qual foi muito bem recebido em conversa por mais de três horas sobre as técnicas utilizadas na ponte. Muitas dúvidas foram esclarecidas por ambas as partes. Muitas dúvidas ficaram para trás no cone da história.

---

[55] Aviso do Ministério da Marinha n.º 2.815, de 5 de agosto de 1916 publicado no DOU.

Figura 45. Este autor na bem cuidada estação de ferro de Darlington

Fonte: fotografia de Verônica Negreiros

Figura 46. Sede atual em Darlington, na Yarm Road

Fonte: foto do autor, em 11 de agosto de 2011

Figura 47. Frente dos galpões das oficinas na Yarm Road
Fonte: fotografia de Álvaro Negreiros

Essa é só a ponta do quartel general da CBUK, hoje. O pé direito de suas instalações é de 12 metros. O dia estava chuvoso, mas o pessoal lá dentro estava acolhedor com o pesquisador. O pessoal da portaria já estava de alerta para o brasileiro que ia chegar.

Figura 48. O eng. Manoel Negreiros, autor deste livro, e o engenheiro de soldas Trevor no interior da fábrica da CBUK em Darlington
Fonte: foto foi captada de uma filmagem realizada por Álvaro Negreiros quando em visita no dia 11 de agosto de 2011

Figura 49. Oficinas em Darlington

Fonte: fotografia do acervo do autor em 2011

Por indicação de um amigo de uma respeitosa loja maçônica em Darlington, a Darlington Lodge n.º 6158, Sr. Phil Evans, ficamos em um hotel exatamente em frente. Foi só atravessar a rua e lá estava o autor na Cleveland. Foi um mergulho na arqueologia de engenharia porque pesquisava arquivos de 1912 a 1914, e também examinando como uma fábrica se mantém por tantos anos.

Como a engenheira Helena Russel, autora de 125 anos da CBUK[56], explicou, foi o nicho de mercado de pontes e viadutos descoberto logo no início da esplêndida era das ferrovias que também se estendeu para as rodovias. A capacidade de se resolver os problemas de se transpor vãos e rios rapidamente passaram a resolver os problemas dos construtores e transformou a vida da empresa.

Bastava receber as especificações técnicas com a competente observação "*in loco*", fabricar de forma a caber desmontada em *containers* e despachá-los em trens e navios. Nos anos da Natal de 1912 reinava a era do rebite nas montagens, hoje mais nos parafusos e soldas.

[56] Livro editado pela CBUK com a engenheira Helena Russel em 2002.

Figura 50. Bob Forrest quando em entrevista com o autor

Fonte: foto de Álvaro Negreiros em 11 de agosto de 2011

Bob era um escocês orgulhoso de trabalhar na Cleveland desde os 17 anos. Em sua sinceridade foi logo avisando: *"We don´t have a lot of documents to show you, but we have some..."* (2011).

Depois das conversas e pesquisas nos escritórios, Bob solicitou que o engenheiro Trevor nos acompanhasse às oficinas, sendo essas detalhadas nos serviços que estavam executando na época, como uma pequena ponte próxima a Londres, onde ele se deteve em explicar o vão de 45 metros, que tinha que ter grande capacidade de carga para o tráfego pesado e que deveria ser executada em tempo recorde.

Para quem visitou a CBUK em 2011, leva-se a impressão de uma empresa moderna e carrega-se a impressão de uma empresa em evolução, com várias salas em reformas naquela data, mas também com várias outras modernas e prontas para contrastar. O que se sobressai são os enormes galpões das oficinas limpas e com pintura nova, mostrando que ali naquele chão de fábrica está todo o ouro que se conseguiu em quase um século e meio de existência.

4.2 O currículo da Cleveland Bridge Engineering Co Ltd.

A seguir é mostrado um currículo sucinto das principais obras da CBUK:

- 1905 – Victoria Falls Bridge.
- 1906 – King Edward VII Bridge.
- 1907 – Waibaidu Bridge.
- 1909 – Blue Nile Bridge.
- 1910 – Goz-Abu-Guma Railroad Bridge.
- 1911 – Athbara Railroad Bridge.
- 1911 – Middlesbrough Transporter Bridge.
- 1913 – Galo'a Bridge.
- 1933 – Chiswick Bridge.
- 1935 – Allenby Bridge.
- 1939 – Otto Beit Bridge.
- 1943 – Howrah Bridge.
- 1959 – Aukland Harbour Bridge.
- 1961 – Tamar Bridge.
- 1964 – Forth road Bridge.
- 1966 – Severn Bridge.
- 1966 – Wye River Bridge.
- 1968 – Batman Bridge.
- 1968 – Luangwa Bridge.
- 1969 – River Nile Bridge.
- 1969 – Sapele Bridge.
- 1970 – Pierre Laporte Bridge.
- 1973 - Avonmouth Bridge.

- 1974 – Ballachulish Bridge.
- 1974 – Bosphorus Bridge.
- **1974 – Ponte Rio-Niteroi.**
- 1979 – Lyne Bridge.
- 1980 – Tower 42.
- 1981 – Humber Bridge.
- 1981 – Queen Elizabeth II Bridge.
- 1982 – Kessock Bridge.
- 1982 – Thames Barrier.
- 1991 – Queen Elizabeth II Bridge.
- 1994 – Rodenkirchen Bridge.
- 1997 – One Canada Square.
- 1997 – Hong Kong convention & exhibition Centre
- 1997 – Tsing Ma Bridge.
- 1998 – HAECO Base Maintenance Hangar.
- 1999 – Jiangyin Yangtze River Bridge.
- 2000 – Emirates Tower I.
- 2000 – Emirates Tower II.
- 2000 – Millenium Bridge.
- 2002 – HSBC UK Headquarters.
- 2003 – Alfred Zampa Memorial (New carquinez) Bridge.
- 2003 Boyne River Bridge.
- 2003 – Selby Swing Bridge.
- 2003 – Sheikh Khalifa bin Salman Causeway Bridge.
- 2004 – Harilaos Trikoupis Bridge.
- 2006 – Paddington Station Bridge.
- 2006 – Wembley Stadium.

- 2008 – Surtees Bridge.
- 2009 – Infinity Bridge.
- 2012 – The Shard.

Ao ler essa lista, podemos questionar por que não consta a ponte sobre o rio Potengi, mas no livro promovido pela própria companhia, por volta de 1935, vamos encontrar uma foto e referência relativa abordados nos capítulos seguintes.

Quem pesquisa a Cleveland Bridge no Youtube vai encontrar um excelente filme institucional chamado "We are Cleveland Bridge".

4.3 Os livros da CBUK[57]

4.3.1 O raríssimo catálogo de 1935

Por volta de 1935, a CBEC publicou um livro tipo propaganda no qual enumerava suas pontes até então.

Figura 51. Capa do livro prospecto com propaganda da CBEC por volta de 1935. A ponte parece a do Potengi, mas não é. Não há data, por incrível que possa parecer, mas tem a última obra datada de 1935
Fonte: fotografia do autor do livro de sua propriedade

[57] Cleveland Bridge Engineering United Kingdom é a designação da empresa baseada em Darlinton, pois existe uma sede também em Dubai.

Esse livreto havia pertencido a um tal de D. M. Watson, um nome bastante sugestivo que me ajudou a entender que, sem investigar, e muito, não estaria contando essa história. Nesse exemplar encomendado e comprado de um digníssimo sebo inglês, o Mr. Watson apensou, com sua elegante caligrafia, os custos de algumas pontes. O que me auxiliou a comparar com o custo da Potengi. Elementar.

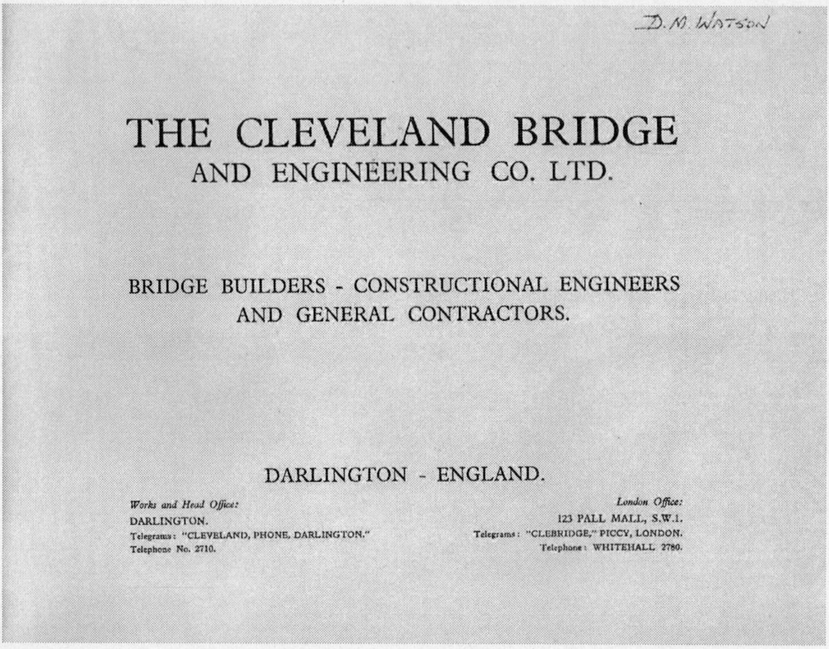

D. M. WATSON

THE CLEVELAND BRIDGE
AND ENGINEERING CO. LTD.

BRIDGE BUILDERS - CONSTRUCTIONAL ENGINEERS
AND GENERAL CONTRACTORS.

DARLINGTON - ENGLAND.

Works and Head Office:
DARLINGTON.
Telegrams: "CLEVELAND, PHONE, DARLINGTON."
Telephone No. 2710.

London Office:
123 PALL MALL, S.W.1.
Telegrams: "CLEBRIDGE," PICCY, LONDON.
Telephone: WHITEHALL 2780.

Figura 52. Primeira página do livro propaganda mostrando os endereços da sede em Darlington e do escritório em Londres

Fonte: fotografia do autor do livro de sua propriedade

Na segunda página o catálogo explica e mostra as obras nos últimos 30 anos da CBEC. Na sua última página mostra uma obra de drenagem de 1935 realizada em Middlesex County Concil[58]. Essa data derradeira fixa o tempo em que esse livro prospecto foi editado.

---

[58] Um condado próximo a Londres.

THE CLEVELAND BRIDGE
AND ENGINEERING Co. Ltd.
DARLINGTON, ENGLAND.

INDEX

5

Figura 53. Esse é o índice mágico. Único livro — na verdade um catálogo — que assinala e mostra a nossa "Bridge over the Potengy River". Na página 16, a CBEC mostra uma fotografia. Na página 17, explica sucintamente a construção

Fonte: fotografia do autor do livro de sua propriedade

Figura 54. Foto no livro catálogo. Podemos determinar que ela foi tirada a jusante, margem esquerda do rio. Foi tirada em 1914, comprovando a data do término da ponte, mas não dos acessos às cabeceiras

Fonte: fotografia do autor do livro de sua propriedade

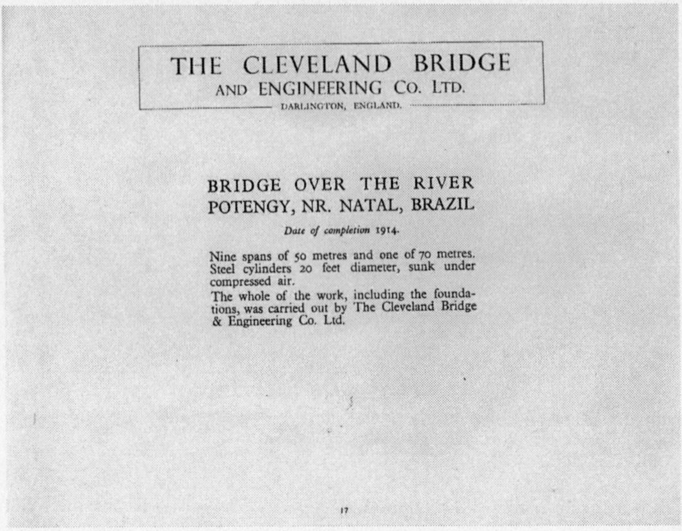

THE CLEVELAND BRIDGE
AND ENGINEERING Co. LTD.
DARLINGTON, ENGLAND.

BRIDGE OVER THE RIVER
POTENGY, NR. NATAL, BRAZIL

Date of completion 1914.

Nine spans of 50 metres and one of 70 metres. Steel cylinders 20 feet diameter, sunk under compressed air.
The whole of the work, including the foundations, was carried out by The Cleveland Bridge & Engineering Co. Ltd.

17

Figura 55. Ponte sobre o rio Potengi, próximo a Natal, Brasil. Data do término: 1914. Nove vãos de 50 metros e um de 70 metros. Cilindros de metal de vinte pés de diâmetro (6 metros), submergidos sob ar comprimido. Todo o trabalho, incluindo as fundações, foi dirigido pela Cleveland Bridge & Engineering Co. Ltd.

Fonte: fotografia do autor do livro de sua propriedade

Faço uma crítica à CBEC da época por afirmar que todos os trabalhos foram dirigidos por ela quando sei de várias constatações e provas de que a gerência geral era da CVC. Inclusive vários equipamentos fornecidos pela última citada. Na verdade, foi uma grande parceria técnica com a tecnologia inglesa, claro.

Outro fato a se comentar é o da CBUK em relação à ponte Rio-Niterói. Lá no currículo da CBUK aparece a ponte como um todo e não explica que foram só os três vãos centrais fornecidos em aço, pois todos os vãos restantes da ponte são em concreto protendido genuinamente *made in Brasil*. Inclusive esses vãos centrais vieram a apresentar oscilações excessivas de até 90 cm nos anos seguintes, o que causava muito desconforto. O problema foi resolvido por uma equipe de engenheiros da Instituto Alberto Luiz Coimbra de Pós-graduação e Pesquisa em Engenharia (COPPE) da Universidade Federal do Rio de Janeiro (UFRJ) que adicionou vários amortecedores solucionando definitivamente o problema que poderia se agravar com a fadiga do aço. Por esse e vários outros motivos, muito me

entristece quando vejo pessoas chamarem a ponte do Potengi de ponte dos Ingleses.

Todo pesquisador tem seus momentos de júbilo. O momento que esse catálogo chegou às minhas mãos foi um desses. Minhas pesquisas tinham se iniciado por volta de 1996 e corria o ano de 2013, muitas confirmações puderam ser confrontadas com os projetos que a Rede Ferroviária Federal SA (RFFSA) tinha me fornecido.

Esse catálogo também traz uma fotografia completa da ponte, que é analisada e comparada com outras nos próximos capítulos.

Até então, a data da inauguração para os natalenses era clara: 20 de abril de 1916. E no catálogo dizia que o término fora em 1914. O que aconteceu?

4.3.2 O livro Cleveland Bridge – 125 anos de História

Figura 56. Livro da CBUK da engenheira Helena Russel e editado por Peter Hughes em 2002

Fonte: fotografia extraída de livro de propriedade do autor

O livro da Figura 56 me foi presenteado pelo diretor da hoje CBUK em Darlington. Não existe uma única linha sobre a nossa ponte do Potengi, tampouco sobre o engenheiro chefe da CBEC, na época, Georges-Camille Imbault. Mais uma vez coisas de inglês.

A ausência da Potengi foi casual devido ao número elevado de pontes bem maiores e mais importantes que a Cleveland executou.

E no caso da ausência de monsieur G. C. Imbault?

Foi um pouco das velhas guerras entre Inglaterra e França? Ou foi por causa de uma atitude belíssima, humilde e patriótica do grande engenheiro francês?

4.4 A invenção do engenheiro Henry Bessemer

As estradas de ferro primitivas entre 1825 e 1855 eram construídas com trilhos que se desgastavam muito rapidamente, pois o aço daquela época tinha baixa qualidade. Então Henry Bessemer (1813-1889), um engenheiro metalúrgico inglês, criou e patenteou um processo de fabricação de aço chamado de processo Bessemer que em muito aumentou a durabilidade do aço e permitiu seu uso em larga escala com alta confiança.

Interessado na fabricação de canhões de maior alcance e de maior poder ofensivo por volta de 1836, Bessemer concluiu que o problema era a qualidade do ferro, que era quebradiço e as armas explodiam quando se usavam grandes cargas de pólvora. A partir desse problema Bessemer desenvolveu um processo de fundição de ferro beneficiado que produziu grandes quantidades de lingotes de qualidade superior.

Esse aumento de qualidade do ferro foi devido à grande quantidade de carbono que existia no ferro fundido retirado por ele. O processo na época aumentava consideravelmente a produção e barateava o seu custo, possibilitando a fabricação de trilhos e peças de aço muito mais resistentes.

O processo de descarbonização foi patenteado em 1855. Era conhecido como o processo de explodir o carbono no porco de aço pela semelhança do forno com um porco.

A invenção de Bessemer é considerada como uma das maiores de todos os tempos, pois até hoje o aço é um dos maiores agentes de progresso da humanidade.

Figura 57. Um forno Bessemer em Kelham Island Museum, Sheffield

Fonte: http://en.wikipedia.org/wiki/Henry_Bessemer. Acesso em: 1 fev. 2013

Esse processo só foi mudado para o atual em 1968, quando então ficou caro e ineficiente. Hoje um bom aço possui até 2,11% de carbono em sua composição.

No tempo de Bessemer, processava-se uma era de transformações no ferro. Muitos construtores não estavam satisfeitos com a durabilidade e resistência do ferro. Nessa mesma época vieram os processos Siemens-Martin concomitantemente.

4.5 O "acid process" da Siemens Martins

Alguns perfis metálicos que constituem os vãos metálicos da Ponte de Igapó vêm com a tarja *Siemens Martin – Acid Process*[59].

[59] Processo ácido.

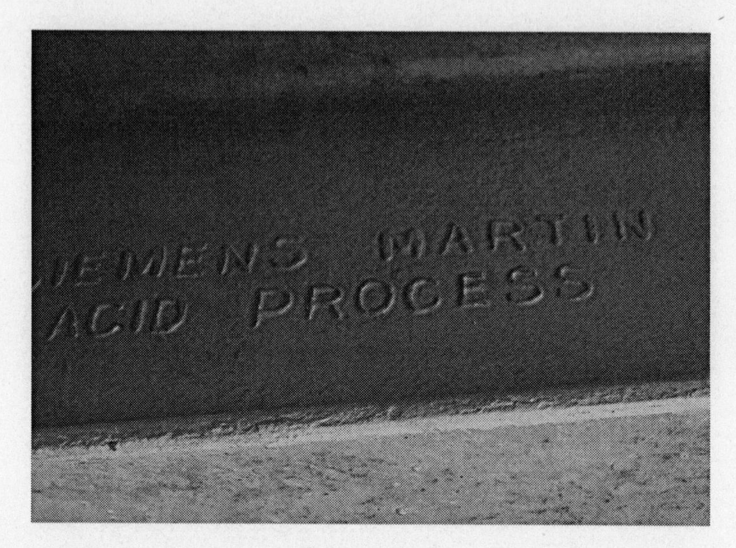

Figura 58. A tecnologia *Siemens-Martin* executada pelo *acid process* grafadas em peça de banzo inferior da ponte do Km 15 entre Lajes e Pedro Avelino/RN. Vão esse que deveria ter sido usado na Potengi, mas, como um vão aumentou, esse foi transportado e reaproveitado na ponte desse km

Fonte: fotografia feita pelo autor deste estudo

O processo de Siemens-Martin, também designado processo para a obtenção de aço, idealizado pelo metalurgista francês Pierre Martin e desenvolvido pelo engenheiro e físico Wilhelm Siemens (1823-1883), resultou da adaptação de um tipo de forno regenerativo a gás, inventado pelo irmão de Wilhelm, o também engenheiro Friedrich Siemens (1826-1904), e utilizado na fabricação do vidro também.

O processo Siemens-Martin surgiu aproximadamente em 1885, em uma altura em que o processo Bessemer era encarado com certa desconfiança e veio a ser adotado extensivamente na Grã-Bretanha como base da indústria do aço, então em rápida expansão no país. O processo tinha também a vantagem, quando comparado com o processo convertedor, de poder utilizar grandes quantidades de sucatas de aço.

Utilizar sucatas de aço em larga escala de até 50%, com 50% de ferro gusa, tornava a fabricação em grande escala muito mais vantajosa e rápida.

Segundo Dutra (2008), a principal diferença de funcionamento dos fornos Siemens-Martin para os conversores e fornos a arco ou indução usados nas aciarias é que a oxidação das impurezas não se dá por meio do oxigênio injetado, seja pela injeção de ar ou gás oxigênio puro no interior do líquido, e sim pela redução dos óxidos de ferro das sucatas sob altas temperaturas que liberam oxigênio capaz de oxidar tais impurezas. A grande dificuldade desse forno é o tempo utilizado para o processo (6-8 horas em média), muito superior ao dos conversores LD ou Fornos a Arco (cerca de 15 minutos), e a necessidade de utilização de muita sucata.

Desde o início do século XX até a década de 1960 foi o principal tipo de forno utilizado nas aciarias, porém, com o surgimento dos conversores LD[60] e a redução do preço da energia elétrica em relação ao aquecimento a gás ou óleo, o forno Siemens-Martin deixou de ser vantajoso e foi gradativamente substituído por outros tipos de fornos até sua eliminação total.

Daí a grande qualidade do aço empregado na ponte do Potengi. Um processo que tinha acabado de ser desenvolvido já estava sendo comprado pela CBEC, cortado e furado nos devidos lugares e despachados em packets para serem montados na base de rebites na Natal de 1912. Eram pontes pré-moldadas em aço, empacotadas em contêineres e enviadas para os mais diversos pontos do planeta na plena globalização da CBEC.

Essa fórmula de, em se sabendo o vão e o uso, projetar, cortar, soldar, furar e empacotar com o devido manual de instruções e rebites para qualquer lugar do planeta é utilizada até hoje com sucesso.

E pensar que bastava uma pintura de 20 em 20 anos para termos conservadas aquelas treliças sobre o Potengi.

[60] Este processo foi industrializado, em 1952-1953, nas aciarias austríacas de Linz e Donawitz, o que explica o nome por que é conhecido. O processo LD consiste num processo de produção de aço através da afinação de gusa líquida por um jato de oxigénio puro.

4.6 J. L. Hill representante da CBEC em Natal

Em 28 de maio de 1911, o jornal *A República* noticiava:

> *Pelo trem da Great Western de hontem, chegou a esta capital o engenheiro J. L. Hill, representante da Cleveland Bridge & Eng. Co. Darlington, England, contratante da construção da grande ponte sobre o rio Potengy e da ponte de atracação que vão ser construídas ao longo do caes do Melhoramento do Porto.*
>
> *Em companhia dos engenheiros da Estrada de Ferro Central, percorreu em lancha o rio, demorando-se no local determinado para estas obras, tomando em seguida várias resoluções referentes aos transportes do material.*
>
> *Juntamente com o Dr. João Proença, o engenheiro Hill voltou ao Recife em trem especial.*
>
> *Serão iniciados, ainda esta semana, os serviços de locação da grande ponte sobre o rio Potengy*[61].

Da notícia acima, concluímos que, além da ponte metálica do Potengi, a CBEC e CVC também construiriam o Caes do Melhoramento do Porto[62], que era chamado de Cais Ponte já comentados aqui.

Foi noticiada a fase mais importante antes da obra: a locação. Junto à locação, devem ter sido realizadas a sondagem e a batimetria. A batimetria é facílima, mas a sondagem não era fácil naqueles anos. Não achei registros dessa sondagem. Os locais de apoio dos cilindros foram constatados que estavam corretos.

Em 2011 tive a oportunidade, por gentileza de Rogério Pinho da empresa de sondagens Gepê Engenharia, empresa de Dr. Pinho, *in memoriam*, de ter acesso aos boletins de sondagens a apenas 60 metros mais a montante da ponte velha de Igapó, que comprovam a total coerência do apoio dos fundos dos tubulões. Esses boletins estão comentados e publicados no Capítulo 20 "Capacidade de carga das fundações", subtítulo "As sondagens SPT[63] de 1988".

---

[61] Notícia do jornal A República publicada em Natal em 28 de maio de 1911.

[62] Esse cais deu início ao porto de Natal. Foi a primeira plataforma para receber navios construída em Natal (RN).

[63] Standard Penetration Test (Teste de Penetração Padrão). É um teste de investigação de solo.

CAPÍTULO 5

OS FABRICANTES DE AÇO

5.1 A Inglaterra tinha minas de ferro

A Dorman Long & Co Ltd., uma grande fabricante, da vizinha (em relação a Darlington), cidade de Middlesbrough (RU), e a Frodingham Iron & Steel Co Ltd., em uma prova da mais legítima parceria e integração de empresas inglesas agindo na era do aço, foram as fornecedoras das chapas e perfis metálicos para a CBEC, juntamente a Lanarkshire Steel Co.

As pontes "Pratt" dessa época tinham os banzos, tirantes e diagonais padronizadas por vãos e os fornecedores eram os disponíveis, com melhores preços, certamente. As peças cantoneiras "L", perfis "I", "H" ou chapas eram simplesmente dimensionados em função de suas espessuras, formas, comprimentos e uniões em rebites.

Os fabricantes citados imediatamente começaram a trabalhar nas primeiras escavações de Teesside[64], o que iria marcar o início da associação da região com a manufatura de ferro e aço. No final do século XIX, o Teesside estava produzindo um terço de todo o aço produzido no Reino Unido. Isso era natural, pois lá era o berço das ferrovias.

A seguir vemos uma aciaria da época em pleno funcionamento, a John Lysaght's Iron and Steel Works, em 1911, que, depois foi formada a Appleby-Frodingham Steel Company em 1912. Mesmo assim, em meados de 1920 a Frodingham foi extinta.

---

[64] Conurbação em torno de Middlesbrough no rio Tees, no nordeste da Inglaterra, que também inclui Billingham, Redcar, Stockton-on-Tees e Thornaby RU. É um centro para a indústria pesada, embora o número de pessoas empregadas nesse tipo de trabalho tenha diminuído. As indústrias tradicionais, principalmente a siderurgia (British Steel) e a fabricação de produtos químicos (Imperial Chemical Industries - ICI), foram substituídas em grande parte por atividades de alta tecnologia, desenvolvimento científico e funções do setor de serviços.

Figura 59. Figura mostrando uma típica aciaria da região do Teesside

Fonte: http://www.dormansclub.co.uk/our-history/. Acesso em: 5 fev. 2020

5.2 A Dorman Long Co Ltd.

Em 1876 Arthur John Dorman e Albert de Lande Long, dois homens de negócios do nordeste da Inglaterra, iniciaram uma parceria sob o nome Dorman Long and Company para comprarem a West Mars Ironworks, na cidade de Middlesbrough, vizinha leste de Darlington. Essa compra era para começar o que se transformou em uma das maiores companhias de ferro e aço no país e que iria eventualmente se desenvolver em um componente vital para os dias atuais do Cleveland Bridge Grupo.

Nos dias iniciais, a companhia gerenciou uma postura progressiva de crescimento até hoje. Logo depois de três anos de formada, a Dorman Long arrendou a Britannia Ironworks. Nesse tempo, a maioria dos produtos da Britannia eram barras, curvas e ângulos fabricados com velhos trilhos ferroviários e barras "pudladas", que eram processados usando a técnica do "pudlle" para fazer o ferro forjado para a indústria naval. O aço pudlado era uma técnica, não muito eficiente, de bater no ferro derretido para retirar o carbono e assim conseguir um ferro melhor.

Depois que a Dorman Long se envolveu, ela adicionou fornos maiores na fábrica da Britannia e em 1883 as primeiras vigas foram forjadas. Até aquela época, a maioria das vigas de ferro era importada.

Quando o aço começou a se sobrepor ao ferro na indústria naval e em trabalhos de engenharia estrutural, a Dorman Long gradualmente descartou as velhas fornalhas de ferro pudlado e trocou-os pelo sistema Siemens-Martin de fornalhas tipo lareira aberta. Por volta de 1889 foram processadas 100 mil toneladas por ano.

A ponte sobre o Potengi foi fabricada sob essa tecnologia Siemens-Martin. Das várias vezes que esse autor esteve sobre e sob essa ponte, foi detectado vários sinais já bastante corroídos, o que não dava para um delineamento melhor, mas quando da inspeção da ponte do quilômetro 15 no trecho entre Lajes e Pedro Avelino (RN), comentadas do Capítulo 15 adiante, foi possível ser nitidamente fotografada a denominação dessa tecnologia nas peças fabricadas pela Dorman Long, conforme mostra a Figura 59 adiante.

Essa constatação veio a ser uma descoberta que descortinou toda a tecnologia empregada na execução da ponte sobre o Potengi, como também provou a existência de três fornecedores de aço para uma mesma ponte. E o que é mais revelador, o incrível estado de conservação, por estar em uma zona de pouca umidade e salinidade, comprova que a vida útil dessas pontes, se devidamente conservadas, podem ir a várias centenas de anos. Basta pintá-las de 20 em 20 anos.

Quando este autor compara os estados de conservação das duas pontes genuinamente irmãs, a de 50 m do Km 15, trecho entre Lajes e Pedro Avelino, e de qualquer vão de 50,00 m do Potengi, as conclusões são devastadoras. Embora o aço fosse um produto mais caro, a introdução das seções laminadas capacitou a produção de membros estruturais usando menos material.

Os anos próximos ao século XIX trouxeram outro grande desenvolvimento que provocou um profundo efeito em toda aquela região da Inglaterra. Essa tecnologia foi desenvolvida para permitir o uso do minério de ferro local. Até então o ferro que tinha sido fundido eram provenientes de minas espanholas. A possibilidade de mudança para um suprimento local promoveu um massivo desenvolvimento para a indústria do aço do "Teesside". No final de 1900 era estimado

que essa região estivesse produzindo a terça parte de todo o ferro exportado da Inglaterra.

Ao mesmo tempo, a Dorman Long tinha se diversificado para a engenharia de construções com a entrada em pontes e um departamento em construções em 1890. Essa expansão foi dirigida pelo reconhecimento de que pontes de aço tinham uma forte demanda. Afinal a era do aço e a Inglaterra dominavam o mundo por meio dele.

Em uma ligação com a Austrália, onde a Dorman Long iria mais tarde fornecer o aço para uma das mais famosas pontes do mundo, ela, em 1897, abriu uma loja de materiais de construção em Melbourne. Outra foi aberta em Sidney em 1922. Era lógico que empresas inglesas investissem na Austrália.

O rápido crescimento da Dorman Long não parou por aí. Em 1903 ela adquiriu a North Eastern Steel Company, uma empresa que tinha habilidades para fabricar trilhos de bondes. Em 1915 adquiriu a mina da Walker, Maynard and Company e seis fornos em Redcar, bairro de Middlesbrough.

A história da Dorman Long é cheia de sucessos após os anos de 1912 a 1916. Essa história de sucessos perdura até os dias atuais, não podendo deixar de ser citado que foi a fornecedora de todo o aço da famosa Sidney Harbour Bridge, com a importante participação do engenheiro Georges-Camille Imbault, a qual os ingleses procuram minimizar.

Na conversa que este autor teve com o diretor da Cleveland Bridge, este informou que em 1990 eles compraram a Dorman Long.

É fato que vem a reforçar a grandeza da nossa ponte sobre o Potengi. A ponte do Potengi tem origens dignas e renomadas tanto dos fornecedores e construtores como de seu engenheiro projetista, de campo e o fiscal.

Figura 60. O excelente estado da marca da Dorman Long no banzo inferior da ponte de vão irmão dos vãos de 50 metros da ponte do Potengi, existente no km 15 entre Lajes e Pedro Avelino (RN), conforme constatou este autor e pesquisador que vai provar nos capítulos adiante

Fonte: fotografia do autor

5.3 A Frodingham Iron & Steel Co. Ltd.

A Frodingham Iron Steel Co. Ltd. era uma companhia localizada em um vilarejo próximo a Scunthorpe, cidade no norte de Lincolnshire, Inglaterra, que ficava entre uma das áreas produtoras de ferro mais antigas. Essa mina tinha sido descoberta desde o tempo dos romanos e tinha sido esquecida até ser redescoberta em 1859. Quanta riqueza histórica!

A extração do minério do ferro começou em julho de 1860. Nesse tempo não havia, ainda, estrada de ferro por lá. Um dos primeiros a se instalarem foi o Frodingham Ironworks em 1864. Era uma região que ficava a sudoeste de Darlington a mais ou menos a 120 km de distância.

A Frodingham Iron Steel Co. Ltd. dominava o aço e era de confiança, como fornecedor, da Cleveland Bridge por aqueles anos.

Grande parte do aço de Natal foi proveniente de lá, conforme veremos nas fotografias a seguir tiradas por este autor em 2010. Em

todos os perfis que compõem os banzos[65] superiores existe a marca da Frodingham. O estado do aço na ponte sobre o Potengi em geral é o de alta corrosão, porém existem pontes semelhantes em outros países em excelente estado de conservação e funcionamento, assim como existem pontes deste fabricante em linhas férreas do Rio Grande do Norte.

Conforme este autor pôde constatar *in loco*, a corrosão se intensifica na medida em que os vãos se aproximam das margens. Um fato interessante para ser estudado por outros alunos na área de estruturas metálicas. Seria pela maior umidade proveniente do mangue?

Na entrevista com o diretor da Cleveland, em agosto de 2010, este autor foi informado que bastaria uma pintura de 20 em 20 anos com uma tinta recomendada para que a nossa ponte se conservasse em bom estado até os dias de hoje.

Figura 61. Peça correspondente ao banzo superior com seção em I da treliça "Pratt" do oitavo vão (partindo-se da esquerda para a direita) da ponte sobre o Potengi, obedecendo-se ao projeto e à montagem
Fonte: fotografia do autor

[65] Banzos são as vigas de uma treliça metálica mais explicados no Capítulo 9.

Essa marca da Frodingham encontrada em várias peças principais da ponte do Potengi, também foi encontrada em pesquisas na Tailândia. E estava em perfeito estado de conservação e funcionamento no ano de 2010. A foto dessa ponte na Tailândia é a prova de como poderia estar a nossa. Faz-se necessário anotar aqui que essa fábrica fechou em 1920.

A prova indelével de como a conservação funciona estão mostradas a seguir. Caso fosse na Inglaterra, o país dos conservadores (que até partido político tem), alguém poderia reclamar, mas no Brasil e na Tailândia a prova fica cabal e irrefutável.

Figura 62. O excelente estado de conservação do banzo superior da ponte de 50 m do km 15 entre Lajes e Pedro Avelino (RN)

Fonte: fotografia do autor

Figura 63. O mesmo fabricante em um mesmo vão em treliça metálica "Pratt" em rio na Tailândia

Fonte: http://portal.rotfaithai.com/index.php. Acesso em: 7 fev. 2013

5.4 A Lanarkshire Steel

Figura 64. Um dos perfis da Lanarkshire Steel & Co. aplicados na ponte do km 15 do trecho Lajes-Pedro Avelino

Fonte: fotografia do autor

Não foi possível identificar esses perfis nos vãos da Potengi devido ao processo de extrema corrosão que a ponte sofreu ao longo desses últimos 50 anos sem nenhuma mão de tinta.

Essa aciaria Lanarkshire era da localidade de Motherwell[66] na Escócia, cidade muito próxima a Darlington, e foi registrada em 1897 como companhia pública no Reino Unido.

Existiam muitas outras boas aciarias no país por esses anos, mas essas foram as fornecedoras dos perfis da grande ponte do Potengi.

Nas diversas correspondências entre CVC e o governo brasileiro, constatou-se que todo esse material importado ficou isento de taxas. Uma isenção de grande valia para o barateamento e em prol do desenvolvimento naqueles anos.

[66] Motherwell é uma cidade da Escócia, localizada na área de North Lanarkshire, perto da cidade de Glasgow. A cidade é a casa do time de futebol Motherwell Football Club, que tem como campo o Fir Park.

CAPÍTULO 6

O ENGENHEIRO GEORGES-CAMILLE IMBAULT

6.1 As origens do engenheiro francês

Figura 65. G. C. Imbault (1877-1951)

Fonte: site oficial da Baudin-Chateauneuf

Um engenheiro mundialmente famoso assina no seu currículo duas obras importantes em Natal: a ponte sobre o rio Potengi, com 540 metros (versão original), e um cais de porto com 18 por 200 metros. Que cais foi esse? Mostro mais adiante.

A história de vida de G. C. Imbault é no mínimo fantástica, digna de um ícone da engenharia na era das pontes de aço. G. C. Imbault nasceu em 2 de maio de 1877, era de uma família de marinheiros, segundo Eytier (2003), que trabalhava no rio Loire, a 300 km ao sul de Paris, na cidade de *Châteauneuf-sur-Loire*. Nessa época a cidade não contava com mais de 4 mil habitantes. Seu avô era carpinteiro e construtor de barcos. Seu pai se chamava Félix e foi marinheiro transportador de mercadorias e passageiros no rio Loire.

Figura 66. Chateauneuf-Sur-Loire, cidade natal de GCI. Onde fica fácil ver a sua principal ponte e o seu aeroporto

Fonte: Google Earth (2010)

G. C. Imbault era o mais jovem de três irmãos. Foi brilhante nos estudos. Nota alta em matemática era com ele. Em 1892, com 15 anos, entrou para a École d'Árts et Métiers d' Ángers[67], cidade também na beira do rio Loire, mais a noroeste em direção ao Atlântico Norte. Curioso é que as écoles francesas foram as que influenciaram as escolas de artes e ofícios brasileiras, que se transformaram em escolas técnicas federais, centros técnicos no início do século XXI e agora institutos federais de educação.

Logo após os seus estudos em Angers, ele retornou a Chateauneuf e participou dos empreendimentos de construções em pontes metálicas com o empreiteiro Ferdinand Arnodin.

Obviamente a cidade ficou pequena e ele passou a estudar a língua inglesa. Queria fazer o mundo. Mesmo sendo francês, devia saber que o mundo naqueles anos era da Inglaterra.

6.2 O currículo de GCI

Um currículo desenhado por seu neto Michel Colombot e por Eytier (2003) pode demonstrar um balanço de sua vida. O lado

[67] Escola de Artes e Ofícios de Ángers.

não descortinado de sua vida é o da recuperação de várias pontes destruídas após a Primeira e a Segunda Guerra Mundial. Não foi possível fazer um levantamento dessas pontes reerguidas com a ajuda de G. C. Imbault.

Uma sequência de suas obras pode ser assim descrita:

Como engenheiro residente:

1902 – Newport Transporter Bridge

1905 – Victoria Falls Bridge (a famosa ponte sobre o rio Zambeze, na África).

Como engenheiro projetista:

1909 – Blue Nile Bridge

1910 – Gor-Abu-Gama Railroad Bridge (muito parecida com a de Natal)

1911 – Atbara Railroad Bridge

1913 – Gal'a Bridge

1913 – Mit Gamar Bridge

1914 – Natal Wharf

1915 – Potengy River Bridge

1926 – Omdurman Bridge

1926 – Tyne Bridge.

Como engenheiro consultor:

1911 – Middlesbrough Transporter Bridge

1932 – Sydney Harbour Bridge.

Em 1901, GC parte para Londres, arranja um trabalho temporário e logo Ferdinand Arnodin, agora na Inglaterra, convida-o para trabalhar na ponte de Newport com 325 metros de vão livre. Era uma ponte de transbordo. Por causa dessa experiência, é que mais tarde vai ser engenheiro consultor na famosa, e conservada como uma relíquia, ponte de transbordo de Middlesbrough.

Após esse tempo, Imbault em 1903 é convidado e apresenta o projeto de montagem da complexa ponte treliça em arco romano sobre o rio Zambeze para a Cleveland Bridge. Era uma ponte ferroviária em via dupla, tinha 1.550 toneladas de aço. Assim o jovem

engenheiro com 26 anos vai para a África dirigir os trabalhos que até os dias atuais são motivo de orgulho para a Cleveland. São 152 metros de tabuleiro, longe de tudo, acesso difícil, muita umidade, mas nada atrapalhou a velocidade de construção. Se fosse um cidadão inglês teria sido um herói até hoje, mas era um cidadão francês a serviço da maior companhia construtora de pontes da época. Afinal ele pertenceria a sua querida Chateauneuf-sur-Loire.

Concluída a Victoria Falls, foi a vez da ponte basculante perto do porto do Sudão, próximo ao Mar Vermelho e os estudos para a ponte de Cartum, também no Sudão, sobre o rio Nilo Azul.

Nesse tempo, GCI voltou a Chateauneuf para se casar e retornou ao Sudão para continuar os trabalhos. É a partir daí que é nomeado diretor e responsável pelos trabalhos nas duas pontes férreas: uma com sete treliças de 67 metros mais uma basculante com 30 metros. As fundações são profundas e serão muito semelhantes com os trabalhos que se iniciariam em Natal mais tarde.

Figura 67. A ponte ferroviária de Gor-Abu-Gama construída entre 1909 e 1910 sobre o rio Nilo Branco a 200 km de Cartum no Sudão. Era composta de oito treliças fixas de 48 m e uma treliça giratória de 75 m. Em todos os aspectos técnicos foi uma ponte muito semelhante à de Natal

Fonte: foto do autor do cartão postal

A partir de 1911, pouco antes da Primeira Guerra Mundial, ele será o engenheiro chefe responsável pelos trabalhos da Cleveland Bridge. Segundo Eytier (2003), nesse tempo Imbault terá trabalhos erguendo pontes no Egito e Brasil.

Sobre a ponte de Natal, faz-se o registro, para que fique claro, que no projeto original a ponte é assim descrita por seu neto Colombot e por Eytier (2003):

> ***1913 – 1915***
> *Pont-rail sur la rivière Potengy près de Natal (Brésil): 8 travées fixes de 60 m et 1 travée tournante de 60 m.*

Nesses anos, com sua experiência pelos rios da vida, G. C. Imbault deixou claro que deveria ter uma treliça rotatória para a liberdade comercial dos barqueiros do Potengi, pois era o normal mundo afora. Não executaram conforme esse projeto. A prova maior desse respeito ao transporte marítimo era as pontes de transbordo que haviam surgido antes da esplêndida era das ferrovias.

Desse tempo de Egito e Brasil, pós-Primeira Guerra até 1921, sua família concluiu que ele reconstruiu mais de 50 pontes, um número fabuloso que ficou na sua memória de homem simples. E não ficou milionário. Cobrava uma taxa de sobrevivência pelas reconstruções, pois para um engenheiro construtor de pontes, destruí-las era um sacrilégio, e reerguê-las um dever de honra profissional.

Ainda em 1919, o empreendedor Basile Baudin (1876-1948), um conterrâneo de G. C. Imbault, chama-o para trabalhar na B. Baudin et Cie. Logo mais, dirigindo trabalhos de reconstruções, viveu em Paris com sua mulher e duas filhas, mas passou todo esse tempo sem se desligar dos seus contatos na Inglaterra.

Em 1923, Imbault propôs à Cleveland Bridge o projeto de construção da Sydney Harbour Bridge na Austrália. O projeto é também apresentado à Dorrman Long and Company. Imbault vai a Sidney e o projeto se inicia em 1924 com 503 metros de vão livre, recorde imbatível até hoje. Esse projeto foi apresentado em sociedade com o seu amigo londrino Mr. Freeman. O engenheiro por parte do governo australiano foi J.J.C. Bradfield.

Em 1929, com a crise financeira das bolsas de valores em todo o mundo, o governo inglês exigiu que o G. C. Imbault e todos os

empregados de empresas inglesas se naturalizassem ou retornassem às suas pátrias. É de se imaginar que um homem tão original como Imbault jamais se submeteria a tal disparate. Preferiu ser único e para sempre francês. Por causa disso os ingleses sequer o convidaram para a inauguração histórica em Sidney. Nesse tempo, então, Imbault voltou para Chateauneuf-sur-Loire para nunca mais pôr os pés em solo australiano.

O projeto da Sydney Harbour Bridge — com tabuleiro abaixo do arco — foi e é até hoje um projeto de excepcional ousadia. A experiência de projetista e executor da Victoria Falls — tabuleiro acima do arco — inegavelmente o coloca como o mentor da grandiosa ponte de Sydney, porém com o arco acima do tabuleiro. Obviamente os homens públicos da Austrália daquele tempo fizeram todo o esforço de construir para o futuro e projetaram duas vias para trem e duas vias para automóveis. Um acerto na mosca. A ponte de Sydney é a única e sólida travessia até hoje.

A B. Baudin et Cie se transformou em Baudin Chateauneuf e até os dias atuais é uma empreiteira de pontes e construções em geral baseada na terra de seu fiel engenheiro Georges-Camille Imbault, que rodou o mundo nas cabines de luxo dos navios, mas preferiu morar na sua pequenina terra natal.

No site oficial da companhia[68], constam, além de seu histórico com Baudin e Imbault, objetivos empresariais bem diversificados, como construções, renovação e manutenção, mecânica, trabalhos públicos, transporte excepcional, soldas e incorporações imobiliárias.

---

[68] Site oficial da empresa Baudin-Chateauneuf: http://www.baudinchateauneuf.com/index.php.

6.3 Algumas pontes do GCI

Figura 68. Ponte de transbordo de Newport, Inglaterra, 1906, para a qual GC foi convidado por Ferdinand Arnodin para trabalhar

Fonte: http://en.wikipedia.org/wiki/File:Newport_Transporter_Bridge_2002.jpg. Acesso em: 26 jan. 2013

Figura 69. Vista aérea da ponte Victoria Falls sobre o rio Zambeze

Fonte: http://en.wikipedia.org/wiki/File:Victoria_Falls_Bridge_over_Zambesi.jpg. Acesso em: 26 jan. 2013

Figura 70. Ponte de transbordo de Middlesbrough, 1911

Fonte: http://en.wikipedia.org/wiki/File:Middlesbrough_Transporter_Bridge.jpg. Acesso em: 26 jan. 2013

Tão impressionante quanto o vão livre de 503 metros, da ponte de Sydney, foi a decisão de se executar duas vias de linha de trem e duas vias para automóveis. O acerto dessa decisão é o paradigma que faz essa ponte ser utilizada até os dias atuais com grande fluxo nos dois sentidos. São mais de 85 anos de serviços prestados tanto para quem a utiliza quanto para o ego de uma nação. A altura da ponte previa a passagem de vários navios da época para o porto de Sydney.

Em uma análise de avaliação pós-ocupacional, não há o que criticar de erros na concepção dessa ponte. O tempo de vida útil é inavaliável em se tendo a conservação correta.

O local em que se encontra, uma baía aberta na Austrália, é agressivo. Certamente é sempre uma batalha limpar a maresia e pintar, mas ela está lá, imponente, ajudando a cultivar a autoestima do povo australiano.

Figura 71. Ponte Sydney Harbour Bridge, em Sydney, na Austrália. Finalizada em 1932, com 503 metros de vão livre

Fonte: http://en.wikipedia.org/wiki/File:Sydney_Harbour_Bridge_from_Circular_Quay.jpg. Acesso em: 26 jan. 2013

CAPÍTULO 7

O ENGENHEIRO JOÃO FERREIRA DE SÁ E BENEVIDES

7.1 O engenheiro João Ferreira de Sá e Benevides

Figura 72. O engenheiro civil JFSB em uma foto dos tempos em que veio morar em Natal
Fonte: acervo da família Sá e Benevides

João Ferreira de Sá e Benevides, segundo seu neto, o engenheiro metalúrgico Rubens Benevides, era filho de José Joaquim de Sá e Benevides e Maria Filomena Ferreira. Dr. José Joaquim de Sá e Benevides, seu pai, era formado em Direito, foi político e desembargador do Tribunal da Paraíba. Também era monarquista radical, por achar que uma boa solução para o Brasil era a monarquia.

JFSB nasceu em Itabira (PB) em 23 de março de 1875. Nasceu dois anos antes e morreu três anos depois de G. C. Imbault. Teve uma família numerosa com médicos, militares e engenheiros. Este autor teve a satisfação de entrevistar, em julho de 2012, seu filho, JFS e Benevides Filho, que nasceu em Natal em 1916, e JFS e Benevides Neto.

A obra da construção da ponte do Potengi se iniciou em 1912 e, segundo Estrada (1913 apud Medeiros, 2011), em janeiro de 1913,

o engenheiro recém-formado na Politécnica do Rio Otavio Penna assume a diretoria e o engenheiro João Benevides assume o cargo de engenheiro chefe da fiscalização da EFCRGN. Essas gestões resultam em vários melhoramentos.

Próximo aos anos de 1920, foi diretor da EFCRGN. Fez muitos amigos. Em uma lista de prováveis amigos que este autor citou na entrevista ao seu filho, apesar da idade de 96 anos no dia, logo identificou o Dr. Varella Santiago, que deu nome ao Hospital Infantil Varella Santiago[69] de Natal. Ele logo disse: "*Ele era muito amigo do papai, eles conversavam longas horas*" (2012).

Figura 73. Este pesquisador e o engenheiro agrônomo João Ferreira de Sá e Benevides Filho, 96 anos, em São José dos Campos (SP), em 14 de julho de 2012

Fonte: fotografia da câmera do autor

Mesmo sendo filho de um desembargador, homem das humanas, enveredou-se pela área técnica. Naquele tempo deve ter sido por paixão, pois uma vida de desembargador, já desbravada pelo pai, teria sido muito mais confortável para ele.

---

[69] O Dr. Manuel Varela Santiago Sobrinho voltou de uma especialização em pediatria. Em 1936, com ajuda de pessoas da sociedade local e do governo do estado do Rio Grande do Norte, foi inaugurado uma ala hospitalar denominada Hospital Infantil Varela Santiago, situado à Av. Marechal Deodoro da Fonseca, 489, Cidade Alta. Dando início ao atual hospital.

Assim seguiu suas paixões. Ser fiscal de obras no Nordeste brasileiro em uma época em que não existia o protetor solar e bons óculos não devia ser fácil.

JFS e Benevides nasceu em pleno reinado de D. Pedro II até os primeiros anos de adolescência. Conheceu a República Velha e Nova no Brasil. Atravessou a Primeira e a Segunda Guerra Mundial. Viveu com dignidade.

7.2 De Itabira para a Escola Politécnica do Rio de Janeiro

O Diário Oficial da União de 24 de dezembro de 1893 trazia a lista dos aprovados para a "Escola Polytechnica do Rio de Janeiro". Um deles era do JFS e Benevides. Mais tarde a "Poly" do Rio se tornou Escola Nacional de Engenharia e foi incorporada a UFRJ como Escola de Engenharia. Em 2003, volta a se chamar Escola Politécnica da UFRJ. Site da Politecnica da UFRJ.

JFS e Benevides tinha sido um excelente aluno do Lyceu do Estado da Parayba, como era chamado na época.

Aqui se expressa a tristeza que se encontra no Brasil, que é a mania de alguns homens sempre a trocar belos nomes de instituições por outros não tão belos assim, descaracterizando as verdadeiras origens de nossas instituições. A Poly do Rio é um exemplo do que acontece até que alguém percebe e volta ao original.

Figura 74. O velho livro da coleção do engenheiro fiscal Benevides

Fonte: fotografia do autor

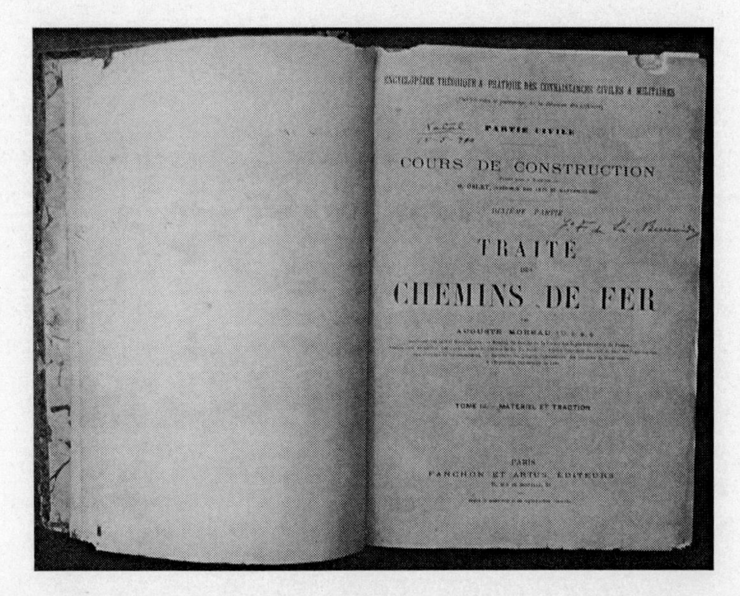

Figura 75. "Tratado Caminhos de Ferro". Livro pertencente ao engenheiro JF de Sá e Benevides como ele assinava. Na parte superior à esquerda vemos a data *Natal, 15.5.910*. No meio à direita, a sua assinatura. Pela data nota-se que o engenheiro não parou de comprar livros mesmo depois de formado

Fonte: acervo de fotografias do autor

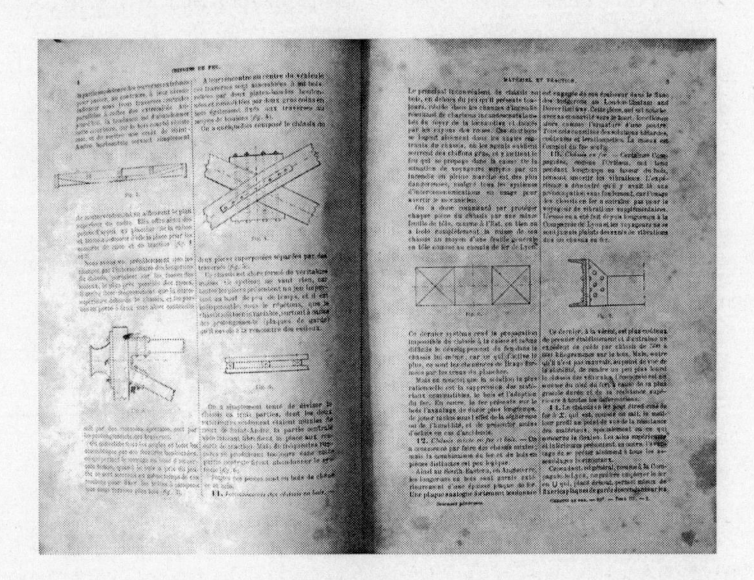

Figura 76. Páginas 4 e 5 do livro *Traité des Chemins de Fer*. A elegância da formação de JFSB

Fonte: acervo de fotografias do autor

7.3 A Escola Politécnica do Rio de Janeiro

A Poly do Rio teve sua origem quando a família real de Portugal se instalou no Rio de Janeiro. Foi criada em 1810 por Carta Régia de 4 de dezembro. Nela foi instituída a Academia Real Militar, que tinha o ensino das ciências militares como meta, mas era anexa a um curso regular de ciências exatas. O objetivo era formar oficiais hábeis em Artilharia e Engenharia. Deveriam ser capacitados em levantamento geográficos e topográficos. Deveria, ainda, dar visão em administração de minas, estradas, portos, canais, fontes, pontes e calçadas.

Segundo o site da Politécnica da UFRJ (http://www.poli.ufrj.br/politecnica_historia.ph) em 14 de janeiro de 1839, uma reforma transformou a Academia em Escola Militar. Assim, com essa reforma, a entrada de civis passou a ser permitida para a obtenção do título de engenheiro civil. A disciplina era rigorosa demais para os civis e uma nova reforma separou o ensino militar do civil. Assim, nesse ano, foi criada a Escola Central, destinada ao ensino da matemática, ciências físicas e naturais, assim como doutrinas próprias da engenharia civil.

Nessa Escola Central, os militares ainda faziam uma parte do seu curso, já que existiam várias matérias comuns. E era óbvio que o comando era da superintendência militar. Então o Visconde do Rio Branco, José Maria da Silva Paranhos, aprovou a Lei n.º 5.600, do Ministério do Império, em 25 de abril de 1874, dando estatutos a nova Escola Civil independente da militar e criando o que é a atual escola com a denominação de Escola Politécnica.

Lembrando que em 1874 a província do Rio Grande do Norte já tinha refutado a grande oportunidade com o grande empréstimo oferecido por Dom Pedro II em 1870.

A partir desse ano, a Politécnica do Rio passou a ser um grande centro de instrução profissional superior das ciências exatas. Os cursos eram: Ciências Físicas e Naturais, Ciências Físicas e Matemática, Engenharia Geográfica, Engenharia Civil, Engenharia de Minas, Artes e Manufatura. Foi nessa estrutura que JFS e Benevides entrou para a Escola.

Em 1896, quando o engenheiro civil JFS e Benevides devia estar cursando, a escola instituiu apenas cinco cursos especiais, baseados em um curso geral. Todo o ensino compreendia 27 cadeiras e 14 aulas,

as quais eram: Engenharia Civil, Engenharia de Minas, Engenharia Industrial, Engenharia Mecânica e Engenharia Agronômica.

Logo em 1900, no início da República Velha, uma reforma cria o Código dos Institutos Oficiais de Ensino Superior e Secundário e os regulamentos para cada instituto. A Escola Politécnica do Rio ficou composta de um curso fundamental feito em três anos – parece coisa de hoje – em substituição do curso geral e dos mesmos cursos especiais feitos em dois anos, e tendo ao todo 25 cadeiras e 8 aulas.

Em 5 de Abril de 1911, com os decretos n.º 8.659 e n.º 8.663, é criada a Lei Orgânica do Ensino Superior e Fundamental e a organização do atual regulamento da Escola Politécnica do Rio, respectivamente. Com a nova organização, é suprimido o curso fundamental de três anos e são instituídos três cursos: Engenharia Civil, Engenharia Industrial, Engenharia Mecânica e Eletricidade. Publicado em *Actos do Poder Executivo* (1911).

Muita coisa vem mudando, mas uma não muda: a Escola Politécnica do Rio de Janeiro é um instituto superior de gloriosas tradições, a qual prepara engenheiros nacionais em condições que rivalizam com os das escolas estrangeiras, a ponto de serem os serviços daqueles profissionais preferidos pelas próprias companhias estrangeiras estabelecidas ou em serviço no Brasil.

Dessa escola saiu o nosso engenheiro fiscal da ponte sobre o rio Potengi cuja construção se iniciou em 1912. Pela durabilidade do que ficou e pela solidez com que se apresenta, ainda hoje é o porquê de contarmos essa história de um Brasil iniciante em erguer pontes.

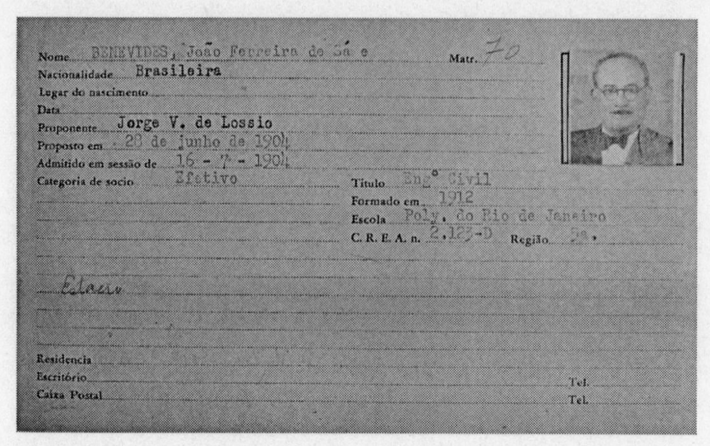

Nome BENEVIDES, João Ferreira de Sá e Matr. 70
Nacionalidade Brasileira
Lugar do nascimento
Data
Proponente Jorge V. de Lossio
Proposto em 28 de junho de 1904
Admitido em sessão de 16 - 7 - 1904
Categoria de socio Efetivo
Titulo Engº Civil
Formado em 1912
Escola Poly. do Rio de Janeiro
C. R. E. A. n. 2.123-D Região 5a.
Residencia
Escritório Tel.
Caixa Postal Tel.

Figura 77. Ficha no Clube de Engenharia. A data de formatura consta de 1912 porque JFSB veio para o Rio Grande do Norte trabalhar às pressas e só depois é que requereu o seu diploma, mas ele se formou em 1902

Fonte: fotografia do autor

7.4 Fiscalização e acompanhamento do início ao fim da obra

O engenheiro civil JFS e Benevides já morava e fiscalizava obras de ferrovias no Rio Grande do Norte quando os primeiros passos para a construção da ponte foram dados.

Sempre foi um engenheiro contratado e fiel ao governo brasileiro. Não importava se estava fiscalizando obras da Great Western Railway do Brasil, que explorava a linha de Nova Cruz até Natal, ou se estava fiscalizando as obras a norte do rio Potengi, da Companhia de Viação e Construções, a arrendatária.

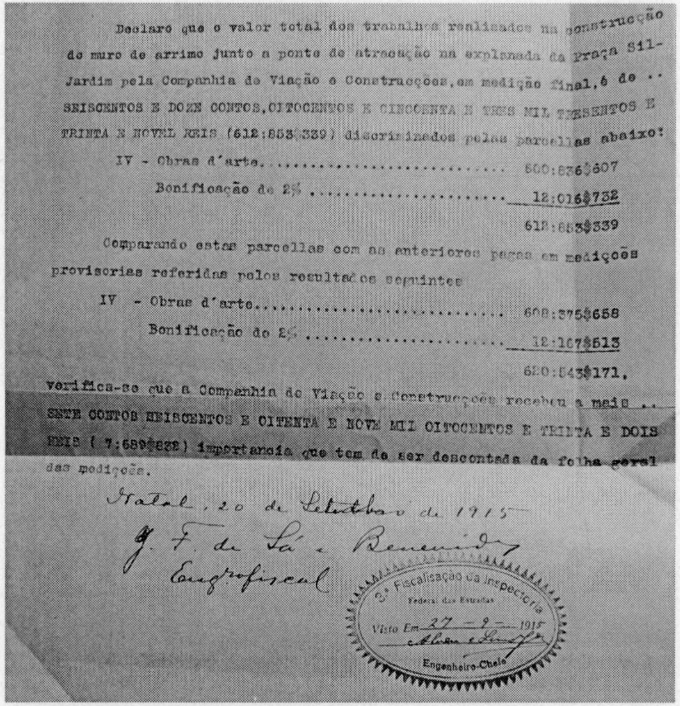

Declaro que o valor total dos trabalhos realisados na construcção do muro de arrimo junto a ponte de atracação na explanada da Praça Sil-Jardim pela Companhia de Viação e Construcções, em medição final, é de .. SEISCENTOS E DOZE CONTOS, OITOCENTOS E CINCOENTA E TRES MIL TRESENTOS E TRINTA E NOVE REIS (612:853$339) discriminados pelas parcellas abaixo:

IV - Obras d'arte. .... 600:836$607

Bonificação de 2% .... 12:016$732

612:853$339

Comparando estas parcellas com as anteriores pagas em medições provisorias referidas pelos resultados seguintes

IV - Obras d'arte. .... 608:375$658

Bonificação de 2% .... 12:167$513

620:543$171,

verifica-se que a Companhia de Viação e Construcções recebeu a mais .. SETE CONTOS SEISCENTOS E OITENTA E NOVE MIL OITOCENTOS E TRINTA E DOIS REIS (7:689$832) importancia que tem de ser descontada da folha geral das medições.

Natal, 20 de Setembro de 1915

J. F. de Sá e Benevides
Engº fiscal

Figura 78. Importantes documentos relativos a orçamentos e pagamentos tiveram a assinatura do JFS. Documento de 1915, relativo ao Cais Ponte ou Ponte de Atracação, após a conclusão da ponte, mas antes da sua inauguração

Fonte: fotografia do autor no Arquivo Nacional, Rio de Janeiro, 2013

As ferrovias provenientes do Sul já tinham chegado até Natal por aqueles anos que antecederam 1912. O grande problema eram os 500 metros do rio Potengi a atravessar.

O jornal *A República*, de 22 de abril de 1916, no dia da inauguração, já sentenciava:

A REPUBLICA

ORGÃO DO PARTIDO REPUBLICANO FEDERAL

ANNO XXVIII — RIO GRANDE DO NORTE — Natal, sabbado, 22 de abril de 1916

Forum ainda feitas outras sauda-ções, dentre as quaes a do dr. João Benevides, engenheiro da fiscalisa-ção, que acompanhou os trabalhos da ponte desde as primeiras explora-ções.

Figura 79. Jornal *A República* com a matéria após a inauguração da ponte sobre o Potengy, como era escrito na época

Fonte: fotografia do autor direto no jornal

JFSB foi um paraibano norte-rio-grandense. Conforme explicou seu neto, foi tendo filhos nas cidades em que estava a obra. Assim teve filhos em Ceará-Mirim, São José de Mipibú e Natal. Antes de conseguir o prêmio que era a transferência para a capital Rio de Janeiro, ficou alguns anos dirigindo a EFCRGN em Natal, onde fez muitos amigos, segundo seu filho. Em algumas correspondências da EFCRGN, podemos ver a sua assinatura "J. F. de Sá e Benevides", conforme mostrado a seguir na Figura 80.

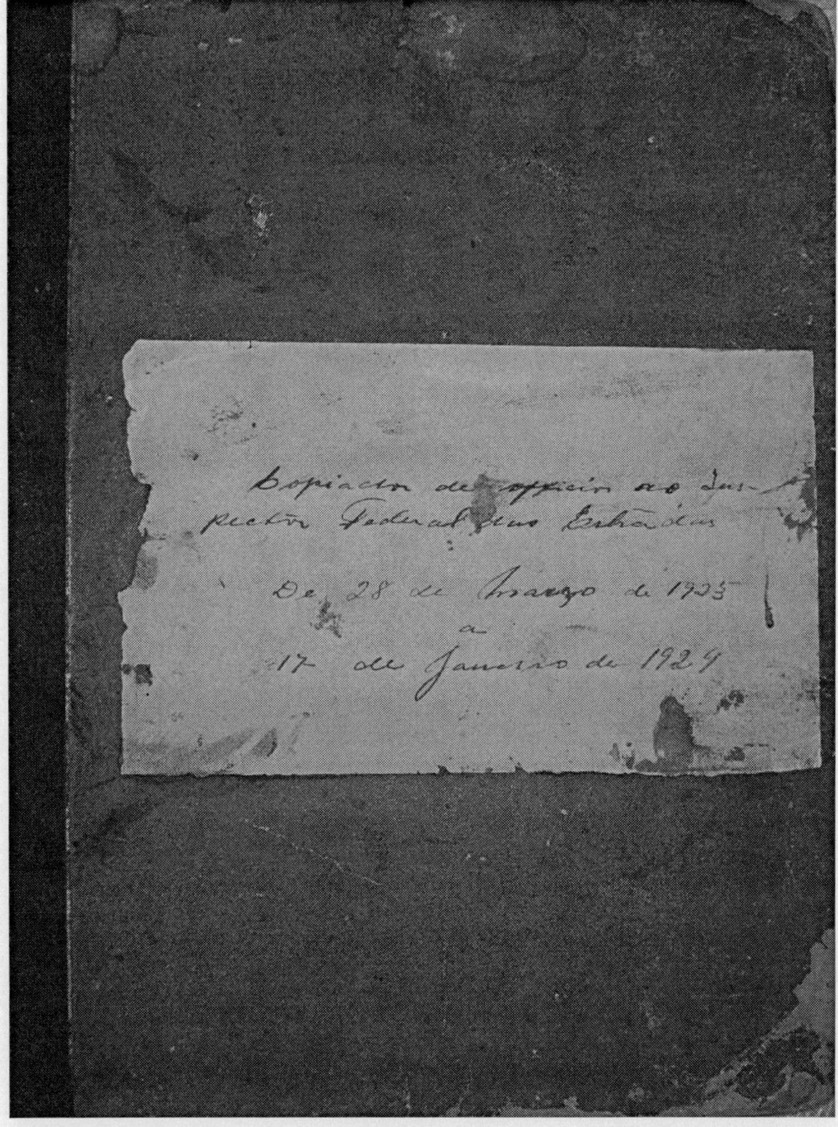

Figura 80. Capa do livro *Cópias de Ofícios ao Inspetor Federal de Estradas*, salvo pelo Sr Atualpa Mariano, ferroviário aposentado, quando em um momento triste em que estavam levando vários livros velhos para a queima há muitos anos. Foi um momento de virtuose de Atualpa Mariano, pois vários anos depois vieram a comprovar as correspondências assinadas pelo importante engenheiro fiscal da construção da ponte sobre o Potengi, JFSB. A Atualpa, meus agradecimentos

Fonte: fotografia do autor

INSPECTORIA FEDERAL DAS ESTRADAS

E. F. Central do Rio Grande do Norte

Ministerio da Viação e Obras Publicas

GABINETE DO DIRECTOR

N. 73/D.

Natal, 23 de Agosto de 1920.

Illmo.Snr.Dr. ANTONIO VICTORINO AVILA,
M.D. Chefe da Divisão Provisoria.

Para vosso conhecimento e devidos effeitos transmitto-vos por copia o telegramma que nesta data recebi do Snr. Inspector Federal das Estradas:-

"Nº 434. Autoriso vinda esta capital Engº Chefe Quarta Divisão provisoria afim tratar liquidação Companhia Viação e Construcções - Saudações."

Saúde e Fraternidade

DIRECTOR.

Figura 81. Página de uma correspondência ao inspetor de estradas no dia 23 de agosto de 1920. A assinatura saiu bem caprichada. Por esses anos dessa data se desenvolviam tempos muito vagarosos na EFCRGN

Fonte: fotocópia do autor em página original do livro de correspondências da Inspetoria de Estradas

7.5 Um homem que amava a família

Após a conclusão da ponte do Potengi, JFSB se afirmou na cidade e passou a ser um homem muito respeitado, pois todos sabiam que o sucesso da ponte se devia em uma boa parte ao seu talento para resolver problemas junto à CVC e aos engenheiros ingleses. Desse tempo em diante passou a planejar a sua sonhada mudança para o Rio de Janeiro, a capital maravilhosa.

Figura 82. Nesta bela fotografia de família, podemos notar a data, 15 de março de 1917, e o fotógrafo João Galvão, de Natal, com a sua marca *Photagraphia Chic*

Fonte: acervo da família Sá e Benevides

Seu filho JFSB filho e seus netos disseram que na vida dele não teve nada fácil, tudo foi fruto de sofrimento e de batalhas. Comandou milhares de *réis*, dinheiro da sua época. Por suas mãos passaram muitas centenas de réis, mas só viveu do seu salário. Um grande homem a quem rendo as minhas homenagens. Morreu no dia 16 de janeiro de 1954 e está enterrado no cemitério do Araçá, em São Paulo (SP).

Figura 83. Uma das últimas fotografias do nobre engenheiro JFSB

Fonte: acervo da família Sá e Benevides

CAPÍTULO 8

OS ENGENHEIROS QUE TRABALHARAM NA CONSTRUÇÃO

Além dos principais engenheiros envolvidos na construção que constam nos capítulos 2 e 7 , como João Júlio de Proença e João Ferreira de Sá e Benevides, temos os apresentados nos subcapítulos a seguir.

8.1 Os engenheiros Stephen e Beit

Conforme o jornal *A República* publicava, Stephen e Beit chegaram a Natal juntos, pelo vapor *Artist*, em fevereiro de 1912. Stephen, como engenheiro chefe, e Beit, como engenheiro auxiliar. Nada mais lacônico e simplificado. Anos de procura se passaram.

Essa foi a única informação sobre esses engenheiros que consegui até 2014. Até a CBEC não tinha nenhuma informação sobre eles. Só isso.

Foi quando chegou a ajuda do mestre historiador pesquisador William Pinheiro Galvão. Ele descobriu a lista de membros de instituições de engenheiros civis do Reino Unido. É um compêndio com 336 páginas referente ao ano de 1912. Para um engenheiro constar nessa lista, ele deveria ter executado um trabalho relevante e deveria realmente ter se formado em uma instituição regularmente registrada. Seu nome saia atrelado ao local do serviço e ou à empresa executora contratante. Nele também constavam condutas elegantes de profissionais, donativos etc. O livro, também, é composto por um conselho e seu presidente. Essa instituição de engenheiros civis foi incorporada como título real no Reino Unido em 1828.

Esse volume, de posse do autor em formato PDF, é uma versão digitalizada em 2010 com fundos da Universidade de Toronto, do Canadá.

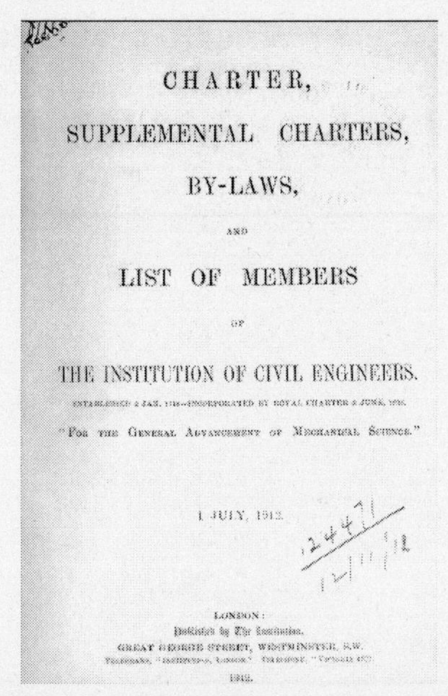
CHARTER,

SUPPLEMENTAL CHARTERS,

BY-LAWS,

AND

LIST OF MEMBERS

OF

THE INSTITUTION OF CIVIL ENGINEERS.

"For the General Advancement of Mechanical Science."

1 JULY, 1912.

LONDON:

GREAT GEORGE STREET, WESTMINSTER, S.W.

Figura 84. Poderia ser traduzido assim: Títulos, títulos suplementares pelas leis, e lista de membros de instituições de engenheiros civis. Estabelecido em 2 de janeiro de 1818 e incorporado para título real em 3 de junho de 1828. Para o avanço geral da ciência mecânica. 1 de julho de 1912. Londres. Publicado pela Instituição. Rua Grande George (IV), Westminster, S.W. Telegramas. 1912

Fonte: List of Members of The Institution of Civil Engineers (1912)

A listagem saia por ordem alfabética de sobrenome e o Stephen consta assim:

1904 Dec. 6.	STELFOX, SYDNEY HERBERT, B.Sc. (*Victoria*)	61 Marlborough Avenue, Partick, Glasgow.
1893 Mar 7.	STEPHEN, FREDERIC WILBER ..	Ry. Dept., Petersburg, S. Australia.
1906 Apr. 3.	STEPHEN, FREDERICK WILLIAM	Cleveland Bridge and Engineering Co., Caixa Postal 10, Natal, Rio Grande do Norte, Brazil.
1883 May 29.	*STEPHEN, JAMES BROWN ..	Lancing, Worthing.

Figura 85. Relação em que consta o Frederick William Stephen na página 255, seu ano de admissão na instituição, 1906 e sua correlação de trabalho: *Cleveland Bridge and Engineering Co, Caixa Postal 10, Natal, Rio Grande do Norte,* Brazil. Prova cabal

Fonte: Livro eletrônico. Disponível em: http://booksnow1.scholarsportal.info/ebooks/oca9/13/chartersupplemen1912inst/chartersupplemen1912inst_bw.pdf. Acesso em: 20 abr. 2015

Na crônica social do *Jornal de Recife*, página 2, em 21 de janeiro de 1912, saiu a nota informando que "Passageiros chegados da Europa pelo Vapor inglês *Amazon*, no dia 20 do corrente: *De Southampton... Frederick William Stephen...*"[70]. Esse fato sugere que o *Artist* passou por Recife para apanhá-lo, ou ele veio de trem para Natal, pois não daria tempo de ele voltar a Inglaterra e estar em Natal em fevereiro do mesmo ano.

O engenheiro Beit estava no início da página, conforme mostra a Figura 86.

288 STUDENTS ATTACHED TO THE INSTITUTION OF CIVIL ENGINEERS.

Date of Admission.	STUDENTS.	
1910 Feb. 22.	BEIT, RUPERT OWEN	Caixa 10, Natal, Estado de Rio Grande do Norte, Brazil.

Figura 86. Rupert Owen Beit aparece na página 228. Ano de admissão em 1910. Não aparece a empresa, mas o endereço de trabalho é o mesmo do Stephen: *Caixa Postal 10, Natal, Rio Grande do Norte*, Brazil

Fonte: Livro eletrônico. Disponível em: http://booksnow1.scholarsportal.info/ebooks/oca9/13/chartersupplemen1912inst/chartersupplemen1912inst_bw.pdf. Acesso em: 20 abr. 2015

O jovem engenheiro Beit nasceu em Burwood, New South Wales, Austrália, em 1890. Seu pai morreu cedo e sua mãe mudou-se para Londres com ele e uma irmã. Chegou a Natal com apenas 22 anos. Pouco antes da conclusão da ponte, ele se alistou na Royal Engineers Army. Em 14 de dezembro de 1913 viajou de Buenos Aires para Southampton a bordo do *Aragon* e em 11 de maio de 1915 seu nome consta no vapor *Demerara* viajando do Rio de Janeiro para Southampton.

Morreu como capitão em combate na Primeira Guerra Mundial pela 9th Army Troops Coy, na Bélgica, em 28 de julho de 1917, com a idade de 27 anos. Na notícia de sua morte o *The Sydney Morning Herald* relatou que ele era um engenheiro promissor que havia trabalhado em uma empresa construtora de pontes no Brasil e que havia se casado 18 meses antes de ir para o *front*.

[70] O *Jornal de Recife*, página 2, em 21 de janeiro de 1912

Deixou 2.184 libras para a esposa Margaret Semple Beit com a qual tinha se casado em 1915.

Uma vida muito curta a lamentar. Passei anos tentando rastrear mais a sua trajetória, mas nada encontrei. Está enterrado no Cemitério de Reninghelst New Military na Bélgica. Como homenagem, publico uma parte da lápide que a família de sua mulher, os Finlayson, mandaram fazer em sua homenagem, na Escócia:

RUPERT OWEN BEIT A.M.I.C.E.
CAPTAIN. R.E. (T).
KILLED IN ACTION JULY 29TH 1917
INTERRED IN RENINGHELST

Figura 87. Lápide do capitão Owen Beit

Fonte: http://scottishwargraves.phpbbweb.com/scottishwargraves-ftopic129-0-asc-495.html Acesso em: 28 abr. 2014

8.2 O engenheiro Benjamim Beaumont Haskew

Na página 300 da lista de membros citada anteriormente encontramos Benjamim Beaumont Haskew como engenheiro da CBEC, também tendo trabalhado por aqui.

No vapor *Astúrias* tem um registro dele partindo, dia 3 de março de 1911, de Southampton a Buenos Aires.

1908 Apr. 7.	HASELL, GODFREY SINCLAIR ..	53 Victoria Street, S.W.
1908 Jan. 21.	HASKEW, BENJAMIN BEAUMONT	Cleveland Bridge & Engineering Co., Bridge over Rio Potengy, Natal, Rio Grande do Norte, Brazil.
1908 Nov. 24.	HASKINS, HAROLD STANLEY ..	Warmlea, Hill Road, Clevedon, Somerset.

Figura 88. Dessa vez não há a caixa portal, só constam a mesma construtora e a mesma ponte

Fonte: Livro eletrônico. Disponível em: http://booksnow1.scholarsportal.info/ebooks/oca9/13/chartersupplemen1912inst/chartersupplemen1912inst_bw.pdf. Acesso em: 20 abr. 2015

8.3 O engenheiro F. Collier

De todos os engenheiros ingleses que trabalharam na construção da ponte, o mais falado é F. Collier. Ele foi relatado na inauguração como o representante da CBEC, como o jornal *A República* publicou, e isso reverberou na cidade. Era a verdade para aquele momento. Passei anos tentando encontrar um Mr. Collier em Natal e nada. Nem o pessoal de Darlington conseguia. E existem vários Collier espalhados pelo Brasil, mas nada confirmava.

Stephen Collier foi o engenheiro inglês que comandou a implantação da Estrada de Ferro Madeira Mamoré de 1907 a 1916, na Amazônia, nos mesmos anos, mas nada o colocava em Natal. E este autor gosta de provas.

Existiram muitos engenheiros Collier que trabalharam e se radicaram no Rio de Janeiro, Recife e Natal. Nenhum parecia plausível.

O empresário Wilson Collier (*in memoriam*), mergulhador e empresário carioca, radicado em Natal, que veio trabalhar em obras submarinas no Porto de Natal na década de 1970, sugeriu que seu avô Edwin Collier, um inglês que trabalhou na Estrada de Ferro Central do Brasil (EFCB), era o F. Collier e que o jornal havia trocado o E. por F. O Mr. Collier do Rio de Janeiro fez escola e história por lá. Mandaram fazer um busto para ele. Até a década de 1990 existia uma sala na Central do Brasil com todos os seus livros e agendas conservados. Foi maçom e venerável de uma Loja do Rito Escocês Antigo e aceito em Niterói. Sempre quis que tivesse sido ele, mas um pesquisador precisa de provas, e as buscas sempre foram constantes.

Eis que encontrei um Frank Jackson Collier, engenheiro da CBEC, trabalhando em Recife em 1916. Ora, as obras de CBEC em Natal já tinham terminado – isso era um fato, mas não entendido por mim até 2013, com a descoberta do catálogo da CBEC. As obras da ponte terminaram em 1914 – e certamente um telegrama da empresa deve ter mandado ele vir para a inauguração representando a construtora subempreitada. Era muito fácil pegar um trem da Great Western de Recife para Natal naquele ano de 1916. Ele deve ter gostado muito de tanta festa que houve.

F. Collier então era Frank Jackson Collier que o jornal relatou. Quem não conhece a história comete muitas injustiças. Há a neces-

sidade de o historiador ser imparcial. O próprio jornal que noticiou a inauguração o chamou de representante de Cleveland.

1911 Mar. 28.	Colgrove, Edwin Hugh ..	Burton House, Loughborough.
1905 Jan. 31.	Collier, Frank Jackson, B.Sc. (Engineering) (*Lond.*)	Caixa 114, Pernambuco, Brazil.
1910 Nov. 29.	Collier, Godfrey William	Loofree, Felbrigg, Roughton, Norwich.

Figura 89. O F. Collier da inauguração estava erguendo pontes em Recife. Ele consta na página 262 da lista de membros

Fonte: Livro eletrônico. Disponível em: http://booksnow1.scholarsportal.info/ebooks/oca9/13/chartersupplemen1912inst/chartersupplemen1912inst_bw.pdf. Acesso em: 20 abr. 2015

As obras de pontes no Recife daqueles anos deram muito trabalho ao governo brasileiro. Nos diários oficiais da União é possível encontrar várias reclamações dos engenheiros brasileiros sobre os engenheiros de Darlington. Ninguém é perfeito e construir não é fácil. Lá em Recife (PE) o pessoal de Darlington apanhou.

8.4 O engenheiro Francisco de Abreu e Lima Júnior

Francisco de Abreu e Lima Júnior estava na inauguração da ponte. Não há correlação com a cidade de Abreu e Lima em Pernambuco, pois é uma homenagem ao general José Inácio de Abreu e Lima (1794-1869), porém deixo a pesquisa para quem quiser realizá-la. José Inácio foi engenheiro chefe da fiscalização. Em diversas correspondências seu nome é falado e ele assina algumas delas.

8.5 O engenheiro André Veríssimo Rebouças

O engenheiro André Veríssimo Rebouças estava na inauguração. Não se deve confundir com o nobre engenheiro André Rebouças do Rio de Janeiro que deu nome ao Túnel Rebouças. Era engenheiro superintendente de estradas de ferro.

8.6 O engenheiro Otavio Penna

Filho do então presidente da república Affonso Penna, Otavio trabalhava no Rio Grande do Norte, era educado e gostava de dar

conferências técnicas na sede do jornal *A República*. Em uma delas explicava detalhadamente como seria construído o cais ponte de Atracação, que deu origem ao Porto de Natal.

Em 28 de agosto de 1912, o engenheiro Otavio Penna enviou correspondência ao JFSB, engenheiro fiscal da EFCRGN, assim dizendo:

> *Para continuação dos trabalhos rogo-vos mandardes verificar a cota do grade da Ponte Potengy, que de acordo com o projeto aprovado pelo Dec. 8.371, de 11 de novembro de 1910, deverá ficar acima da maré máxima 2,50, sendo 1,80 a altura livre entre a maré máxima observada e o plano inferior das vigas da Ponte. Saudações.*
>
> *Octavio Penna.*[71]

8.7 O engenheiro Ernesto Antonio Lassance Cunha

O engenheiro Ernesto Antonio Lassance Cunha atuou durante muitos anos como engenheiro chefe e diretor da Repartição Federal de Fiscalização das Estradas de Ferro . Foi o engenheiro que fez a apresentação do projeto ao então ministro Francisco Sá, em 1910.

8.8 O engenheiro Ewbank da Câmara

Em um livro sobre o grande engenheiro André Rebouças (1838-1898), o amigo de Dom Pedro II, consta que o engenheiro José Ewbank da Câmara foi estagiário dele em obras no Rio de Janeiro.

Registro o engenheiro ferroviário Ewbank da Câmara porque ele aparece em correspondências e projetos do ramal de Lajes até Recanto. É nome de uma cidade no sudeste de Minas Gerais, mas o homenageado em Minas viveu de 1843 a 1890, o que não o sintoniza nas correspondências da construção da ponte em Natal mas o coloca como estagiário de André Rebouças.

---

[71] Correspondência em 28 de agosto de 1912, onde o engenheiro Otavio Penna enviava ordens ao engenheiro fiscal.

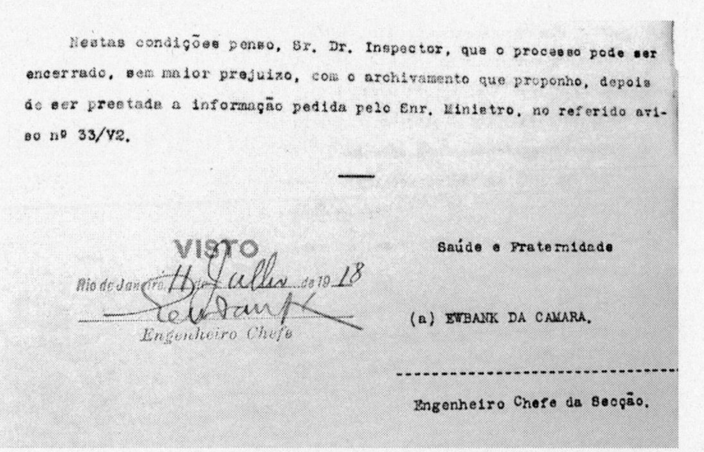
Nestas condições penso, Sr. Dr. Inspector, que o processo pode ser encerrado, sem maior prejuizo, com o archivamento que proponho, depois de ser prestada a informação pedida pelo Enr. Ministro, no referido aviso nº 33/V2.

VISTO
Rio de Janeiro 11 de Julho de 1918
Engenheiro Chefe

Saúde e Fraternidade

(a) EWBANK DA CAMARA.

Engenheiro Chefe da Secção.

Figura 90. Em correspondência ao inspetor geral de estradas na data de 11 de julho de 1918, Ewbank da Câmara dá um parecer encerrando o assunto dos equipamentos que foram utilizados na construção da ponte sobre o Potengi

Fonte: fotografia do autor diretamente do original no Arquivo Nacional, em 2013

Quatro anos após a inauguração da obra da ponte, os equipamentos ainda estavam largados e abandonados pelo governo sem nenhuma serventia. No tocante à ponte do Potengi, ele deu um parecer contrário às pretensões de JJP em correções das últimas medições, propôs um parecer mais sensato sobre o que são obras públicas e o que interessa para o governo contratante. No caso da ponte sobre o Potengi, por ser obra inédita para os engenheiros fiscais locais, foi exigido que a contratante CVC entregasse todos os equipamentos e máquinas empregados na construção ao Governo. Esse fato será abordado mais à frente no capítulo sobre a construção. Ewbank da Câmara percebeu esse monstruoso erro em correspondência de 11 de julho de 1918, mas já era tarde.

8.9 O engenheiro Luciano Veras

Era engenheiro fiscal no Rio Grande do Norte e foi quem primeiro realizou os estudos de onde seria melhor fazer a travessia do Potengi, se mais a jusante[72] ou mais a montante[73] em relação ao Cais da Tavares de Lira. Luciano fez várias correspondências, entre

[72] Após um referencial em um rio ou escoamento de líquido.

[73] Antes de um referencial em um rio ou escoamento de líquido

1909 e 1911, para o engenheiro Lassance Cunha explicando o melhor local para se construir a ponte.

8.10 Engenheiro Olegário Dias Maciel

Foi engenheiro inspetor federal de estradas de ferro nesses anos. Aparece nas correspondências no Rio Grande do Norte.

8.11 Saúde e fraternidade

Entre os engenheiros da estrada de ferro no Rio Grande do Norte, os superintendentes federais e até ministros, como Augusto Tavares de Lyra, havia a saudação comum: *Saúde e Fraternidade*[74], encontrada em várias correspondências. A frase marcou os anos posteriores à proclamação da república. O engenheiro JFSB sempre a usava em todas as suas correspondências com os colegas e superiores.

[74] Expressão oriunda do Apostolado Positivista que se instalou após a proclamação da república no Brasil. Os positivistas ortodoxos, nome dado aos membros do Apostolado Positivista do Brasil, militam em prol da implantação de uma ditadura com aspectos bem peculiares. Após a proclamação da república em 1889, algumas reivindicações do Apostolado foram atendidas por decretos do Governo Provisório que foi instaurado para dar o rumo da política no país. A "Ditadura Republicana" defendida pelo Apostolado se pautava nos ideais do francês Augusto Comte, mentor da doutrina positivista surgida no século XIX.

Figura 91. Fotografia constante do fabuloso álbum de WNR, certamente tirada por seu primeiro proprietário, o engenheiro Eduardo Parisot. Não há nenhuma referência quanto ao local e dia, mas pelos trajes deve ter sido um dia de gala, de inauguração. No primeiro plano à esquerda podemos ver o Dr. João Júlio de Proença, que era um homem alto e certamente com seus trajes elegantes do Rio de Janeiro. O penúltimo à direita de chapéu branco, devido à baixa estatura e à sua velha companheira câmera Jules Richard, era Dr. Manoel Dantas, facilmente identificado por seu neto Edgard Ramalho Dantas

Fonte: acervo de fotografias de WNR

Passei um bom tempo achando que essa fotografia era na Estação de Natal, mas as provas de duas fotografias dessa estação (constantes neste livro mais adiante) demonstram que não foi lá por causa dos detalhes construtivos, das mãos francesas e dos beirais dessa estação. Essa fotografia representa a grandiosidade de um dia. No entanto, não há data nem uma frase escrita no álbum de Parisot. Podemos notar que todos estavam em uma plataforma e que os trilhos ficavam à esquerda da fotografia, abaixo da perna direita de JJP.

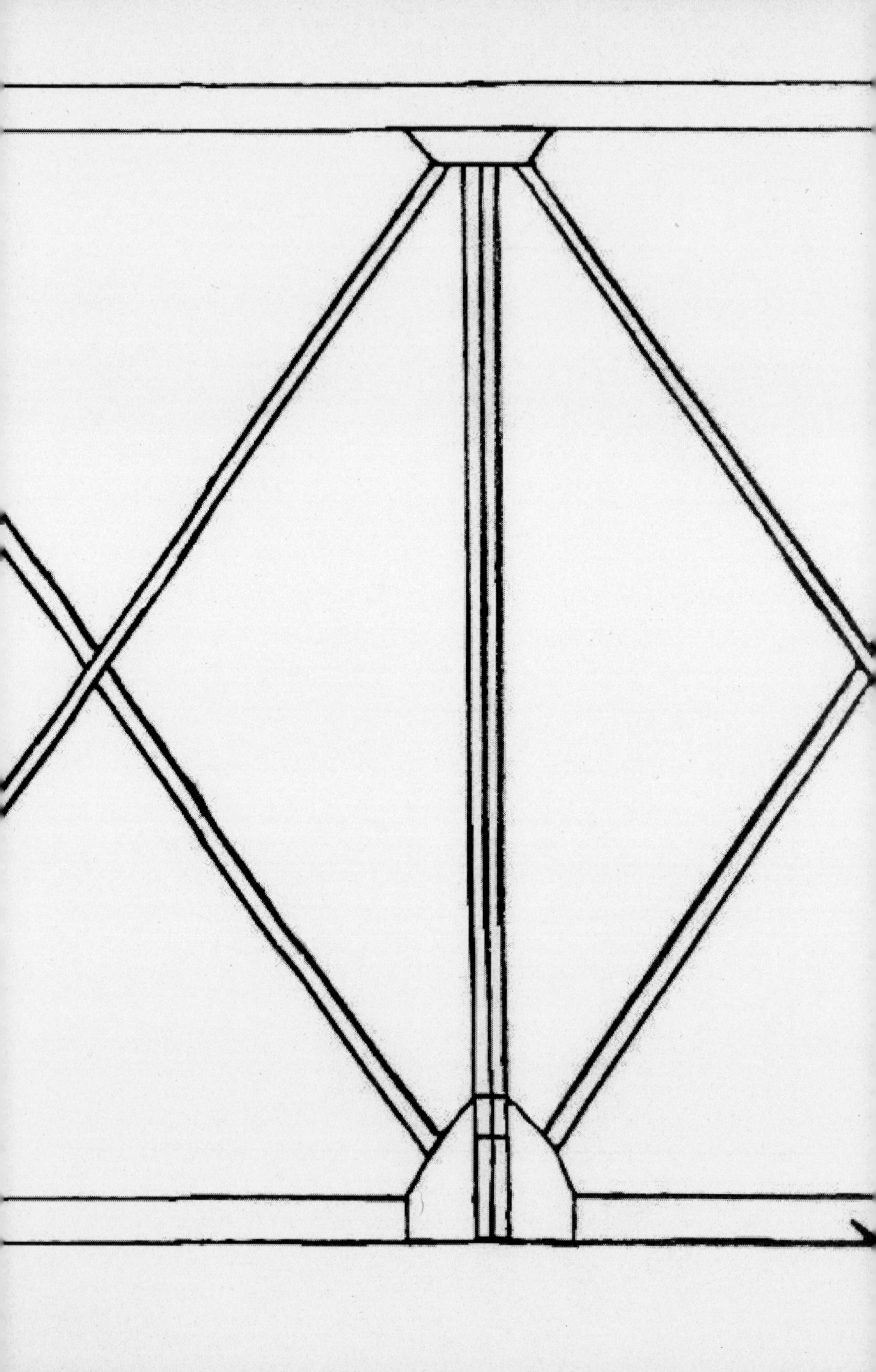

CAPÍTULO 9

O PROJETO DA PONTE SOBRE O POTENGI

9.1 O projeto da ponte metálica

Em janeiro de 1910, já como arrendatário e empreiteiro da EFCRGN, o engenheiro JJP envia correspondência ao então engenheiro chefe e diretor da Repartição Federal de Fiscalização das Estradas de Ferro, Dr. Ernesto Antonio Lassance Cunha. Essa carta é uma verdadeira aula de como os trabalhos se desenvolveram com minúcias de detalhes descritivos e operacionais. A seguir a transcrição do original:

> *Tenho a honra de apresentar a V. Exa. O projecto e o orçamento da ponte a construir-se sobre o Rio POTENGY, para fim de ligar a Estrada de Ferro Central do Rio Grande do Norte á cidade de Natal.*
>
> *Entre as maiores dificuldades que se nos apresentaram destacam-se as fundações dos pilares e encontros; pois que, como se vê do perfil geologico, para se chegar a terreno solido, torna-se necessário atravessar espessa camada de vasa, que, no centro do rio, attinge á cerca de 20 metros; isso faz nos inclinar, da preferencia, a fundações pelo ar comprimido, por não oferecer segurança qualquer outro systema.*
>
> *Assim, pois, para os pilares, projetei cylindros; e, para os encontros, caixões retangulares.*
>
> *No caso dos encontros, logo que o caixão se enterre em toda a sua altura, até o nível do solo, projectei construir paredes de alvenaria, á medida que o caixão for descendo, servindo essas paredes não só para vencer o atrito das paredes lateraes do caixão como também para permitir que, quando os caixões atingirem o terreno solido, se possam retirar os tubos de comunicação, com a câmara do mesmo caixão, uma vez que esta se acha repleta de concreto. Feito isso, será esse espaço prehenchido por alvenaria, tudo de acordo com o projecto.*
>
> *Quanto aos pilares, porem, como tem de ser fundados já dentro d'agua, projectamo'los da forma cylindrica, de aço, com sua camara de ar e acesso ao exterior por meio de um tubo central que chega sensivelmente a metade de sua altura total; sendo a outra parte do tubo removível quando o cylindro atingir o terreno solido.*
>
> *Para facilitar a descida do cylindro e vencer os atritos da sua periferia, será o espaço compreendido entre o tubo de acesso e a parte exterior do cylindro cheia de concreto, á*

medida que este vae descendo. Para facilitar este trabalho, não foi possível fazer os cylindros de menos de 3,66 m de diâmetro, sendo a parte superior, porém, de 2,44m.

Esta forma de pilar é, sem duvida, a mais econômica e a que oferece menor obstáculo á corrente.

Os vãos das vigas de 50,00 m foram calculados para um trem tipo conforme o diagrama junto, e uma resistência as esforço do vento de 150 kilos por metro quadrado, tomando a superfície total de um trem-typo sobre a ponte.

Outra dificuldade a vencer foi a montagem das vigas, devido ainda ás más fundações, que tornariam excessivamente dispendiosa uma provisória para a montagem de dez vãos, porquanto seria preciso o emprego de estacas de 18 a 20 metros e, com essa altura em vasa, em um rio com uma correnteza bastante forte como é o POTENGY, a não ser com enorme dispêndio, não se poderia fazer esse serviço com a segurança precisa.

Assim pois, resolvi empregar os fluctuantes como meio muito mais seguro e muito mais simples e econômico. Para isso carecemos de quatro fluctuantes, de 150 toneladas da capacidade e um rebocador com os necessários apparelhamentos, assim como de um estaleiro em terra para a montagem das vigas, feito de forma a permitir a entrada, na maré baixa, dos fluctuantes por debaixo das vigas. Á medida que a maré sobe, os fluctuantes vão recebendo os vão completos da ponte e os levantam dos picadeiros para transporta-los ao seu lugar. Uma vez em posição de assentarem sobre os pilares, os fluctuantes são gradualmente cheios d'agua, por meio de válvulas apropriadas e, descendo por essa forma, permitem que o assentamento das vigas se faça sem choque e perfeitamente no seu respectivo lugar.

Para a ajustagem da posição exacta dos vãos, são os fluctuantes providos de guinchos lateraes e nos extremos ligados a amarras e ferros adequados, que permittem a perfeita manipulação desse peso, quer longitudinal quer transversalmente.

Este processo de montagem, quer para os pilares quer para as vigas, exige naturalmente aparelhos algo dispendiosos; porem quando se trata de trabalhos como o desta ponte, com fundações tão perigosas, parece-nos que, ainda assim, além da segurança do trabalho, é esta forma mais econômica de o levar a effeito.

As plantas que junto, vão completamente detalhadas, e entre ellas, está a planta do estaleiro para a montagem dos vãos e o aparelhamento para a fundação dos cylindros.

Esperando que o meu projecto mereça a aprovação de V. Exa. E que seja autorizado a executal-o immediatamente, subscrevo-me com alta estima e subida consideraçãode

V. Exa.
Rio de janeiro, 29 de janeiro de 1910.

Essa carta de JJP esclarece em detalhes, mas não foi a solução definitiva; em vez de dois cilindros de 3,66 m de diâmetros por pilar, foi adotado um só de 6 metros por pilar. Nos encontros ou cabeceira não foram executados caixões e sim cilindros maiores, conforme este pesquisador constatou em projeto *as built*.

Impressionante como na arqueologia da engenharia encontramos detalhes escritos que foram modificados ao longo da execução. Modificações em uma execução complexa como é uma execução de ponte são costumeiras.

Figura 92. Fotografia fornecida gentilmente pelo engenheiro Nadelson Freire. Realmente era o menor braço de rio próximo ao centro de Natal, mas enfrentando o grande trecho de mangue – assinalado com a elipse –que demandou um grande aterro compactado demorado e custoso
Fonte: fotografia do acervo do engenheiro Nadelson Freire e cedida gentilmente para este autor

É conclusivo que JJP já estava em fase de pré-contrato com a CBEC e que esse processo dos cilindros pneumáticos, ou *pneumatics wells* como os ingleses chamavam, era muito mais complexo e mais detalhado, como mostrarei mais adiante.

Em missiva no mesmo ano, o engenheiro fiscal da estrada de ferro Luciano Martins Veras alertava ao Dr. Lassance Cunha de que existiam dois projetos: um a jusante e outro a montante — 5 km — de Natal, sendo mais vantajoso esse último por não ser necessário, segundo ele, vão giratório. O fato de ser mais barata a solução à montante por não precisar de vão giratório vai massacrar a vida do comércio fluvial de Macaíba. E assim foi decidido, pois no orçamento não constava nenhum vão móvel. A seguir o orçamento, original, apresentado por JJP:

ESTRADA DE FERRO CENTRAL DO RIO GRANDE DO NORTE

ORÇAMENTO para a construção de uma ponte metallica sobre o estuário do Potengy. Aprovado pelo decreto n.8.372, de 11 de Novembro de 1910

I

MATERIAL METALLICO

1- 2.413 toneladas	*a £ 18-0-0*	*694:944$000*

II

INSTALAÇÕES ELÉTRICAS E DE AR COMPRIMIDO

2- Dois jogos de motores com dynamos conjugados, com caldeira, burrinhos, chaminés, etc. e cada jogo de 120 K.w.	*a 36:000$000*	*72:000$000*
3- Dois compressores de 18 m³, por minuto	*a 16:000$000*	*32:000$000*
4- Um dito de alta pressão de 6 m³ por min	*a*	*9:000$000*
5- Ferramentas de ar comprimido, mangueiras, fios elétricos, lâmpadas, etc		*8:000$000*

6- Duas camaras de ar para comunicação com as dos caixões, cylindros completos com vávulas e acessórios.	*a 8:000$000*	*16:000$000*

III

MATERIAL FLUCTUANTE

7- Quatro fluctuantes de 100 tons.de fluctuação	*a 16:000$000*	*64:000$000*
8- Um rebocador de 120 cavallos		*42:000$000*
9- Um guindaste gigante		*18:000$000*
10- Um bate estacas a vapor, fluctuante		*20:000$000*
11- Amarras, fateixas, cabos, línguas de ferro, etc. etc.		*12:000$000*

IV

MÃO DE OBRA E TRABALHO ACESSORIOS

12- Madeira para plataforma, vigas, estrados, Etc. assentada (R.G.N.)	*500,000 a 250$000*	*125:000$000*
13- Cravação, montagem pintura do Material da ponte, inclusive Cylindro, caixão e passadiço (R.G.N.)	*2.546 T a 200$000*	*509:200$000*
14- Escavação em ar comprimido (P.R.J.)	*8,906 m³ a 25$000*	*222:650$000*
15- Concreto assentado com ar Comprimido (P.R.J.)	*940 m³ a 150$000*	*141:000$000*
16- Idem ao ar livre (R.G.N.)	*6,310 m³ a 72$000*	*454:320$000*
17- Alvenaria de Lajões, rejuntada com argamassa de cimento	*75 m³ a 55$000*	*4:125$000*
18- Cantaria 7,5	*120$000*	*900$000*
19- Capeamento	*45 ml a 40$000*	*1:800$000*
20- Ferragens e parafusos tons	*36 a $500K*	*18:000$000*
21- Linha de serviço	*1,000 ml a 20$000*	*20:000$000*

22- Descarga e estiva do material T a 10$000 .....$......

1.496:995$000

Soma dos 3 primeiros numeros 97 :944$000

Somma total - 2.474 :939$000

(Valor constante do Decreto n.8.372)

Os passadiços foram uma intervenção direta, oportuna e brilhante do então deputado federal pelo Rio Grande do Norte Elói de Souza e não consta desse orçamento acima. Esse assunto será comentado em capítulos a seguir.

Figura 93. As quatro pontes sobre o rio Potengi. A primeira, objeto desse estudo, construída em 1914 pela CVC/Cleveland Bridge; a segunda em concreto armado construída em 1970 pela Norberto Odebrecht a montante da primeira; a terceira em concreto armado construída pela Queiroz Galvão/Ecocil em 1989, a montante da segunda; e a quarta mais a jusante já na boca da barra é uma ponte estaiada construída, também, pela Queiroz Galvão em 2007

Fonte: Google Earth (2013)

Figura 97. A treliça tipo "Pratt" principal de 70 metros da ponte do Potengi. Desenho e projeto em AutoCAD para a posterior montagem de peças de Álvaro Negreiros

Fonte: Projeto de Álvaro Negreiros

A treliça Pratt é uma das mais importantes ao longo da história das pontes metálicas treliçadas. Basicamente é formada por uma série de Ns com os montantes e cujas diagonais ficam geralmente tracionadas, deixando assim os montantes comprimidos quando em uso por um trem em movimento, por exemplo. Nesse caso os dois vãos entre os montantes centrais têm duplas diagonais como uma forma de maior segurança, prevendo um avanço de carga móvel pela esquerda ou pela direita.

É visível que, pelo projeto das fundações, a batimetria não teve precisão, pois ele é desenhado em linhas de fundo de rio com poucas mudanças de profundidade. O que na verdade não ocorria, pois do eixo do rio para mais a norte, na margem esquerda, há um abrupto aprofundamento para ir se elevando suavemente até a margem.

Em seu original, a ponte sobre o rio Potengi era projetada pelo engenheiro chefe da Cleveland Bridge Engineering Company, G. C. Imbault, em oito treliças fixas de 60 metros cada e uma giratória também de 60 metros. Certamente um bom e acertado projeto com um total de 540 metros.

Esse projeto original era o padrão com um mínimo de qualidade e respeito pela navegabilidade de um rio pelo mundo afora, mas veremos que, após o orçamento final, a ponte era de 10 vãos de treliças fixas com 50 metros cada. Mais adiante, vamos ver que houve mudanças para que somente dois vãos tivessem 60 metros, e assim finalmente ficou com somente um vão de 70 metros e os nove demais com 50 metros, com o total de 520 metros. Ou seja, o confortável seria os 540 metros do G. C. Imbault, mas houve acidentes, como veremos, nos pilares 4 e 5, o que pode ter ocasionado a mudança dos vãos próximos a esses pilares.

A natureza do rio domou os homens para próximo dos 540 metros originais, mas deixaram de executar o vão giratório que dava liberdade aos barqueiros comerciantes do início do século XX no rio Potengi em Natal. Impediram a navegabilidade de forma brutal para a fulgurante Macaíba do comércio e das feiras. Segundo Rodrigues (2003), existia em andamento o projeto de hegemonia das capitais e Natal precisava mostrar força mesmo que fosse às custas de Macaíba.

Segundo Souza (1975, p. 15 apud Arrais, 2006)

> *Pode-se afirmar que a capital política do Rio Grande do Norte, naquele momento, estava em Macaíba, onde os acontecimentos que mais interessavam eram conhecidos aí antes de o serem em Natal.*

Fazendo uma avaliação pós-ocupacional da ponte sobre o rio Potengi, podemos identificar dois pontos: o fato de a ponte não ter um vão giratório e de não ter uma pista para os automóveis. Em 1912, ano do início das obras, o automóvel já era uma realidade para as capitais brasileiras. Um acréscimo na largura do tabuleiro não teria encarecido muito mais o projeto e o benefício seria enorme.

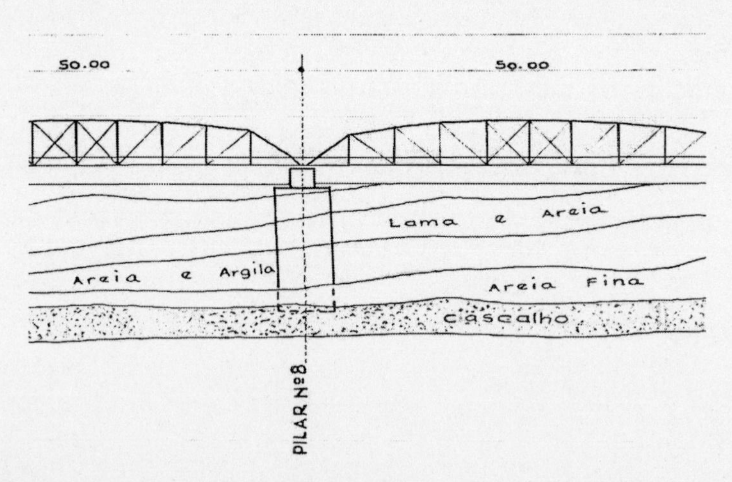

Figura 98. As indicações rudimentares das diversas camadas de "lama e areia", "areia e argila", "areia fina" e o "cascalho", de apoio dos blocos

Fonte: recorte do projeto da Figura 96

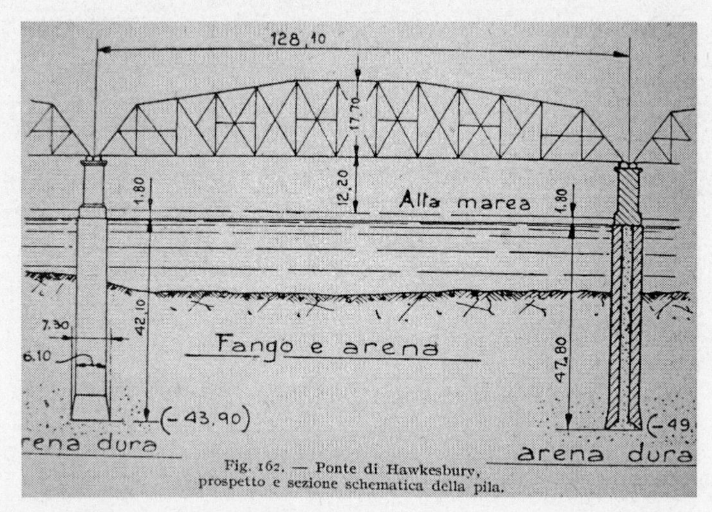

Figura 99. Um modelo de construção semelhante ao da Cleveland Bridge

Fonte: fotografia de Santarella (1936)

O "grade"[75] da ponte do Potengi ficou muito próximo à superfície do rio, da ordem de 3 metros em maré cheia e 5,30 metros em maré baixa, o que aniquilou qualquer passagem de barcaças e paquetes. Segundo Rodrigues (2003), foi um ciclo que se encerrou.

Figuras 100 e 101. O projeto e o real hoje. Os blocos são de concreto armado, conforme a geometria do projeto à esquerda. No setor superior no estreitamento de suas dimensões temos a medida vertical variando em torno de 4.5 metros. Na parte inferior alargada e cilíndrica, as profundidades são variáveis em 10 a 14 metros até o encontro do "cascalho", conforme nos mostram as sondagens adiante, no Capítulo 20

Fonte: fotografia do autor e recorte do projeto da Figura 96

[75] Nível da plataforma de rolamento de uma pista ou tabuleiro de ponte.

Por esses anos os cálculos se processavam em cima de oito toneladas por eixo (8TB) de vagão. Este autor em suas pesquisas sempre procurou avaliar a capacidade de carga de um bloco da ponte do Potengi. Para aqueles anos, um valor bem apropriado seria entre 400 e 600 toneladas, segundo o engenheiro calculista e professor doutor José Pereira, sem se considerar o fator de segurança que em pontes pode variar de 2,5 a 3. No mestrado, fiz essa conta em companhia de mais dois colegas utilizando a formulação conservadora de Terzaghi-Buisman e os valores chegaram bem próximo ao do nobre doutor.

A seguir alguns detalhes recortados dos projetos nos mostram a beleza daqueles anos em que reinavam a mão do desenhista e o nanquim.

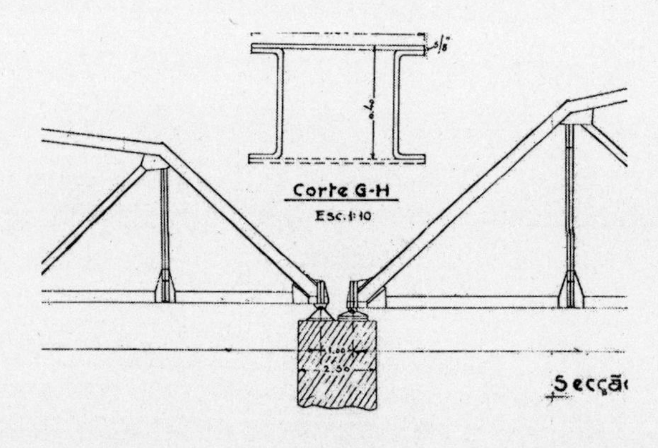

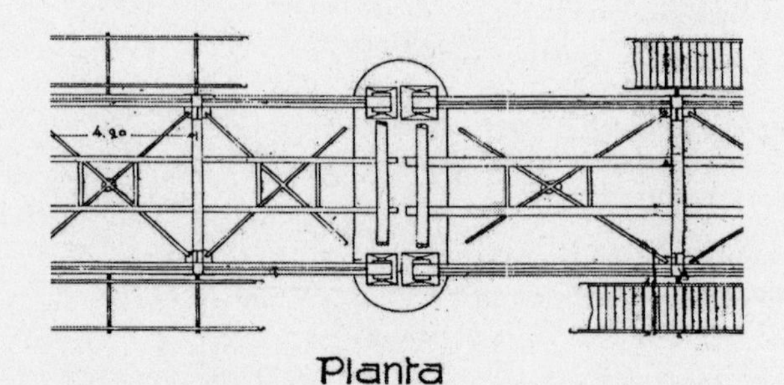

Figura 102. Recortes do projeto da Figura 95

Fonte: recorte do projeto da Figura 95

Figuras 103 e 104. O concreto aparente moldado em formas metálicas com estampas que imitam alvenaria de pedra. A parte superior mede 2,40 x 7, 30 com bordas bem arredondadas

Fonte: fotografias do autor

Figuras 105 e 106. Recorte do projeto da Figura 95 e estrutura atual

Fonte: fotografia do autor

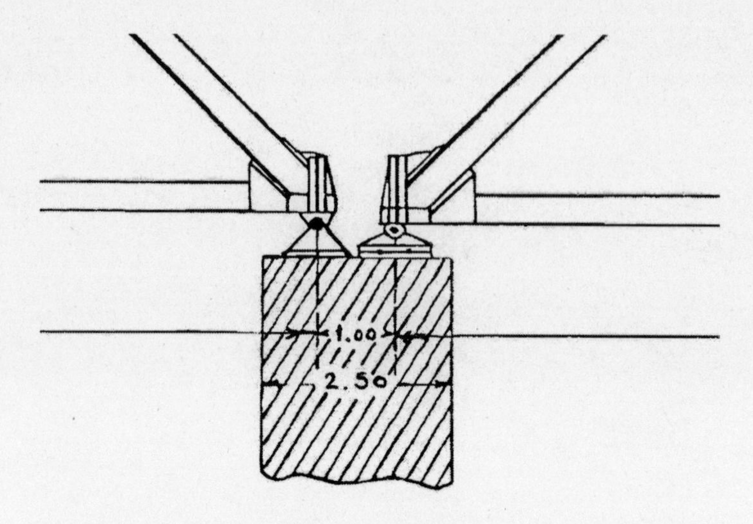

Figuras 107 e 108. Recorte do projeto da Figura 95 e foto mostrando os apoios fixos em relação à horizontal de um lado e livres, com roletes, do outro em relação à horizontal

Fonte: fotografia do autor

Na Figura 107 à esquerda é mostrado o apoio de uma treliça, conhecido na engenharia como apoio simples ou apoio de primeiro gênero, em que há a liberação da translação. À direita da mesma figura é mostrado um apoio de segundo gênero ou rótula, em que há o impedimento da translação, mas a liberação da rotação. Então cada treliça inteira tem apoios de cada gênero. Isso faz com que cada vão da ponte de Igapó seja isostático[76], ou seja, cada um trabalha independentemente dos demais nas vizinhanças. Essa é a concepção estrutural de cada vão na ponte metálica de Igapó.

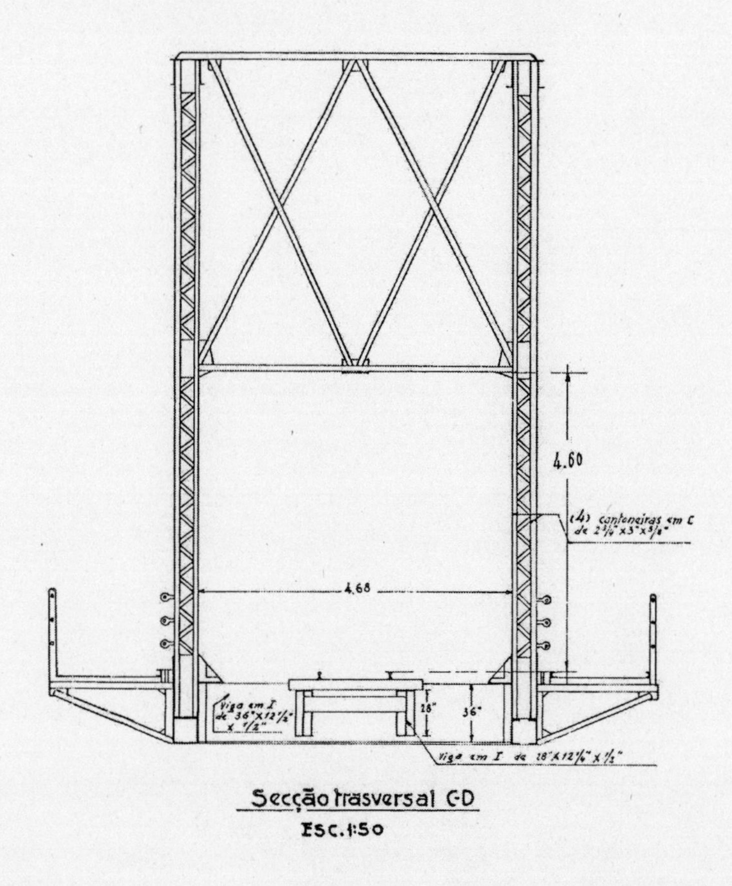

Figura 109. Seção transversal da maior treliça do vão de 70 metros. Os detalhes mostram o quanto uma treliça é complexa, cheia de detalhes que, sem embargos, mereciam uma conservação para as gerações futuras. Até como aulas didáticas para os amantes da engenharia estrutural

Fonte: fotografias do autor em projetos cedidos pela RFFSA, Figura 95 e adaptados

[76] Em mecânica estrutural, diz-se que uma estrutura é isostática quando o número de restrições (reações) é rigorosamente igual ao número de equações da estática. É, portanto, uma estrutura estável.

O corte da Figura 109 mostra o detalhe do travamento das treliças na parte superior. Essa trava em forma de dois x era conhecida entre os ferroviários da época por *jacaré* e era perigoso para quem gostava de andar em cima dos vagões, pois não havia altura suficiente para tal nesse trecho.

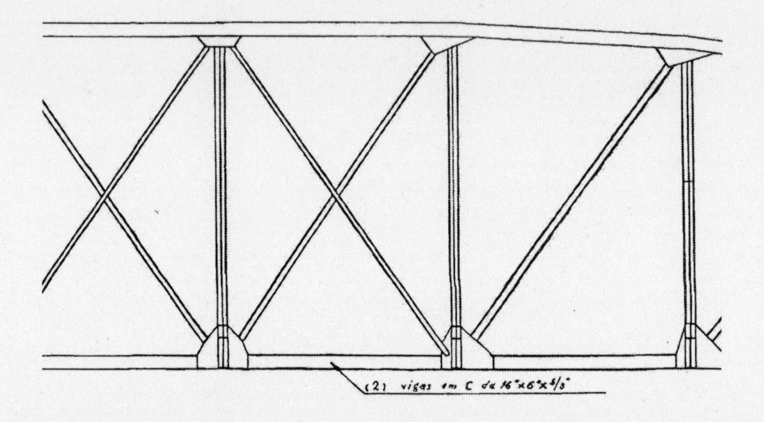

Figura 110. Detalhes, recorte do projeto da Figura 95, dos projetos das treliças da ponte de Igapó e suas partes principais identificadas. Adaptação do autor a partir dos projetos originais fornecidos pela RFFSA. A peça curva superior é o banzo (viga) superior. A peça reta inferior é o banzo (viga) inferior. As peças nas verticais (em ortogonal, a 90° com o banzo inferior) são os montantes e as inclinadas são as diagonais

Fonte: projetos fornecidos pela RFFSA e adaptados pelo autor

Figuras 111 e 112. Riquezas sem fim na arte de rebitagem. Amarrações entre pilares (montantes), vigas transversais e longitudinais

Fonte: fotografias do autor

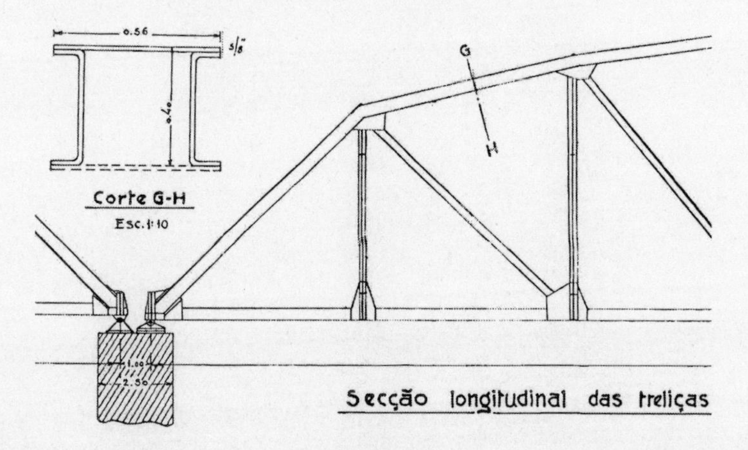

Figura 113. Corte G-H mostrando a seção superior da treliça espacial constituída de uma chapa lisa superior, duas chapas em C nas laterais e treliçado no bordo inferior. Todas as uniões eram em rebites batidos à mão. Hoje em dia são com marteletes pneumáticos

Fonte: adaptação do projeto original feita pelo autor

Addis (2009) explicou que Karl Culmann (1821-1881) havia mostrado aos engenheiros como usar métodos gráficos para analisar treliças e momentos fletores em vigas. Johann Schwedller (1823-1894),

um engenheiro de pontes, criou o "Método das Seções", no qual uma treliça estaticamente determinada, o que é o caso da Potengi, é analisada ao se imaginar que os vários elementos são cortados para dividir a estrutura remanescente em seções mantidas em equilíbrio pelas forças nos elementos cortados. A elegância desse método, publicado pela primeira vez em 1851 e ainda hoje amplamente usado, está em seu apelo à imaginação do engenheiro em ligar o modo como a estrutura funciona com sua forma geométrica e com a magnitude das forças.

Figura 114. Vista da treliça do segundo vão mais à margem direita. Nota-se os braços verticais também em treliça simples constituídas de duas chapas que formam um T de cada lado, com almas viradas para dentro sendo rebitadas nelas os banzos das treliças. Os arcos superiores, ou banzos superiores, em estrutura espacial, conforme detalhado no corte G-H da Figura 113. Esses banzos superiores são os que sofrem mais esforços, daí a sua quantidade maior de aço, sendo essa uma característica da treliça Pratt[77]

Fonte: fotografia do autor

[77] A treliça tipo Pratt foi uma modelo de treliça muito utilizado pela CBEC naqueles anos de 1912.

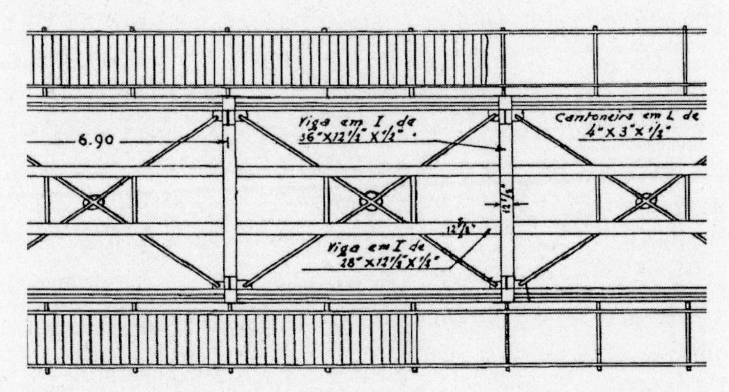

Figura 115. As maiores vigas em I da estrutura são as de 36 polegadas (88,2 cm) indicadas nesta Figura 115, são as transversais ou transversinas como os calculistas de pontes chamam

Fonte: desenho adaptado pelo autor da Figura 95

Figura 116. Detalhes das transversinas e longarinas do tabuleiro que recebia os perfis de apoios dos dormentes e nos quais se apoiavam os trilhos

Fonte: fotografia do autor

Não foram retiradas amostras nem realizados ensaios em peças metálicas quando deste estudo, ficando aqui a sugestão para novos trabalhos. Entretanto, para esse tipo de aço, conforme verificou Cardoso *et al.* (2008), em seis amostras, na Ponte da Barra, ferro-

viária, em Ouro Preto (MG), os limites de escoamento[78] da primeira amostra foram, f_y = 272 MPa e o limite de resistência[79] foi de f_u = 370 MPa, já a Amostra 2 apresentou f_y = 315 MPa e f_u = 419 MPa. Para a Amostra 3, referente ao rebite, este teve o limite de resistência determinado de forma indireta, por meio do ensaio de dureza que revelou o resultado f_u = 575 MPa. O valor médio de resistência mecânica (limite de escoamento e limite de resistência) obtido com as amostras 1 e 2 é semelhante aos valores médios encontrados em outras pontes da mesma época, 1914. Segundo Cardoso *et al.* (2008 apud Figueiredo, 2004), a Ponte do Pinhão, construída em Portugal em 1906, apresentou f_y = 284 MPa e f_u = 367 MPa.

O estudo de Cardoso *et al* (2008) é revelador porque em suas conclusões ele afirma que o aço empregado na confecção da Ponte da Barra foi caracterizado como sendo de baixíssimo teor de carbono, com estrutura heterogênea, destacando-se grande quantidade de inclusões (retenção de escória). Caracterizando, assim, uma liga chamada de "Ferro Pudlado", muito utilizada nas pontes antigas, centenárias.

Acrescenta-se que *to puddle* em inglês quer dizer agitar com barras o ferro em seu estado líquido, para reduzir o seu teor de carbono. Embora este autor tenha constatado que o aço da ponte metálica sobre o Potengi tenha sido fabricado pelo processo Bessemer e Siemens Martin, por aqueles anos, podia-se encontrar aciarias muito rudimentares por todo o Reino Unido. Sobre a qualidade do aço pudlado, é necessário se acrescentar que a Torre Eiffel foi toda construída com esse tipo de material. A mágica chama-se conservação.

[78] Fy = Limite de escoamento: momentos antes do aço escoar, isto é, começar a se movimentar com uma tração por exemplo.

[79] Fu = Limite de resistência: depois de ter escoado quando ocorre o rompimento.

9.2 O projeto das fundações, como se fazia naqueles anos

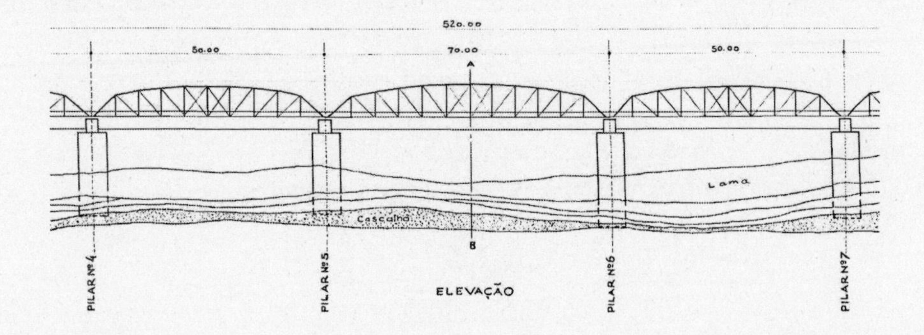

Figura 117. Projeto mostrando o assentamento das sapatas dos blocos circulares sobre o cascalho. Observa-se o maior vão entre os pilares 5 e 6. Uma batimetria de 1988 do Departamento de Estradas e Rodagens do Rio Grande do Norte (DER/RN) mostra um grande aprofundamento entre os pilares citados

Fonte: adaptação do autor em projeto original da RFFSA

A primeira indagação é sobre a sondagem que foi realizada, pois, conforme o projeto na escala de 1:100, existem linhas bem delimitadas de solos diversos. Este pesquisador encontrou alguns relatos de sondagens daquela época. Todos eles nos levam ao trado simples. O detalhe a se admirar é o de que fora realizada uma sondagem após o fundo de um rio até profundidades de 12 a 14 metros.

Outro detalhe de precisão é o local de maior profundidade indicado no projeto, que é entre os pilares 5 e 6. Isso é fato real hoje, porém é trecho bem mais profundo, conforme as batimetrias do DER/RN (1988) e Frazão (2003).

Além de o local ser um estreitamento natural, foram colocadas duas cabeceiras de ponte mais nove blocos, diminuindo em muito a seção, portanto aumentando a velocidade de escoamento do rio. Com o aumento da velocidade é possível ter havido o revolvimento de partículas do fundo, entre os pilares 5 e 6, para mais a jusante da ponte, ocasionando, assim, o aprofundamento nesses últimos 100 anos.

Observando as sondagens de 1988 da GEPE Engenharia abordadas no capítulo 20, e tomando como exemplo o pilar indicado na planta da Figura 117, conciliamos o furo (sondagem) do boletim de 4 de outubro de 1988 que mais se aproxima desse bloco. É o Furo SP 09, cujo relatório é mostrado no Capítulo 20.

Pela observação do Furo 09 do boletim citado, vemos que do fundo do rio até a profundidade de 7 m o SPT[80] é inicialmente 2 e finaliza em 4, ou seja nenhuma resposta, devendo ser só a "lama" do projeto. Em 8 m o SPT é 18. Em 10 m é 32. Em 13 m é 50 e impenetrável à percussão.

Na leitura do perfil geológico no Capítulo 20, é perfeitamente visível que o "pedregulho" indicado a partir de 12 m vai corresponder ao "cascalho" dos velhos projetos. No início do "pedregulho" da sondagem até o impenetrável à percussão foi encontrada uma camada de aproximadamente 3 metros assim descrita: areia de textura variada com pedregulho de quartzo, muito argilosa, cinza, de compacta a muito compacta.

Dessa análise pode-se concluir que a base da sapata do bloco n.º 5 está assentada na cota de cascalho-pedregulho, pelo menos.

[80] SPT - Standard Penetration Test. Ensaio geotécnico de pesquisa de solo, amplamente utilizado no Brasil, que significa o número de percussões/batidas de um martelo de 65 Kg caindo de uma altura de 75 cm nos últimos 30 cm finais de cada metro penetrado e analisado.

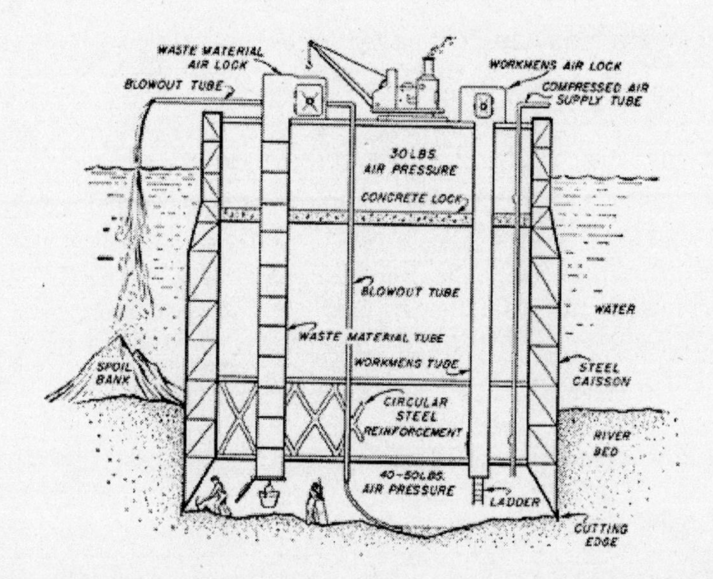

Figura 118. O caixão pneumático esquematizado: acima existem dois cilindros; um de descida de trabalhadores à direita e outro de subida de materiais à esquerda. Nota-se um tubo de aspiração do meio mais à esquerda e um tubo de suprimento de ar comprimido à direita. De cima para baixo vemos as bombas de ar e de aspiração. Logo abaixo uma placa de concreto dividindo do topo para o fundo em ¼ aproximadamente. Sendo o ar nessa área de 30 lbs/polegadas^2. Abaixo da placa circular de concreto, próximo a zona de trabalho no fundo, vemos um aço circular para reforço no sentido de evitar o fechamento da campânula de aço. As paredes da campânula são reforçadas com treliças para a rigidez necessária. No local de trabalho vemos claramente a pressão de trabalho em 40-50 lbs/polegadas^2. Ainda pode-se observar a ponta das paredes em forma de seta para cortar o material do fundo do rio

Fonte: http://www.blairhistory.com/landmarks/blair_bridge/morison_construction.htm. Acesso em: 30 jan. 2013

Segundo Gaudard (1891) em artigo publicado na *Revista de Engenharia*[81], o processo de empregar o ar comprimido para facilitar a execução de trabalhos debaixo d'água é uma mera modificação do sino hidráulico, mas sua aplicação a um cilindro que se força a enterrar-se por meio de escavação foi feita pela primeira vez em 1839 em Chalons, França, para se trabalhar em um veio de carvão de pedra, quando as infiltrações do rio Loire tinham tornado isso inacessível. Depois de ter começado o poço enterrando um revestimento cilíndrico de folha de ferro de 1 m de diâmetro, ocorreu ao

[81] *Revista de Engenharia*. Ano III. Número 11. Club de Engenharia.

engenheiro francês Jules Triger (1801-1867) cobrir o topo do cilindro, introduzir à força o ar, expelir por meio dele a água para fora e admitir dentro dele os trabalhadores.

Em cima era formado uma câmara de ar com portas duplas, servindo como comporta para a passagem de homens e materiais para dentro e para fora do cilindro sem deixar escapar ar comprimido, e um tubo que corria de alto a baixo do cilindro conduzia para fora a água que minava no fundo. Em 1845, o engenheiro Triger enterrou do mesmo modo outro cilindro de 1,80 m de diâmetro e lembrou o emprego desse processo para fundações de pontes.

Figura 119. Dentro do caixão IV da Sioux City Bridge sobre o rio Mississipi em Iowa, EUA (1888). Embora a foto tenha sido tirada 24 anos antes do início da ponte do Potengi, serve para exemplificar que não era muito diferente apesar de a pressão do caixão da foto ser de apenas 25 libras/pe².

Fonte: http://www.blairhistory.com/landmarks/blair_bridge/morison_construction.htm. Acesso em: 30 jan. 2013

As primeiras fundações dessa espécie em pontes foram executadas em 1851 e 1852 na ponte de Rochester sobre o rio Medway, próximo a Londres, na Inglaterra, a qual tem pegões (caixões) de alvenaria, suportado cada um por 14 cilindros de 2 m de diâmetros

cheios de concreto. Essa técnica de caixões em alvenaria foi abandonada posteriormente para se usar somente o aço como caixões ou como cilindros. Foi a partir desses anos que se começou a enterrar cilindros de aço com o auxílio de ar comprimido. Também é relatado por Gaudard (1891) que Sir Brunel[82] (1806-1859), o famoso engenheiro mecânico e civil inglês, usou ar comprimido para parar a água que entrava no túnel sob o rio Tâmisa em Londres. Os diversos detalhes do processo de ar comprimido se encontram em relatórios de obras subaquáticas dessa época. Teoricamente, quando a borda inferior do cilindro alcança a profundidade H em pé (unidade) abaixo da superfície d'água, a pressão necessária para expelir a água das escavações é de:

$$\frac{3{,}14\ \text{atm}}{H}$$

Entretanto, frequentemente o terreno que medeia entre o leito do rio e a escavação permite executar-se o trabalho com menor pressão, como Sir Brunel praticou nas fundações da ponte em Saltash, a famosa Royal Albert Bridge.

Gaudard (1891) explica que pressões de 2 ou até mesmo 3 atmosferas não são nocivas aos homens sadios e sóbrios e convêm melhor aos de temperamento tranquilos do que os coléricos, pois se provou que essas pressões são nocivas aos coléricos e aos que sofrem de cardiopatias. É conveniente evitar trabalhar muito tempo no calor, e cada trabalhador não deve trabalhar mais do que quatro horas por dia, nem mais de seis semanas consecutivamente. Os cilindros sujeitos à pressão são munidos de manômetros e alarmes para eventuais quedas de pressões. As espessuras usuais de cilindros para esses trabalhos variam entre 1/8 de polegadas (29 milímetros), 1 1/12 de polegadas (38 milímetros) e de 1 7/8 polegadas (48 milímetros). Os cilindros são enterrados em média até 15 metros, atravessando lama, areia, cascalho e argila até chegar ao calcário ou outro solo resistente.

[82] Isambard Kingdom Brunel, engenheiro inglês filho do engenheiro francês e empreiteiro de obras em Londres entre 1820 e 1840, Marc Brunel. Isambard, não foi aceito em nenhuma universidade inglesa de sua época, mas se formou na França e voltou para trabalhar com o pai e se transformou, por seu espantoso talento, em um dos engenheiros mais venerados do Reino Unido até hoje.

Após atingir esse solo adequado, com a pressão mantida, é iniciado a concretagem lenta de todo o cilindro. A começar pelo fundo, com concreto e armaduras, e subindo com formas internas a se proporcionar uma parede de 40 cm (no caso de Natal), servindo como parede externa de fôrma o cilindro metálico. Na medida em que se concretava, enchia-se o cilindro até a altura dessas fôrmas a fim de concretar e encher gradualmente até a altura do bloco retangular maciço de 7,30 x 2,40 m, quando então se subia dessa forma até a altura de apoio das treliças.

COMPOSIÇÃO DO PREÇO

DETALHES	QUANTIDADES	PREÇOS DAS UNIDADES	PREÇOS	
			PARCIAES	TOTAES
	d			
Salario de 1 feitor..................	0,020	2$000	$056	
Salarios de serventes de descarga..................	0,160	2$000	$320	
Salario do patrão da lancha ...	0,020	4$000	$080	
Salario do machinista	0,020	3$000	$060	
Salario do foguista..................	0,020	2$000	$040	
Salario do marinheiro..............	0,020	2$000	$040	
Carvão de pedra..................	8k	$022	$176	
Aluguel da lancha a vapor.....	0,020	6$000	$120	
Somma..................	....	....	....	$892
10 % para eventuaes....	....	....	....	$089
Custo total Rs.	....	....	....	$981

Figura 120. A composição de preços foi tirada de uma tabela geral organizada pelo engenheiro Del-Vecchio e publicada pela *Revista do Club de Engenharia* em 1891. Ela nos dá uma ideia aproximada dos custos de movimentação em torno dos cilindros de execução dos tubulões pneumáticos. Pela composição é possível avaliar o quanto eram difíceis aqueles anos em termos trabalhistas; existia o patrão da lancha, hoje chamado de mestre amador, o maquinista, e foguista para manter a caldeira acesa além de um marinheiro e oito serventes para descarga de cada viagem da lancha. Como materiais, o carvão de pedra ou a lenha era o combustível básico

Fonte: Revista do Clube de Engenharia em 1891

A ponte sobre o Potengi é constituída, conforme mostram os projetos, de nove blocos de fundações executados pelo processo de tubulão a ar comprimido, e dois encontros, cabeceiras, em tubulões com diâmetros maiores.

Em Natal, o conjunto que consistia e dava apoio a um cilindro de aço afundado era uma caldeira a vapor, alimentada por carvão/lenha, que mantinha um gerador elétrico e este girava um compressor para manter a pressão no cilindro de aço mergulhado e descendo até as profundidades adequadas. Era aí que entrava toda a tecnologia da CBEC, mas todas as chatas/batelões, betoneiras, operários e barcos de apoio eram da CVC.

Os nove blocos, com lados abaulados, na superfície com as dimensões de 7,30 x 2,40 metros do topo até 3 a 4,50 metros, quando se transformam em um cilindro de 6,00 metros de diâmetro com profundidades variáveis de 10 a 14 metros.

Em se considerando os blocos ocos, preenchidos com areia, teríamos um volume de concreto desse bloco de aproximadamente de 180 m^3 de concreto armado. Foi desse concreto já no topo que retiramos três testemunhos para rompimento em prensa da UFRN.

O volume total de concreto aproximado para os nove blocos é de 1.700 m^3 de concreto em se considerando ocos com 40 cm de espessura. Sem considerar as cabeceiras que também foram feitas de concreto a ar comprimido em Natal.

Considerações devem ser feitas de que em alguns livros de tecnologia de fundações da época consta que esses blocos possuem cilindros de concreto vazados, com paredes em concreto armado, que eram preenchidos com areia para dar mais estabilidade. Essa hipótese é bastante razoável frente ao custo em Natal.

Burnside (1916) em seu livro *Bridge Foundations*, diz que, na hora de colocar o caixão (leia-se tubulão) para baixo, a maneira de escavação na câmara de trabalho depende da natureza do material. A condição ideal é aquela em que o peso é suficiente para fazer com que o caixão – leia-se cilindro metálico em Natal – afunde, se movendo para baixo gradualmente, sem qualquer redução da pressão do ar. Isso só é possível em solos moles, em que a aresta de corte nunca seria descoberta. No caso do tipo do Potengi (solos moles, e havia muito no fundo do Potengi), a parte inferior deve ser tomada em camadas finas e a escavação ser sempre mais profunda na parte central, fazendo com que o caixão empurre o solo à medida que desce, empurrando-o para o interior. Problemas podem acontecer com sopros ou golpes no interior quando a pressão fica baixa.

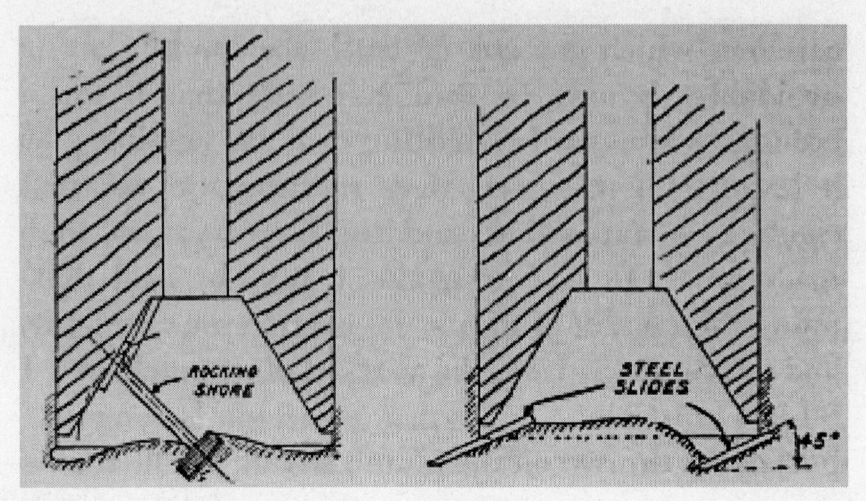

Figura 121. Métodos de ajustamento de caixões. São usados para serem colocados em suas posições exatas

Fonte: Burnside (1916)

Segundo Burnside[83] (1916), quando a interrupção do afundamento do caixão é compreendida como um perigo ou quando a parada será séria, a compressão interna do caixão deve ser o dobro para que, em caso de uma quebra de um conjunto de bomba, a outra possa segurar a pressão convenientemente. Se o conjunto é movido a vapor, a fraqueza do boiler é o suprimento de alimentação. Quando injetores ou bombas são usados, deve haver dois para cada boiler em prontidão. O tamanho do conjunto de ar vai depender dos limites do compressor e da velocidade do ar ser maior ou menor em relação ao diâmetro da bomba. Se a distância do compressor para o caixão é grande, o diâmetro deve ser alguns milímetros maior. O ar quando produzido é esquentado por compressão e fricção na bomba e deve ser resfriado antes de ser introduzido no caixão. O tubo flexível é em cobre espiralado e deve ser cuidadosamente manuseado. A quebra desse tubo e a falha de alimentação do boiler, talvez, sejam as duas causas de acidentes de paradas – interrupção no fornecimento de ar comprimido. O que pode ter ocorrido em Natal.

Os capítulos de Burnside (1912) são extremamente detalhados, explicativos e técnicos. O interessante de W. M. Burnside é que ele

[83] Este autor procurou pesquisar em livros publicados em datas mais próximas possíveis de 1912. O livro do W. M. Burnside é um deles.

era radicado em Glasgow, região muito próxima ao norte de Darlington, sede da CBEC. No Capítulo XIV do livro, sobre os efeitos do ar comprimido nos trabalhadores, ele relata a rejeição de 4% dos homens apresentados para trabalhar na King Edward Bridge, construída pela Cleveland Bridge, e está de acordo com os próprios relatos no livro da Cleveland, mas na mesma sequência relata rejeições de 10% a 13% em outros trabalhos de outras empresas. O prefácio de seu livro sobre fundações de ponte é datado de outubro de 1915, próximo ao término das obras em Natal.

9.3 Modelagem das treliças e das fundações em cilindros pneumáticos

Figura 122. Maquete/modelo do tubulão, construído por este autor, mostrando tubulão e as diversas camadas de lama e argila atravessadas pós-fundo do rio quando se inicia a cor marrom após o verde da água. Verificar a ponta do tubulão apoiada em cascalho de pedras e conchas exemplificadas.(observar bem a base do modelo com pintura de pedras na sua base) Maquete do vão em treliça projetados por Álvaro Negreiros e montado por este autor. Pode parecer estranho mas o encontro da seção superior, o double D, com o tubulão é assim mesmo. O retângulo tem 7,30 m de comprimento, portanto maior do que o diâmetro do tubulão de 6,00 metros

Fonte: fotografia do autor da maquete

Figura 123. Maquete/modelo do autor mostrando detalhe diagonal da estrutura metálica em escala
Fonte: fotografia do autor da maquete

Não sei se de forma proposital, para esconder a tecnologia da época, mas os livros dos senhores ingleses não são claros quanto ao processo dos *pneumatics wells*. Fui encontrar clareza e simplicidade de descrição do processo falado anteriormente no livro eletrônico do engenheiro civil indiano S. Ponnuswamy, acessado em 2007.

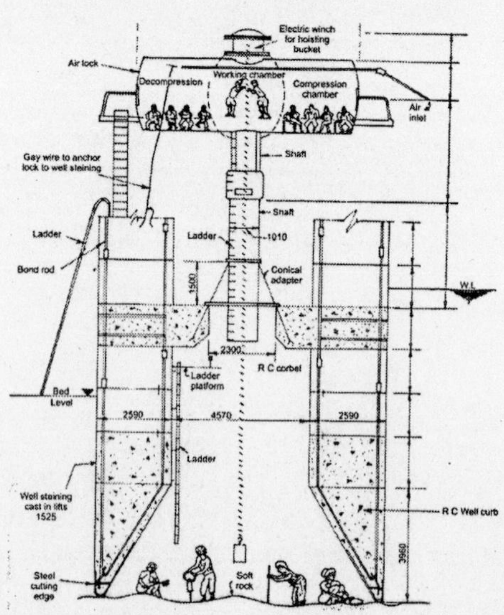

Figura 124. O processo de tubulões a ar comprimido ou dos poços pneumáticos é descrito nessa figura. O certo é que cada construtora tinha o seu processo e este não era explicado em detalhes
Fonte: livro eletrônico de S. Ponnuswamy (2007)

9.4 O projeto das treliças Pratt e os métodos de montagem

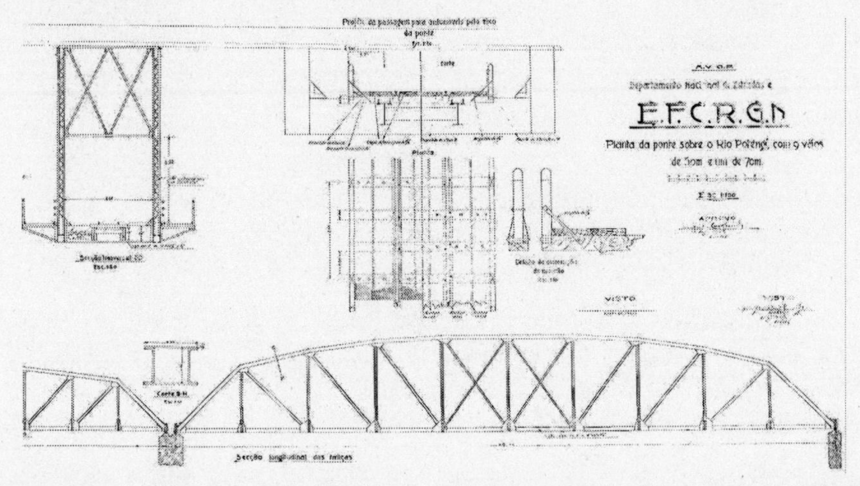

Figura 125. A treliça "Pratt" e seus detalhes já eram muito comuns na época do Potengi em 1912

Fonte: recorte do projeto da Figura 95

A observação que se faz é a grande quantidade de detalhes e de peças a serem montadas. Há de se imaginar o grau de detalhamento desses projetos quando vinha da sede da Cleveland. Existem raras peças aparafusadas em Natal e não há provas de que elas são de 1914 ou se foram de 1943, quando houve uma grande reforma na estrutura metálica, antes de serem feitas as adaptações para transformá-la em rodoviária também.

Todas as peças eram unidas por rebites. Como os furos nas peças tinham que coincidir perfeitamente, há de se imaginar que muitos desses tinham de ser executados no local da obra.

As treliças eram transportadas e montadas ainda inacabadas nos pilares usando-se o desnível da maré e o afundamento parcial das chatas/batelões. Conforme a Capitania dos Portos[84], a maré alta e baixa, naquele braço de rio, provoca um desnível de 2,30 metros nas maiores do ano.

[84] A capitania dos Portos de cada região do país emite boletins técnicos informando as tábuas de marés com suas altas, baixas e horários.

Com essa ajuda da natureza, a treliça, depois de aprontada o suficiente, era levada em marés mais altas, montada em uma chata, conhecida como batelão, com escoras, de forma a possibilitar seu engate nos pilares. Com o auxílio das velhas cunhas de madeiras, aços e de válvulas que eram abertas e enchiam os tanques das chatas de água, os ajustes eram realizados.

As treliças mais trabalhosas de montagem foram exatamente as primeiras que partiam da margem esquerda, de Igapó, que antes se chamava Aldeia Velha. Reza a lenda no bairro de Igapó de Natal que o indígena Poty tinha uma tapera bem próxima à estação.

No entanto, na margem esquerda e local da cabeceira da ponte metálica, tudo era só lama e era quase impraticável a navegação das chatas. Inclusive há relatos de acidentes com o primeiro vão não foram comprovados por lá.

9.5 Como eram especificados os rebites

Na Cláusula III – Obras de Artes do Decreto 9.172 –, no Artigo 45 do contrato da Companhia de Viação e Construções e o Governo Brasileiro, lê-se:

> *– Montagem das Superstructuras e columnas metálicas das pontes.*
>
> *Cravação – Será feita com estampa e martello de cravar; estes serão de 4 a 9 kilogrammas, sendo o primeiro empregado no princípio da operação e o segundo para terminá-la.*
>
> *Antes de cravar qualquer rebite, as chapas ou barras de ferro serão batidas umas contra as outras com martellos de 4 kilos.*

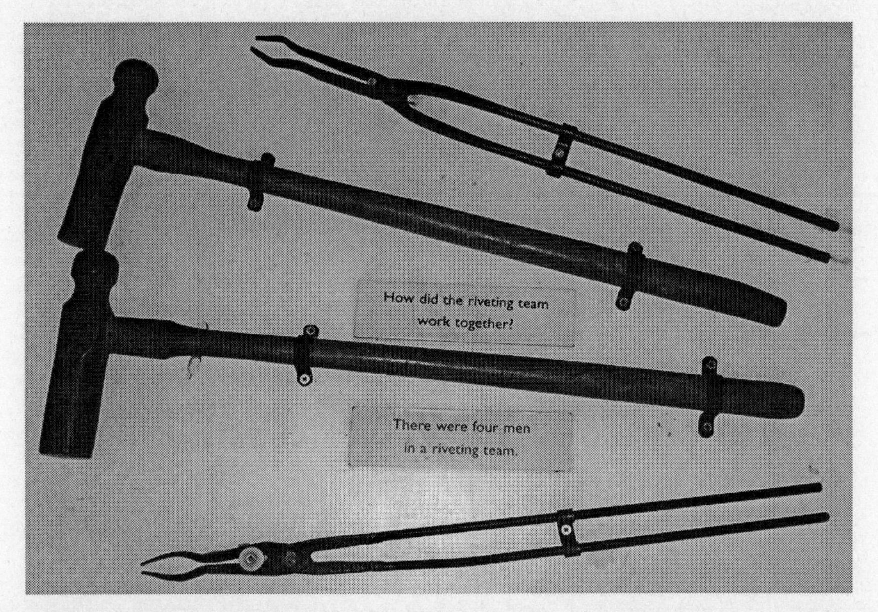

Figura 126. Tenaz e martelos de bater rebites. Existiam, basicamente, quatro homens no time de bater rebites

Fonte: fotografia do autor no Museu da Ciência em Londres, em 2011

Continuação Art. 45:

– Montagem das Superstructuras e columnas metálicas das pontes.

Os rebites serão colocados quentes; na ocasião de sua colocação a sua temperatura deverá ser vermelho branca.

Finda a colocação devem apresentar a cor vermelho escuro.

a) As cabeças devem ser hemisphericas e concentricas com o eixo.

b) Chocados devem produzir um som cheio e igual para todos.

c) As cabeças não devem apresentar fendas nem falhas.

Figura 127. Rebite de aço sendo colocado na forma incandescente vermelho claro (vermelho branco) para depois ficar vermelho escuro e voltar a cor natural do aço quando esfria e nesse momento encurta apertando as chapas. Observe o alicate conhecido como tenaz e o trabalhador com luvas de couro

Fonte: https://www.goebelfasteners.com/history-of-rivets-20-facts-you-might-not-know/. Acesso em: 23 ago. 2021

9.6 Modelo em escala da treliça

Figura 128. Modelo em escala 1:100 executado pelo autor e projetado pelo então estudante e hoje engenheiro da computação Álvaro Negreiros em 2013

Fonte: fotografia do autor da maquete

Para quem quiser construir um modelo em escala, segue o e-mail para solicitações do link do projeto para ser executado em chapa de MDF de 4,00mm: manoelnegreirosneto@hotmail.com

9.7 O cimento trazido da Inglaterra em barricas de 170 kg

Conforme mostra a Figura 129, em um dia de agosto de 1914, chegava a Natal, já utilizando a ponte de atracação ou o cais de Natal, o *Clackmannanshire*, um vapor cargueiro de origem escocesa com um carregamento de barricas de cimento, conforme relatou do engenheiro Eduardo Parisot em seu álbum de fotografias.

Figura 129. O descarregamento de barricas de cimento em Natal, semelhantes aos da construção da ponte, pode-se observar que as barricas são mais alongadas do que os barris comuns

Fonte: fotografia do engenheiro Eduardo Parisot e ampliada por este autor – acervo do WNR

9.8 O cimento guardado no IHGRN

Figura 130. O cimento hidratado em exposição no IHGRN

Fonte: fotografia de 2010 do acervo do autor

O IHGRN foi um balizador fundamental para esta pesquisa em todos os seus aspectos, no tocante aos jornais *A República*, de 1912 a 1916, e a um resto de cimento petrificado que lá existe. Alguém daquela época guardou um resto de cimento em um saco de aniagem, o que provocou a sua hidratação rapidamente. Este pesquisador não acreditou que pudesse ser verdade e tratou de fazer ensaios de FRX e DRX mostrados adiante nos capítulos 20 e 21.

Naqueles tempos, a unidade comercial de medida de cimento era o barril. O barril de cimento Portland continha 380 lbs, o que equivale a 172,36 kg. O barril vazio pesa 20 lbs, que é igual a 9,07 kg.

Segundo Dorfman (2003), a época da fabricação desse cimento (1912-1915) foi de transição entre os fornos verticais e os rotativos. Na Europa os verticais foram mantidos em grande parte devido a vários aprimoramentos que sofreram e que aumentaram significativamente o seu desempenho. Nesse tempo, a qualidade do cimento atingida já era boa. A introdução dos fornos rotativos de T. R. Crampton, patenteados em 1877, só elevaram a produção e a qualidade.

É necessário explicar por que o cimento foi mesmo trazido da Inglaterra. Naqueles anos, não existia nenhuma fábrica de cimento confiável no Brasil. Em ensaios posteriores de DRX, comentados à frente, mostramos que pela composição química o cimento tem fortes características de produto inglês.

9.9 A concepção do projeto dos vãos (treliças)

A concepção em arco treliça metálica apoiada isostaticamente, com um apoio fixo em uma extremidade e apoio móvel em outra, era o que existia de mais comum, econômico e confiável para aqueles anos. A praticidade da fabricação e pré-fabricação na sede da empresa trazia qualidade e segurança para os vãos. O problema ficava para as fundações.

9.10 Os apelos do então deputado federal Eloy de Souza para os passadiços anos depois

Anos depois de construída a ponte, o deputado Eloy de Souza publicou um artigo no *A República*, em 17 de junho de 1943, falando da interferência dele para que tivesse passadiços para pedestres. Só então percebemos que os passadiços para pedestres foram uma intervenção direta do parlamentar.

Realmente teria sido um grande erro se tais mudanças não tivessem sido executadas. Realmente elas aparecem no orçamento como um adendo.

Vejamos o artigo do então deputado federal:

A Ponte de Igapó

Quando pleiteei junto ao ministro Francisco Sá a construção da ponte do Igapó, a firma que tinha o contrato da construção e arrendamento da Central do Rio Grande do Norte, criou todas as dificuldades a qualquer acréscimo lateral que viesse beneficiar o transito publico[85].

A princípio pretendi obter uma só passagem mas que fosse bastante larga afim de que servisse também á locomoção de animais escoteiros ou não. Esse meu ponto de vista não poude ser vitorioso por alegações de motivos técnicos a que não estava eu habilitado a combater vantajosamente. Nesse tempo que já vai bastante longe, não era possível pensar em transporte mecanizado.

Tal previsão teria naturalmente determinado um interesse maior e certamente vitorioso em face de sua excepcional importância econômica, muito embora por isso mesmo a oposição daqueles interessados tivesse sido muito maior.

Venceu assim o acréscimo das duas passagens laterais, em verdade comodamente adequada ao transito pedestre. As necessidades do comercio e da lavoura, porém, pouco a pouco impuseram sua utilização também por animais de carga.

O uso prolongado desse trafego criou na constância dos anos pela natureza dos detritos ali acumulados, fatores nocivos, simultameamente ao lastro de madeira[86] *e as vigas de ferro que fixavam.*

Não foi assim surpresa que uma deterioração crescente começasse a causar danos aos animais, muitos dos quais ali sofreram acidentes graves e até morreram. Começaram então as reclamações cada vez mais insistentes e o clamor não só para que fossem feitas reparações nas passagens carcomidas, como também surgiu a campanha pelo lastreamento do leito da ponte, para que sobre ele pudessem passar carros e caminhões. Não foram poucas as vezes que escrevi defendendo esse ponto de vista ao qual a Inspetoria de Estradas se opoz durante muito tempo, fundada em razões que não deixavam de ter alguma procedência.

[85] É de se imaginar que o empreiteiro da EFCRGN queria vender passagens de trens da estação que ficava na Ribeira para a estação de Igapó, mas realmente o então deputado federal Eloy de Souza fez um pleito, prontamente atendido, desde que fosse pago o aumento da obra, e assim o foi.

[86] Nesse caso lastro de madeira dos próprios passadiços.

A guerra atual que criou o problema do abastecimento da capital trouxe novamente á baila aquele lastreamento como um meio de facilitar o transporte dos produtos da lavoura a ser incrementada nas terras férteis dos vales do Potengi e do Ceará-Mirim.

O fato novo tornou o governo interessado na solução do melhoramento, julgado inadiável na reunião promovida pelo Departamento Nacional de Obras de Saneamento, o que deu causa a que o projeto fosse feito com a devida urgência e com a mesma urgência posto á disposição do capitão Zamith, diretor da Estrada, o credito respectivo.

Para que a obra pudesse ter andamento mais rápido o capitão Zamith confiou a execução do serviço ao dr. Mario Bandeira, pelo regime de administração contratada e mediante porcentagem bastante vantajosa. Esse profissional, cuja capacidade já está sobejamente comprovada na construção de obras de grande importância e responsabilidade, tem empregado o melhor do seu esforço no desempenho de sua tarefa, tanto quanto possível procurando concluí-la dentro do menor prazo possível. Sem embargo de sua boa vontade e operosidade, o seu desejo que é tambem o da população, não poude ser, até aqui, realizado. Diante de reclamações ouvidas de membros respeitáveis das classes produtoras procurei entender-me a respeito com o capitão Zamith o qual para melhor esclarecimento, levou-me a uma visita de inspeção aos trabalhos que estão em execução naquela ponte.Pude certificar-me então que a morosidade que tanto está impacientando a cidade e os municípios co-vizinhos, é tão somente devida ás péssimas condições das chapas, vigas e longarinas, corroídas pela ferrugem e que em grande parte já foram substituídas, restando ainda muita cousa a fazer neste particular. Acresce que o lastro das passagens laterais e o material metálico que lhe serve de suporte e fixação estava na sua quase totalidade inteiramente imprestável.

Muito embora tal superveniência determinante da demora no termino das obras muita cousa já está feita e tudo faz crer que os desejos da coletividade não estarão longe de ser satisfeitos.

De qualquer modo era prudente seguir o caminho mais seguro, que era e é o de andar devagar para que a pressa inconsiderada não venha a determinar dentro de pouco

tempo, fazer de novo, vencendo iguais dificuldades, o que devia ter sido feito em caráter definitivo e não transitório.

Tudo o que vi me contentou e é um atestado a mais do zelo com que habitualmente o capitão Zamith está administrando a Central do Rio Grande do Norte.

Natal, 17.06.1943

O artigo também é esclarecedor quanto aos projetos e trabalhos para a transformação em ponte rodoferroviária, com seus preparativos em 1943.

9.11 Por que não foi uma ponte rodoferroviária

Naqueles anos de 1912, corria a era do trem. O trem era o transporte surgindo aqui, e só nele se investia. Nesses anos os automóveis eram muito poucos pelo Nordeste brasileiro.

Era com esse momento que se deparava o projetista e os investidores. Ao verificarmos pontes construídas pelo mundo nesses anos, todas eram unicamente ferroviárias. A partir de 1920 os projetos já eram rodoferroviários ou somente rodoviários.

Figura 131. Ponte giratória no rio Yalu, na China. Figura meramente ilustrativa de como seria uma ponte girante no Potengi da forma como foi projetada por GCI

Fonte: http://hontonorekishi.blog.fc2.com/blog-entry-10.html?sp. Acesso em: 30 maio 2020.

Essa ponte girante não foi conservada e hoje se encontra abandonada. Lá como cá não se cultua a preservação de um patrimônio fantástico e caro que é uma ponte.

Na descrição do próprio GCI sobre o projeto do Potengi temos: "*Pont rail sur la rivière Potengy près de Natal (Brésil): 8 travées fixes de 60 m et 1 travée tournante de 60 m. G.C.I.*".

Descrição: Ponte ferroviária sobre o rio Potengi próximo a Natal (Brasil): 8 vãos fixos de 60 metros e um vão giratório de 60 metros. Total 540,00 m. Esse foi o projeto inicial de GCI. Tentaram suprir 40 m com os 500 m iniciais que terminaram em 520 m e pagaram o preço de um aterro monstruoso na margem direita do rio. Sábio projeto o do Monsieur Georges-Camille Imbault. Repito essa afirmação por ela ser balizadora de um projeto acertado.

CAPÍTULO 10

A CONSTRUÇÃO

10.1 A chegada do vapor Artist com os engenheiros e o maquinário

10.1.1 O documento histórico endereçado ao então ministro de Obras e Viação Francisco Sá

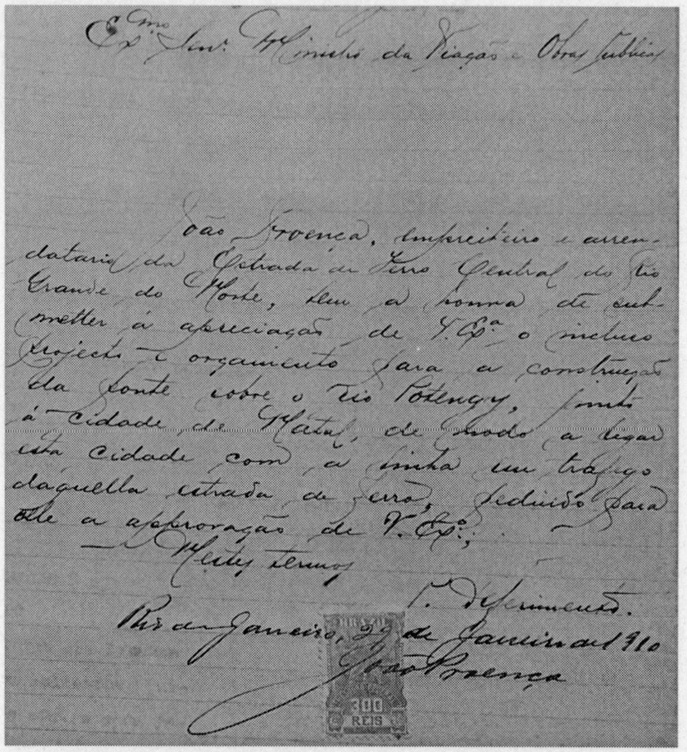

Exmo. Snr. Ministro da Viação e Obras Publicas

João Proença, empreiteiro e arrendatario da Estrada de Ferro Central do Rio Grande do Norte, tem a honra de submetter á apreciação de V. Exa. o incluso projecto e orçamento para a construcção da ponte sobre o rio Potengy, junto á cidade de Natal, de modo a ligar esta cidade com a linha em trafego daquella estrada de ferro, pedindo para elle a approvação de V. Exa.

Nestes termos

P. deferimento.

Rio de Janeiro, 29 de Janeiro de 1910

João Proença

Figura 132. A petição surgiu pelas mãos do engenheiro João Júlio de Proença solicitando a apreciação de um orçamento para a construção sobre o rio Potengi em 29 de janeiro de 1910. Este é um documento histórico número um da ponte metálica de Igapó

Fonte: fotografia do autor na pasta pertinente ao RN no Arquivo Nacional em 2013

A petição de próprio punho de JJP, conforme a Figura 132, acompanhava o orçamento e ainda não continha os passadiços. A resposta do ministro veio em novembro do mesmo ano:

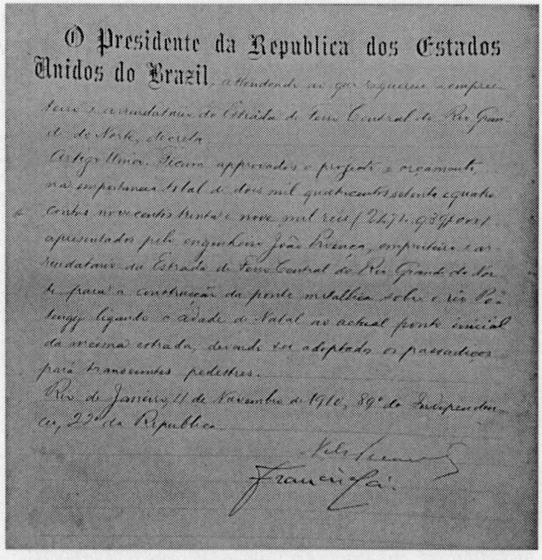

O Presidente da Republica dos Estados Unidos do Brazil attendendo ao que requereu o empreiteiro e arrendatario da Estrada de Ferro Central do Rio Grande do Norte, decreta:

Artigo Unico. Ficam approvados o projecto e orçamento na importancia total de dois mil quatrocentos setenta e quatro contos novecentos trinta e nove mil reis (2.474:939$000) apresentado pelo engenheiro João Proença, empreiteiro e arrendatario da Estrada de Ferro Central do Rio Grande do Norte para a construcção da ponte metallica sobre o rio Potengy ligando a cidade de Natal ao actual ponto inicial da mesma estrada, devendo ser adoptados os passadiços para transeuntes pedestres.

Rio de Janeiro, 11 de Novembro de 1910, 89º da Independencia, 22º da Republica.

Nilo Peçanha

Francisco Sá

Figura 133. A aprovação do governo federal pelas mãos do ministro Francisco Sá em 11 de novembro de 1910

Fonte: fotografia do autor na pasta pertinente ao RN do Arquivo Nacional em 2013

Em 26 de fevereiro de 1912, ainda no governo de Alberto Maranhão, chega a Natal o pequeno navio a vapor chamado *Artist*. O jornal *A República* assim fez a matéria no dia seguinte:

> *Pelo Artist chegou hontem toda a ferragem destinada a grande ponte sobre o Potengy.*
>
> *Nesta cidade já se encontram os Drs. Stephen e Beit, engenheiros chefe e ajudante da The Cleveland Bridge & Engineering C° Ltd a quem está entregue a construcção da ponte.*
>
> *As primeiras instalações já foram iniciadas na margem esquerda do Potengy. Além da casa de residência para o engenheiro chefe e ajudante, serão construídas casas para acomodarem 200 operários, consultório medico, pharmacia, etc.*
>
> *A ponte vai ser construída do conhecido Porto do Padre. Depois de atravessar o rio, a linha tomará a direção da Rua Silva Jardim onde já se acham construídos vários edifícios e em construcção a Estação Central.*

> *Ao encerrarmos esta ligeira notícia, desejamos o melhor êxito possível na construcção de tão importante obra, afim de que em pouco tempo seja uma realidade a travessia do Potengy.*

O paquete *Artist* fez várias viagens interatlânticas e pela costa do Brasil. Pelo Diário Oficial da União é possível notar algumas referências ao *Artist*. O vapor *Artist* tinha comumente como porto de partida, na Inglaterra desses anos, o porto de Liverpool, na costa oeste, bem a norte. Esse porto é próximo a Darlington (155 km), ficando a sudoeste, e, em se considerando as eficientes linhas férreas do Reino Unido, certamente foi o trajeto dos materiais e maquinários que chegaram a Natal naqueles anos.

Só não chegou todo o "maquinário", como o jornal falou. Chegaram algumas peças pertencentes à CBEC, pois muitos equipamentos foram fornecidos pela contratante, com o governo federal, a CVC.

O local da casa do engenheiro chefe inglês até poucos anos ficou conhecido como o "alto do inglês" no bairro de Igapó, margem esquerda do Potengi, em uma região próxima de onde hoje é um posto de combustível em Igapó sentido zona sul. E realmente a construção se deu da margem esquerda para a direita do rio.

Este é um capítulo sobre a construção, e, para falar em construção, temos que falar em dinheiro. Segundo Melo (2007), naqueles anos a moeda era o xenxém de 10 réis, os dobrões de cobre de 20 e 40 réis, as notas de 1$000 e 2$000, 1 e 2 réis respectivamente, visto que a unidade era a pataca, o equivalente a dezesseis vinténs.

As moedas naqueles tempos tinham denominações especiais e eram assim organizadas:

Vintém: 20 réis
Tostão: 80 réis (período colonial e imperial)
Pataca: 320 réis
Cruzado: 400 / 480 réis
Patacão: 960 réis
Dobra: 12.800 réis (12$800)
Dobrão: 20.000 réis (20$000)

O interessante foi essa decisão de se iniciar a construção dos pilares-blocos da margem esquerda para a direita, pois era mais lógico, em primeira análise, que o melhor apoio ficava do lado da cidade de Natal. No entanto, em uma análise mais profunda, naqueles anos, naquela margem direita não existia nada exceto o mangue, e ficava a 8 km da Ribeira, 5 milhas, como os ingleses falavam, do coração da cidade. Então, por aquelas bandas não havia nada na margem direita e próximo à margem esquerda já havia a primeira estação de trem depois de vencido o conhecido Aterro do Salgado — linha férrea construída em cima de um aterro, segundo Rodrigues (2003), ela se chamava estação de Natal. Assim, em uma compreensão melhor de 1912, a decisão foi perfeitamente lógica para aqueles anos. A movimentação por trem da margem até a cabeceira da esquerda já estava pronta.

É interessante observar que, depois, a Estação Natal, como consta até nas fotografias, na beira do rio, margem esquerda do Potengi, foi chamada popularmente de Estação da Pedra Preta ou da Coroa e ainda do Padre. Incrível essa quantidade de nomes.

Algumas reflexões podem ser feitas sobre o porquê de essa construção da ponte não ter sido mais bem acompanhada e fotografada pelo natalense. Aquele local era distante e quase inacessível, só se ia lá quem tinha negócios ou quem possuía um barco a vela ou a motor para passear. Até o Dr. Manoel Dantas, o grande repórter, advogado e político daquela época não deixou fotos da sua câmera *Jules Richard* acessíveis hoje. É muito provável que deixou, mas certamente se perderam ou não tive acesso às exclusivas da ponte. Sonho que algum dia alguém as encontre em um baú velho.

Segundo Rodrigues (2003), a EFCRN começou a ser construída em 1904. O primeiro trecho a ser concluído foi o de Natal a Ceará-Mirim, finalizado antes da ponte. Funcionava assim: os trens paravam em uma estação que ficava do outro lado do rio Potengi (margem esquerda), em frente a Natal — a Estação Natal —, em seguida atravessavam-se passageiros e cargas por meio de barcos até a rua Tavares de Lira.

Figuras 134 e 135. O cais da rua Tavares de Lira e bem à frente a Estação Natal ou da Pedra Preta. Na Figura 135, vê-se as barcaças no mesmo local

Fonte da figura 134: Fatos e Fotos de Natal antiga em: https://fatosefotosdenatalantiga.com/as-estacoes-de-trem-de-natal-antes-da-ponte-de-ferro/

Fonte da figura 135: IBGE. Fotografia de Jaeci Emerenciano Galvão

O desenho da Figura 136 é elucidativo no sentido de por que a construção não foi acompanhada e registrada por fotógrafos da cidade. Ou se foi, esses registros estão longe dos pesquisadores.

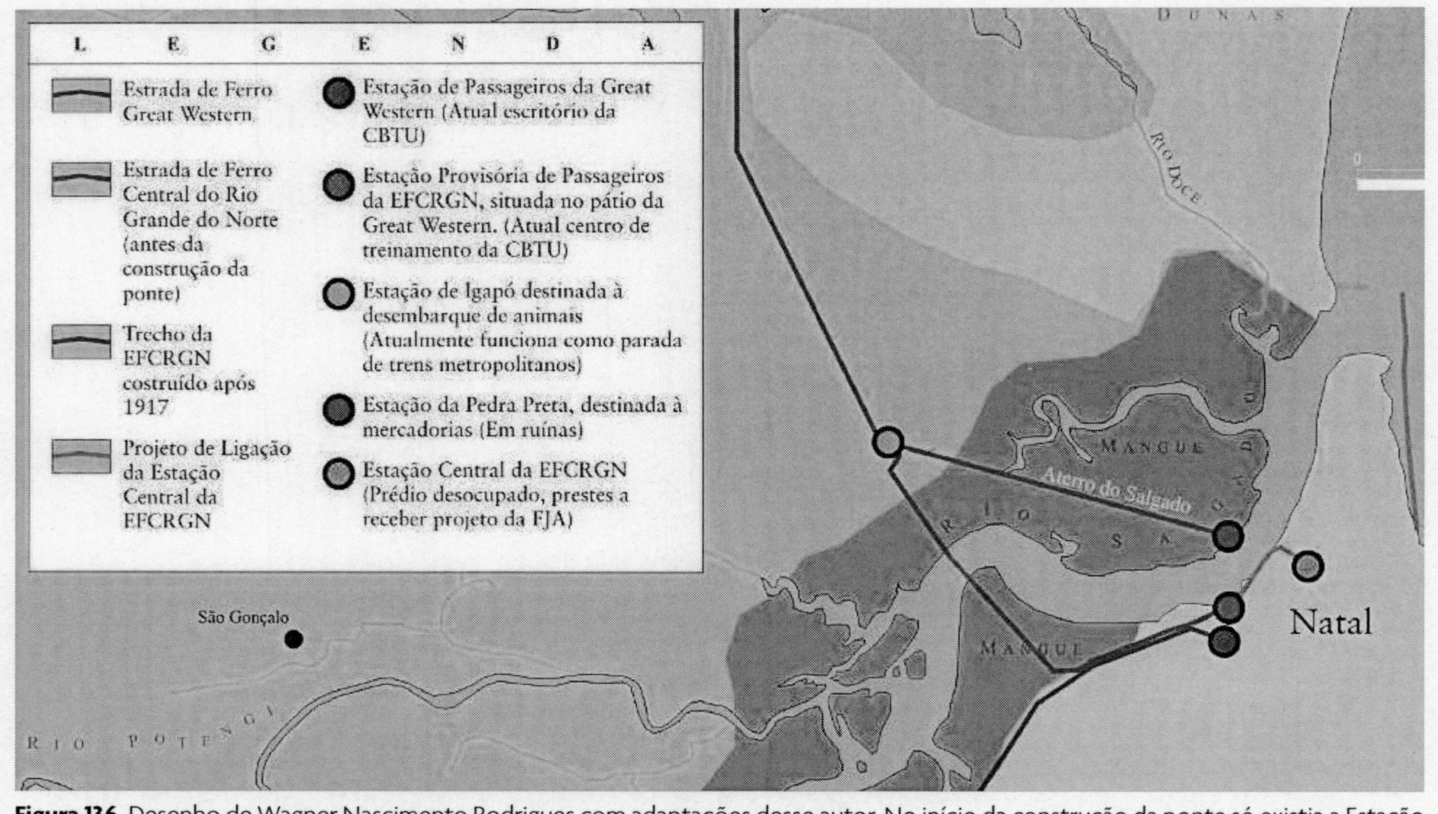

Figura 136. Desenho de Wagner Nascimento Rodrigues com adaptações desse autor. No início da construção da ponte só existia a Estação Central da EFCRGN, a Estação Natal (Pedra Preta/Coroa) e a de Igapó

Fonte: http://www.estacoesferroviarias.com.br/rgn/estpadre.htm

Na Figura 136, organizada por WNR, vemos o Aterro do Salgado, que se constituiu em uma imensa faixa de terra movimentada e compactada no local de mangue, para se ligar a Estação de Natal com a Estação de Igapó, para daí se bifurcar e se ter a opção de caminhar para a cabeceira da ponte pela margem esquerda.

Foi por aí, da Figura 136, que toda a obra se desenvolveu e que todos os paquetes provenientes da Inglaterra, principalmente de Liverpool, trouxeram os equipamentos mais sofisticados e todos os vãos metálicos desmontados foram transportados. Toda a movimentação ocorreu pela margem esquerda, mais precisamente pelo Aterro do Salgado/Linha Férrea junto à Estação de Natal — ou Pedra Preta ou da Coroa — foram mandatárias para toda a construção da ponte sobre o Potengi. Natal ficava isolada dessa movimentação, pois estava na margem direita do rio. Assim podemos nos resignar da paupérrima documentação dessa construção, salvo as poucas fotografias do engenheiro Eduardo Parisot.

Figura 137. Estação de Natal, também conhecida como Estação do Padre - Acervo de Wagner Nascimento Rodrigues. - Estações Ferroviárias do Brasil de Ralph Mennucci Giesbrecht

Fonte: https://www.estacoesferroviarias.com.br/rgn/estpadre.htm. Acesso em: 31 mar. 2020

Figura 138. Outra imagem de qualidade baixa, mas que serve para comprovar que Estação de Natal, ou Estação do Padre ou da Pedra Preta, era na verdade uma só, nos anos que antecederam 1916, quando ela foi desativada. Fotografia constante em vários sites sobre o tema. Estações Ferroviárias do Brasil de Ralph Mennucci Giesbrecht
Fonte: http://www.estacoesferroviarias.com.br/rgn/fotos/natal%20-%20sem%20data.jpg. Acesso em: 24 jun. 2021

Figura 139. Outra visão melhor da linda Estação de Natal, pelo lado interno, utilizada para transbordo da Tavares de Lyra para a margem esquerda, zona norte de Natal. Pertencente à EFCRGN, estação inicial, Estação de Natal, inaugurada pelo governador Augusto Tavares de Lyra com a presença do presidente eleito Afonso Pena em 1906. Fotografia constante em vários sites sobre o tema. Estações Ferroviárias do Brasil de Ralph Mennucci Giesbrecht. Essa estação foi essencial para a construção da ponte

Fonte: http://www.estacoesferroviarias.com.br/rgn/fotos/natal%20-%20sem%20data.jpg. Acesso em: 24 jun. 2021

De fevereiro para agosto foi a instalação do canteiro de obras. Certamente outros navios trouxeram mais máquinas e peças, principalmente os tubulões para as enigmáticas fundações. Em 26 de agosto daquele ano de 1912, o engenheiro João Proença, então diretor-presidente da CVC, lançou a primeira pá de concreto, como noticiava o *A República*. Esse foi um ato de lançamento de pedra fundamental. O jornal noticiou até a hora: 11 horas da manhã. O local desse ato foi no primeiro encontro, certamente do lado de Igapó, margem esquerda. A lancha que levou a comitiva até lá saiu do cais da Augusto Lyra (rua Tavares de Lira) e que, segundo o jornal, a construção da ponte estava a cargo de uma importante casa inglesa que deveria concluí-la em dois anos.

A importante casa inglesa era a Cleveland Bridge e a obra realmente foi concluída em dois anos, pois assim mostrava o catálogo de 1935 da CBEC, mas é importante enfatizarmos que todos os equipamentos acessórios como chatas, betoneiras, barcos,cabos de aço, vigas metálicas e funcionários etc. foram fornecidos pela CVC. Nós, brasileiros, temos mania de colocar ênfase em alguma empresa de além-mar parceira. Lembro que o contrato com o governo brasileiro era da CVC, do engenheiro João Júlio de Proença, que foi buscar a parceria com a CBEC por causa da tecnologia de fundações profundas em fundo de rio. A princípio os vãos metálicos da Potengi seriam comprados em uma empresa alemã.

O jornal editado em Londres, *The Railway Times*, edição janeiro/junho de 1912, trazia a notícia na página 67:

A Brazil Bridge Contract.—The Cleveland Bridge and Engineering Company has obtained the contract for the construction of a steel viaduct to carry the railway over the River Potengy, at a point five miles distant from the port of Natal, Brazil, in connection with the projected extension of the Rio Grande do Norte Central Railway of Brazil.

Figura 140. "Um contrato de ponte no Brasil – A Cleveland Bridge and Engineering Company –CBEC, obteve um contrato para a construção de um viaduto de aço para a ferrovia sobre o Rio Potengy, em um ponto 5 milhas distante do porto de Natal, Brasil, em conexão com o projeto de extensão da EFCRGN."

Fonte: "The Railway Times", edição janeiro – junho de 1912 trazia a notícia na página 67

Nesses anos o Brasil tinha um plano de traçado de ferrovias. As estradas de ferro iam a todo lugar, levando e trazendo pessoas e cargas de forma barata. Hoje o erro do abandono desse tipo de transporte levará o Brasil a grandes custos para uma recuperação.

No velho Reino Unido e em toda a Europa os tempos das ferrovias continuam evoluindo com velozes máquinas elétricas e silenciosas, atravessando rochas, rios e canais. A ferrovia é boa, nem tão barata, mas segura.

Figura 141. Fotografia aérea do acervo norte-americano da Segunda Guerra Mundial em que se pode ver o Aterro do Salgado, elipse maior, e a ponte bem mais ao longe à esquerda circundados por elipses

Fonte: fotografia do acervo de Fred Nicolau cedido a este autor

A Figura 141 nos mostra a facilidade de execução da ponte a partir da Estação de Natal, que ficava na margem esquerda do rio, mas não mostrada na fotografia. Na elipse maior e mais à direita vemos sinais de toda a linha de ferro que interligava a Estação de Igapó pelo famoso Aterro do Salgado. Apesar de ser uma fotografia dos anos de 1940, o aterro do Salgado parece estar intacto. Ela nos descortina todo o cenário favorável às obras. As máquinas e os equipamentos chegavam à Estação de Natal e eram levados até a

cabeceira da ponte de trem, o único e ideal transporte para material pesado como vigas de aços e barricas de cimento.

As fotografias seguintes foram adicionadas a este livro para exemplificar como foram conduzidas as obras no Potengi. A ponte mostrada na Figura 142 tem um maior porte do que a da Potengi, mas os processos construtivos foram os mesmos por diversas análises realizadas por este autor examinando as fotografias disponíveis.

Figura 142. Ponte Dona Ana sobre o rio Zambeze, Moçambique, em 1925. Foi utilizado o mesmo processo de Natal

Fonte: fotografia do autor em imagens do livro *Cleveland Bridge: 125 Years of History* (2002)

Com o auxílio da Figura 142 podemos ter uma ideia de como foi a construção em Natal, a não ser pelos blocos, que em Natal eram bem menores, e que o aparato tecnológico deveria ter sido em menor escala, pois a ponte Dona Ana, como chamam os portugueses, em Moçambique, tinha para mais de 20 vãos de 60 m cada e foi construída 19 anos depois da Potengi.

Deve-se observar que essa fotografia mostra os primeiros pilares-blocos sendo implantados, em uma estação de rio seco, em que todos os guindastes são a vapor e se deslocam em trilhos, e que existem várias fôrmas metálicas no solo ainda sendo montadas. Fôrmas metálicas semelhantes foram utilizadas em Natal e foram elas que estamparam o modo a que se assemelha a alvenaria de pedra, dando a falsa impressão a quem via de longe, que eram fundações em pedras argamassadas arrumadas, mas eram em concreto armado.

Alguns tonéis ou barricas podem ser observados no limite inferior esquerdo, em primeiro plano. Também se observa que o combustível para as caldeiras era a lenha e não o carvão, o que deveria ocorrer em Natal.

Grandes movimentações ocorreram na margem esquerda do Potengi. No início da obra existiam apenas 10 casas. No final deveriam existir muito mais. Ali se formou uma vila de retirantes[87] que conseguiram trabalho. A logística para alimentação dos trabalhadores deve ter sido tremenda e bem organizada, principalmente para os que trabalhavam sob as 30 ou 40 libras de pressão nos tubulões.

Cimento em barricas bem guardadas, areia bem graduada, o cascalho (seixo rolado), as pedras graníticas marroadas à mão e provavelmente com o britador marca Marsden. Água potável e lenha para a caldeira da betoneira, com o seu pequeno motor a vapor e o seu foguista[88]. Muitas pás e muitos ajudantes. Ajudantes não eram um problema naqueles dias, um problema monstruoso devia ser manter o traço e a qualidade do concreto, bem como o controle do tempo para aplicá-lo.

[87] O povo do interior que fugia da seca.

[88] O responsável em manter o fogo aceso e a água na caldeira e assim promover vapor suficiente para rodar o motor da betoneira.

Este pesquisador rende todas as homenagens, 100 anos depois, a quem dosou, confeccionou e aplicou aquele concreto. Conforme veremos mais à frente, aquele foi um concreto *feito para durar*[89].

As pesquisas sempre indicam que o forte da Cleveland Bridge sempre foi e é até hoje em dia o aço. As obras complementares, para ela, eram a concretagem, as fundações e outras. Embora saibamos que ela, a Cleveland, sempre ia em busca e desenvolvia tecnologia de ponta, mas seu foco sempre foi o aço. É como se a Cleveland sempre tivesse sido como a velha ilha dominando o mundo pelo aço.

Demorará ainda um pouco para que a humanidade deixe de utilizar o aço. A fibra de vidro é uma realidade com 3,5 vezes maior resistência à tração do que o aço. A fibra de carbono tem 7,5 vezes maior resistência a essa mesma solicitação. Essas duas últimas são excelentes soluções para o concreto armado em obras de ambientes salinos.

Figura 143. Ponte Dona Ana sobre o rio Zambeze, em Moçambique. Note o processo de escalonamento dos blocos de pilares

Fonte: fotografia do autor em imagens do livro *Cleveland Bridge: 125 Years of History* (2002)

[89] A expressão usada por Câmara Cascudo (2010).

Na Figura 143 se observa o escalonamento em três estágios dos pilares-blocos na sua fase retangular, o double D. Em Natal tivemos dois estágios, o cilíndrico dos tubulões e os retangulares apoiados nesses cilindros de concreto com a camisa de aço externa. Observa-se, ainda, à direita de cada pilar-bloco após o primeiro, os cavaletes de estacas cravadas que servem de marcação fixa (gabarito). Essa marcação dá maior segurança à locação e apoio às chatas.

Pelas notícias posteriores que vamos ver mais à frente, quando da composição de preços entre a Cleveland e CVC, essa última forneceu via Ministério de Viação e Obras Públicas (MVOP) chatas flutuantes de 100 toneladas e compressores de alta pressão.

É necessário se fazer a situação histórica e geográfica desses anos. Aqueles 1912, 1913 e 1914 foram anos de muita seca no Rio Grande do Norte. Deve ter sido mais fácil e barato a mão de obra não especializada. Também deve ter sido fácil comprar lenha para as caldeiras. Tudo estava seco. Pedras e areia lavada de boa qualidade deviam ser abundantes nos leitos secos de rio acima.

Nesses anos ocorria o "ciclo da Borracha" no Brasil, quando muitos nordestinos sem nenhuma qualificação foram para a Amazônia trabalhar como seringueiros nas terras da "Fordlândia". Quem não conseguiu ir nos "Itas"[90], ficou em Natal. Quem tinha um pouco de experiência no metal, como "Seu Nezinho", avô dos engenheiros civis natalenses Manoel e Jarbas, conseguia um emprego na Cleveland. Seu Nezinho foi um batedor de rebites, em suas conversas ele deixava claro que não gostava do fiscal inglês, mas ficou na obra até o fim.

[90] Itas: navio a vapor Itapema, Itapuca, Itapuhy, Itapura, Itaquara, Itaquatiá, Itaquera, Itaquicé, Itassucê. Havia três tipos básicos de Itas: os pequenos, com cerca de 60 metros de comprimento; os médios, com 80 a 90 metros, para cerca de 140 passageiros; os grandes, com 110 a 120 metros de comprimento, para até 280 passageiros distribuídos em três classes: 1ª, 2ª e 3ª.

10.2 O alvissareiro viu a construção

Existia nesses tempos de Natal provinciana o alvissareiro, aquele que trazia notícias para a cidade. Ele sempre ficava no alto da torre da catedral matriz de Natal e informava quando chegava um navio ou o trem do outro lado do rio na Estação de Natal.

A fotografia sempre será uma fonte repleta de possibilidades de conhecimento. Outro dia, o natalense Eduardo Alexandre Garcia (2012) me afirmou: "*Negreiros, o alvissareiro, tão badalado por Câmara Cascudo e poetas viu a ponte ser construída*".

Nada mais plausível do que essa afirmação. Da fotografia que ele mesmo fez e me cedeu os direitos autorais, conclui-se como verdadeira sua afirmação.

Figura 144. Vista do alto da torre da matriz de Natal. Fotografia de 2012, no alto um pouco mais à direita é possível ver os vãos da ponte velha metálica de Igapó. Também não seria difícil ele conseguir uma luneta para observar melhor e acompanhar a obra já que ele estava lá praticamente todos os dias

Fonte: fotografia cedida em direitos autorais por Eduardo Alexandre do Amorim Garcia

10.3 A primeira pá de concreto e o canteiro de obras em 1912

Este texto não substitui o original publicado no Diário Oficial.

DECRETO N. 8.372 – DE 11 DE NOVEMBRO DE 1910

Approva o projecto e orçamento para a construcção da ponte sobre o rio Potengy, no Rio Grande do Norte

O Presidente da Republica dos Estados Unidos do Brazil, attendendo ao que requereu o empreiteiro e arrendatario da Estrada de Ferro Central do Rio Grande do Norte,

decreta:

Artigo unico. Ficam approvados o projecto e orçamento, na importancia total de 2.474:939$, apresentados pelo engenheiro João Proença, empreiteiro e arrendatario da Estrada de Ferro Central do Rio Grande do Norte, para a construcção da ponte metallica sobre o rio Potengy, ligando a cidade do Natal ao actual ponto inicial da mesma estrada, devendo ser adoptados os passadiços para transeuntes pedestres.

Rio de Janeiro, 11 de novembro de 1910, 89º da Independencia e 22º da Republica.

NILO PEÇANHA.

Francisco Sá.

Figura 145. Decreto balizador para a consolidação da ponte do Potengi. O presidente Nilo Peçanha e o ministro Francisco Sá o assinam. O engenheiro, jornalista e político Francisco Sá era o ministro de Viação e Obras Públicas

Fonte: Portal de Legislações do governo federal. Disponível em: https://www.diariodasleis.com.br/legislacao/federal/173472-approva-o-projecto-e-oruamento-para-a-construcuuo-da-ponte-sobre-o-rio-potengy-no-rio-grande-do-norte.html

Figura 146. Imagem da construção no primeiro encontro e os primeiros quatro vãos que partiram da margem esquerda do rio Potengi. Pena que a fotografia é de muito baixa qualidade

Fonte: *Almanaque Administrativo, Mercantil e Industrial*, editado no Rio de Janeiro, edição 74, p. 412

Figura 147. Vista aérea ponte metálica sobre o rio Potengi ou simplesmente Ponte de Igapó, como era chamada na década de 1960 quando foi tirada a fotografia

Fonte: acervo do engenheiro Nadelson Freire, do DER/RN, cedida especialmente para este livro

Após o Decreto de 1910 tudo estava certo para o início da construção da ponte sobre o Potengi. O ano de 1911 fora excepcional para a Cleveland, com seus 55 contratos aceitos mundo afora. Os preparativos e contratos estavam sendo providenciados. Algum engenheiro experiente da Cleveland deve ter vindo a Natal levantar dados para o projeto. Era a insubstituível visita ao canteiro de obras, sendo, nesse caso, indispensáveis a batimetria e o estudo geológico - investigações geotécnicas - do fundo do rio naquele trecho. Não se exclui a possibilidade de ter sido o próprio G. C. Imbault, afinal, era aí que nascia o sucesso da empreitada, e ele assina a obra do "Potengi river" como projeto dele.

O rio com a estação de Natal, a estação de Igapó, além de todo o trecho do Aterro do Salgado, eram os pontos de apoio da obra. Os desembarques de material metálico e barricas de cimento, por até três quartos da obra, foram de forma precária. O Cais Porto, mostrado mais à frente, só ficou pronto em 1915.

Natal em 1912 tinha acabado de ser eletrificada, segundo Andrade (2009), pela Companhia Força e Luz do Nordeste do Brasil, somente nas ruas principais da Ribeira e Cidade Alta, mas tudo lá do outro lado era distante e difícil. Há de se imaginar que uma companhia, como a CVC e a Cleveland, deveriam possuir ou alugar da companhia de eletrificação local um gerador para os trabalhos noturnos que aconteciam em algum momento de escavação e concretagem dos tubulões, pois não poderiam parar até o seu término.

Figura 148. Exemplo de cilindros na ponte Dona Ana sobre o Rio Zambeze, em Moçambique, para a execução dos blocos de fundação. Mesmo sendo em leito de rio seco, qualquer metro escavado é com água. Na ponte do Potengi seriam dois cilindros, mas foi adotado um só de maior diâmetro

Fonte: http://delagoabayword.wordpress.com/. Acesso em: 4 out. 2012

Em 1º de novembro de 1912, o engenheiro fiscal J. F. de Sá e Benevides fazia a seguinte correspondência ao empreiteiro Dr. João Proença:

> *De accordo com a resolução do Sr. Engenheiro Chefe Diretor de Repartição de Fiscalização de Estradas de Ferro, queira construir os pilares e encontros da ponte do Potengy, conforme os documentos anexos, isto é, a substituição dos dois cylindros por um só de maior diametro.*
> *Ass. Engenheiro Fiscal Sá e Benevides.*

Naquela época era muito difícil a coordenação de uma obra no Brasil comandada por Darlington. Certamente a empresa ficou sem os dois cilindros por pilar, conforme projeto, e trocou por um só de maior diâmetro. Como vimos anteriormente nesse ano de 1912, a CBEC tinha obtido vários contratos de construção de pontes pelo mundo afora.

Há de acrescentar que algumas ferramentas e bombas utilizadas já eram elétricas na Cleveland daqueles anos e a Inglaterra sempre adotou o sistema 220 V.

Pela quantidade de madeira em estoque e sendo transportada pelos nativos de Moçambique dava para imaginar o consumo das caldeiras dos guindastes daqueles anos. Ao observar as fôrmas metálicas ainda pelo chão na Figura 148, bem como à direita, na parte de baixo, vemos mangueiras de pequeno diâmetro enroladas. Como se vê, esse pilar-bloco está sendo executado em terreno seco, mas com todos os aparatos de tubulão pneumático, notando-se quatro operários na torre do cilindro à esquerda.

É fato relevante a se comentar a pouca armadura, para os engenheiros projetistas, que se pode observar da Figura 148, como também a pouca armadura quando da extração de dois testemunhos. Foram encontradas pouquíssimas ferragens, mas isso era comum na época, segundo Burnside (1916).

Com o conhecimento atual do dano que as ferragens causam ao concreto, os aços mínimos encontrados nos questionam se era proposital, sabendo do terror que seria mais tarde — com corrosão de armaduras — ou se foi por inocência, e, por assim mesmo, foi esse fato que deu vida longa às estruturas do Potengi de 1912 e de outras de mesma tecnologia pelo mundo afora. Obviamente as excelentes qualidades do concreto mostradas adiante vão ajudar nesse aspecto.

Os componentes de uma fundação pelo processo de poço ou tubulão podem ser assim descritos, segundo Singh (2013):

1. A ponta de corte: onde o tubulão vai cortando a terra. Essa parte é feita de aço estrutural e não deve pesar menos do que 40 kg por metro de comprimento e ser apropriadamente ancorado no anel do poço. Quando há dois ou mais compartimentos em um poço — que não foi o caso de Natal —, a extremidade da ponta de corte das paredes internas desses poços deve ser mantida com 300 mm acima das outras paredes.

2. Anel: o anel do poço deve ser previamente fabricado para o local. A fôrma de aço para um anel de poço deve ser fabricada estritamente em conformidade com o desenho de projeto. A

face de fora do anel deve ser vertical. Aços de reforços devem ser montados como mostrado nos projetos.

3. Paredes do tubulão: as dimensões, formas e resistência do concreto do poço devem ser estritamente em conformidade com os mostrados nos projetos. Em alguns casos, fôrmas de madeiras são usadas internamente. O levantamento das paredes do poço deve ser executado em linha reta do fundo para o topo de forma que, se o poço for inclinado, a próxima levantada será alinhada na direção da inclinação.

Figura 149. Sistema de posicionamento que a Cleveland usava para plotar um caixão-cilindro que iria ser afundado para trabalhar a ar comprimido a partir do fundo do rio. Essa foto foi tirada na ponte sobre o rio do Baixo Zambeze, como os ingleses chamavam, mas que para os portugueses era a ponte Dona Ana

Fonte: Catálogo da *The Cleveland Bridge and Engineering Co. Ltd.* Editado em 1935 de propriedade e fotografado pelo autor

O sistema utilizado em Natal para afundar os tubulões de 6 m de diâmetro foi o mesmo da Figura 149, com duas chatas interligadas por vigas metálicas abarcando e prendendo o tubulão. Note-se o apoio de barcos e outra chata menor para abastecer as chatas plotadas de cimento, areia e britas.

Nas plataformas proporcionadas pelas chatas, eram montados os conjuntos de compressores com seus respectivos motores a

vapor, betoneiras, caçamba para concreto e certamente algum mini guindaste como os mostrados na figura anterior. Também existiam muitos cabos estaiados e atirantados de aço para parar — plotar — as chatas nos pontos certos.

O início deve ter sido muito duro para o engenheiro chefe Stephen e o auxiliar Beit, mas era assim que devia ser e eles eram os orgulhosos empreendedores da Cleveland Bridge trabalhando em parceria com o pessoal da CVC no Brasil. Tudo fazia parte do grande momento globalizado que Inglaterra e Brasil viviam.

Figura 150. O caixão-cilindro posicionado e já parcialmente afundado. Essa figura mostra em detalhes toda a complexidade da preparação de plotagem e afundamento no exato ponto. Nela é possível ver barricas de cimento na parte inferior à esquerda e uma concha para materiais e concreto acima do poço. A Cleveland informava que nesse momento tudo estava pronto para afundamento do caixão-cilindro. A parte metálica que afundava era chamada de guia do poço. Um caixão-cilindro pode ter a forma de um cilindro, retangular ou em forma de retângulo em forma de duplo D na sua parte superior, o que é o caso dos caixões da Cleveland e em particular a forma em Natal em sua seção final. É também um exemplo tirado da ponte Dona Ana

Fonte: Catálogo da *The Cleveland Bridge and Engineering Co. Ltd.* Editado em 1935. De propriedade e fotografado pelo autor

Vemos um bate-estacas a vapor em um batelão na Figura 151, na obra de construção de ponte em Serra Leoa em 1912. Esse tipo

de equipamento flutuante foi utilizado para se plotar o gabarito para os cilindros dos pilares em Natal.

Figura 151. Bate-estaca a vapor em um batelão bem rudimentar em Serra Leoa, 1912
Fonte: http://mikes.railhistory.railfan.net/r130.htm. Acesso em: 24 jun. 2021

Para se plotar os pontos exatos dos afundamentos dos tubulões, eram necessárias estacas cravadas para os estaiamentos e posicionamentos das chatas. Um auxílio indispensável eram os bate-estacas para cravar as estacas de aço ou de madeiras.

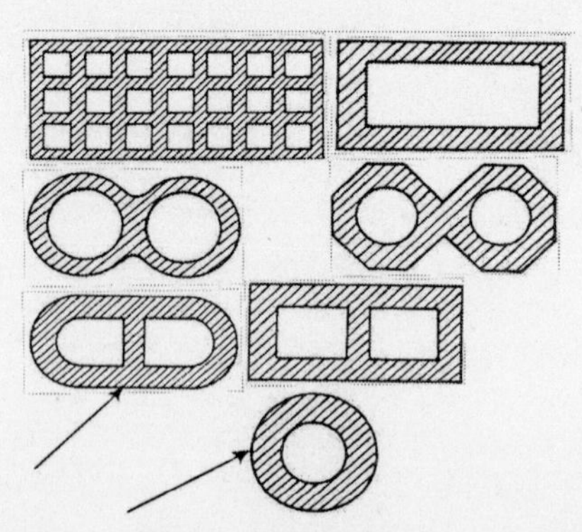

-

Figura 152. Os diversos tipos – seções – de caixões ou poços para pilares de fundações de pontes. Este autor sugere para a fundação da ponte sobre o Potengi uma união entre os tipos indicados com as setas, sendo o início da seção de baixo para cima na forma cilíndrica e no final aflorante a retangular "de "duplo D"
Fonte: Burnside (1916)

BRIDGE OVER THE RIVER

POTENGY, NR. NATAL, BRAZIL.

Date of completion 1914.

Nine spans of 50 metres and one of 70 metres. Steel cylinders 20 feet diameter, sunk under compressed air.

The whole of the work, including the foundations, was carried out by The Cleveland Bridge & Engineering Co. Ltd. (Catálogo da The Cleveland Bridge.p. 17).

Ponte sobre o rio Potengi, perto de Natal, Brasil.

Data da conclusão 1914.

Nove vãos de 50 metros e um de 70 metros. Cilindros de aço com 20 pés de diâmetro, submergidos sob ar comprimido. Todo o trabalho, incluindo as fundações, foram conduzidos pela Cleveland Bridge & Engineering Co. Ltd.

Dessa descrição é possível se tirar as seguintes conclusões:

a) A data do término da obra é 1914, quando todos nós sabemos que a inauguração só se deu em 20 de abril de 1916. Houve comentários, sem provas de que ela ficou pronta no final de 1915 e só foi inaugurada em 1916 por causa da organização da festa com várias autoridades, visto que isso não era fácil naqueles tempos.

b) Ainda há de se concluir que, como houve o tombamento do quinto pilar-bloco e este ficou perdido, tendo que se executar outro, a ponte tenha passado por várias exigências de segurança com vários testes, atrasando, assim, em muito a sua inauguração.

c) Naqueles anos a engenharia brasileira era muito primitiva e a CVC de João Proença ainda era uma empresa nova, não tendo alcançado renome a nível nacional. Com o acidente as exigências se redobraram.

d) O caráter multinacional da obra em que nas descrições se misturam a unidade metro com a unidade pé. Mais ainda, a grafia de metro como “metre” é inusual no idioma inglês. A esse fato há de se atribuir dois fatores: a parceria com a CVC e a língua pátria de seu projetista G. C. Imbault que já adotava o metro, de acordo com o sistema internacional.

e) Crítica forte faço a afirmação “The whole of the work, including the foundations, was carried out by The Cleveland Bridge”. Afirmam que todos os trabalhos foram conduzidos pela CBEC. Negativo: os trabalhos foram conduzidos em parceria com a CVC. A infraestrutura,

os equipamentos como chatas/batelões, os barcos, as lanchas, os trilhos, as máquinas, como bate-estacas e trabalhadores, exceto os dois engenheiros ingleses, foram a CVC que forneceu. A tecnologia das fundações profundas foi sim gerenciada pela CBEC.

Faço o comentário sobre algumas reportagens sobre o assunto em que alguns repórteres colocam o título "Ponte dos ingleses". Negativo, meus caros. Ponte dos brasileiros com uma parceria tecnológica com os ingleses. Este livro tem o propósito de resgatar a ousadia e competência de um brasileiro chamado João Júlio de Proença.

Ao analisarmos a quantidade de material e de equipamentos fornecidos pelo brasileiro no orçamento detalhado a seguir, concluímos a grandeza da operação que ele fez ao transportar todo esse material do Rio de Janeiro para cá.

10.4 Os materiais utilizados

Pela análise dos testemunhos extraídos, podem ser identificados os materiais brita e seixo rolado, conforme mostra a Figura 153.

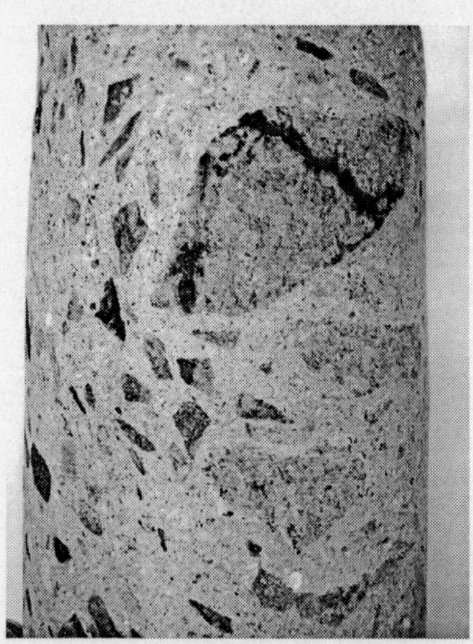

Figura 153. Face de um cilindro testemunho extraído em que se pode observar a grande variação da granulometria do agregado graúdo e que esse agregado está bem disperso na argamassa. A empresa Ajax do engenheiro Antonio José cedeu gratuitamente a extração de três testemunhos
Fonte: acervo de fotografias do autor

Após o corte da seção do testemunho extraído para as dimensões de 10 cm de diâmetro por 20 cm de altura, restaram pedaços que foram cuidadosamente demolidos por este autor no sentido de se observar a brita utilizada. Ficou constatado que, de dimensão a partir de 4 mm até a dimensão 30 mm, a brita era de origem seixo rolado. A partir daí até dimensões próximas a 60 mm, a brita era de origem granítica, sugerindo que a granítica era marroada a mão ou britador e o seixo rolado retirado dos rios e peneirado.

Segundo a NBR 6502 de 1995 sobre rochas e solos, define-se pedregulho (seixo rolado) como solos formados por minerais ou partículas de rocha com diâmetro entre 2 mm e 60 mm. Quando arredondadas ou semi arredondadas são chamados de cascalho ou seixo.

Em região mais ao norte do bairro de Igapó, como no atual local de Serrinha, é possível encontrar grandes jazidas de rochas graníticas. Entretanto, segundo o jornal *Diário de Natal*, em 11 de fevereiro de 1988, as pedras foram trazidas do município de Lajes em lombos de burros e de cavalos e deixadas na aldeia de Igapó, que não tinha mais de 10 casas. Essa informação do jornal torna-se improvável pelo grande volume de britas que foi necessário para a concretagem de nove blocos-pilares e encontros/cabeceiras da ponte executados. Em toda a pesquisa, reina a máxima do óbvio, do provável e do improvável. Não acredito que os responsáveis pela construção da ponte foram buscar pedras em Lajes pela total falta de bom senso, a não ser o de algum carregamento a nível de teste de viabilidade.

A linha existente ia da Estação de Igapó para Baixa-Verde (João Câmara) e Ceará-Mirim, onde não há notícias de rochas. O município de Lajes é conhecido no Rio Grande do Norte como possuidor de grandes quantidades de pedras soltas e aflorantes, muito fáceis de apanhar. A EFCRGN só chegou à localidade em 1914 com a concessionária CVC.

10.5 O orçamento detalhado e o alto preço pago pelo pioneirismo

É impressionante como os orçamentos podiam ter duas moedas diferentes, como foi o aprovado pelo governo federal em novembro de 1910 para a nossa ponte. Se bem que nele consta o preço unitário em libras inglesas, mas os totais são em réis, nossa moeda na época.

Transcrevi do original o orçamento apresentado a seguir. Nele notamos a total inocência do empreiteiro JJP em descrever os equipamentos e que mais tarde vão lhe causar grandes problemas.

Sabemos que atualmente os contratos de empreitada global, como foi esse da ponte do Potengi, têm os seus preços cobrados por serviços executados. O orçamento a seguir tem a descrição de máquinas e ferramentas que serão utilizadas na obra.

Para quem estudou essa obra por anos, nota-se a ausência nesse orçamento de muitas outras máquinas não listadas nele. Foram equipamentos trazidos diretamente pela CBEC e equipamentos simplesmente esquecidos pelo empreiteiro pioneiro e corajoso. No entanto, para isso, o competente empreiteiro colocou uma válvula de escape: 2.413 toneladas de material metálico conforme se vê no primeiro item.

ORÇAMENTO, MÁQUINAS E EQUIPAMENTOS UTILIZADOS NA PONTE METÁLICA SOBRE O RIO POTENGY

Transcrição, "ipsis litteris", obedecendo-se à ortografia da época, do orçamento original apresentado pela CVC e assinado pelo seu presidente João Júlio de Proença, em 29 de março de 1910:

ESTRADA DE FERRO CENTRAL DO RIO GRANDE DO NORTE

ORÇAMENTO para a construção de uma ponte metallica sobre o estuário do Potengy. Aprovado pelo decreto n.8.372, de 11 de Novembro de 1910.

		I			
		MATERIAL METALLICO			
1	2.413	Toneladas	£ 18		694:944$000
		II			
		INSTALAÇÕES ELÉTRICAS E DE AR COMPRIMIDO			
2	Dois	Jogos de motores com dynamos conjugados, com caldeira, burrinhos, chaminés, etc. e cada jogo de 120 K.w.	36:000$000		36:000$000
		II			
		INSTALAÇÕES ELÉTRICAS E DE AR COMPRIMIDO			
3	Dois	Dois compressores de 18 m³, por minuto	16:000$000		32:000$000
4	Um	Um dito de alta pressão de 6 m³ por min			9:000$000
5		Ferramentas de ar comprimido, mangueiras, fios elétricos, lâmpadas, etc.			8:000$000
6	Duas	Duas camaras de ar para comunicação com as dos caixões, cylindros completos Com vávulas e acessórios.	8:000$000		16:000$000
		III			
		MATERIAL FLUCTUANTE			
7	Quatro	Fluctuantes de 100 tons.de fluctuação	16:000$000		64:000$000
8	Um	Rebocador de 120 cavallos			42:000$000
9	Um	Guindaste gigante			18:000$000

10	Um	Bate estacas a vapor, fluctuante			20:000$000
11		Amarras, fateixas, cabos, línguas de ferro, etc.			12:000$000
		IV			
		MÃO DE OBRA E TRABALHOS ACESSORIOS			
12		Madeira para plataforma, vigas, estrados, etc. assentada (R.G.N.) 500,000	500,00	250$000	125:000$000
13	T	Cravação, montagem pintura do material da ponte, inclusive cylindro, caixão e passadiço (R.G.N.)	2.546	200$000	509:200$000
14	m3	Escavação em ar comprimido (P.R.J.)	8,906	25$000	222:650$000
15	m3	Concreto assentado com ar Comprimido (P.R.J.)	940	150$000	141:000$000
16	m3	Idem ao ar livre (R.G.N.)	6,310	72$000	454:320$000
17	m3	Alvenaria de Lajões, rejuntada com argamassa de cimento	75	55$000	4:125$000
18	m3	Cantaria	7,5	120$000	900$000
19	ml	Capeamento	45	40$000	1:800$000
20	tons	Ferragens e parafusos	36	$500k	18:000$000
21	ml	Linha de serviço	1,000	20$000	20:000$000
22	T	Descarga e estiva do material	10$000		$
					1.496:995$000
		Soma dos 3 primeiros numeros			97 :944$000

		Somma total			2.474 :939$000
		(Valor constante do Decreto n.8.372)			
	T	Acrescimo de orçamento para a ponte com passadiço. Acrescimo de peso para o material metallico	133	£ 18	38:304$000
	m3	Idem de volume para a quantidade de madeira	114	250$	28:750$000
		Gradil de ferro para os passadiços			8:000$000
					75:054$000
	%	Eventuaes	10		7:505$400
		Total			82:559$400
		Custo da ponte com os passadiços			**2.557:498$400**

"Regimem de pagamento acordado pelo officio n. 310 de 28 de março de 1911 do Inspetor Federal das Estradas, em virtude da clausula XVIII do contrato então em vigor. (Decreto n. 7074 de 29 de março de 1908)".

Material importado

Pagamento contra entrega dos documentos à chegada
do vapor ao porto de destino 1.020:078$400
10 contraforte 250:000$000
20 " 250:000$000
10 pilar 80:000$000
20 " 80:000$000
30 " 80:000$000
40 " 80:000$000
50 " 80:000$000
60 " 80:000$000
7 0 " 80:000$000
80 " 80:000$000
90 " 80:000$000

10	vão	30:000$000
20	"	30:000$000
30	"	30:000$000
40	"	30:000$000
50	"	30:000$000
60	"	30:000$000
70	"	30:000$000
80	"	30:000$000
90	"	30:000$000
100	"	47:420$000
		1.537:420$000
		2.557:498$400

DISTRIBUIÇÃO	
Material metallico	737:078$400
Material para a montagem	283:000$000
Contra fortes	346:000$000
Escavações, cylindros, etc	688:200$000
Alicerce e montagem dos pilares	254:600$000
Montagem da superstructura	254:600$000
	2.557:498$000

Relação do material aplicado na construcção e montagem da ponte sobre o rio Potengy

(transcrição do original)

-30 Suporte pa. Lâmpada incand.
-2 Fita isolante rolos
-8 Refletores pa. Luz electrica
-2 Rheostate
-2 Caixa pa. Fusíveis
-5 Supporte pa. Fusíveis
-13 Chave pa. corrente ele
-100 Kg Fio izolado grosso
-6 Forjas de campanha
-1 Cabo de aço de ¾, uzado
-78 Kg Arame de cobre div. diâmetros
-2 Bigornas
-1 derrick para 30 quintaes
-1 idem com vigamento
-1 Dynamo e bomba completa e válvula de retenção
-1 2 Moitões de aço pa. 20 ton.
-1 Derrick de madeira de 5 ton.
-1 Idem de aço, a vapor, completo, 5 ton.
-1 Caçamba dagua, quadrada, 1m cub.
-2 Idem redonda ¼ m. cub.
-3 Dragas de ½ jarda
-2 Idem de ¼
-1 Idem pequena
-1 Idem Priestmans
-2 caçambas pa. concreto
-7 Guinchos de 20 a 40 quintaes
-2 Comportas pa. cylindro submarino
-1 Apparelho sw escafandrista completo

-1 Mangueiras de panno, 50, usada
-2 Idem de borracha c/ spiral de aço, usadas
-1 Bate-estaca com motor a vapor
-2 Caçambas de fundo movel pa. cylindro subm.
-2 Idem grandes fundo fixo
-9 Ferros pa. misturar concreto
-1 Reservatorio dagua, de ferro, grande
-2 Batelões de ferro , 100 tons
-1 Idem de 60 ton.
-1 Batelão dagua
-2 Balieiras
-2 Botes comuns
-1 Batelão de ferro com derrick 3 ton.
-80m Cabo de arame 7/8
-60m Idem idem
-70m Idem 1"
-50m Idem ¾
-20m idem idem
-100m Idem 7/8
-8 Remos
-90 Ponteiros pa. estacas
-1 Guincho pa. guindaste de ponte
-6 Manilhas pa. corrente
-1 Apparelho telefônico para mergulhador
-107 Lampadas elestricas
-1 Guincho a vapor
-21 Cavernas para botes
-1 Caldeira para 100 cavallos
-1 Motor e dynamo montado no eixo do motor
-2 compressores de ar Ingersoll Rand
-1 Compressor de alta pressão

-Camaras de ar para comunicação com os cylindros com válvulas e acessórios

-1 Rebocador denominado "Enid"

- Trilhos e vagões de serviço

-Madeiras em toros

-Pranchas e pranchões

-Folhas de zinco

-2 Cabos isolados flexível

-1 Idem

-1000m Cabos de aço

-11m Corrente 7/8

-12m Idem

-5 Idem

-3 Idem

-2 Idem

-4 Idem 1 1/8

-2 Idem

-2 Idem

Segundo correspondência em 11 de abril de 1918, o engenheiro fiscal J. F. de Sá e Benevides afirma que foram também descarregados diversos aparelhos e acessórios de propriedade da "Cleveland Bridge Works", subempreiteira da ponte, e que esta trouxe para Natal uma instalação completa de montagem. Não há descrição pormenorizada dessa relação, mas pela relação da CVC, somente equipamentos mais sofisticados poderiam ser da CBEC.

Como ler réis:

1.200:000$000= um mil e duzentos contos de réis

200:000$000= duzentos contos de réis

10:000$000= dez contos de réis

1:000$000= um conto de réis

100$000= cem mil réis

2$000= dois mil réis

$100= cem réis.

Conversões (1910):

1 Libra= 16$000

1 Libra (1910)= 65 Libras (2013).

E o que ocorreu por causa dessa descrição detalhada da maioria dos equipamentos no orçamento?

Ao término da obra, os engenheiros fiscais ordenaram que o empreiteiro deixasse dínamos, compressores, chatas (batelões) e outros no canteiro de obras, pois achavam que tinham pago por eles e não pelo serviço que esses equipamentos executaram. O que seria o óbvio, já que ao governo interessava apenas o serviço pronto, mas os fiscais do governo disseram que era para os equipamentos ficarem na obra. Um *nonsense*. Um verdadeiro absurdo ou alguma vingança de quem tem o poder e é ditador.

Essa pendenga não ficou clara nos jornais e sim nas diversas correspondências entre a CVC e governo federal. A CBEC ficou longe disso, pois era subempreitada da CVC, apanhou seus poucos equipamentos e zarpou para o Reino Unido, livre do ranço e idiotice dos fiscais brasileiros que mais tarde, dentro da RFFSA, vão determinar a ordem mais estapafúrdia e inacreditável de vender os 10 vãos metálicos como ferro-velho.

Com certeza, eles não pagaram as seguintes cadeiras nos seus cursos de engenharias:

- A história da engenharia
- Orçamento de obras
- Gerenciamento de obras.

Este autor, por ter sido empreiteiro por muitos anos, percebeu logo essa extrema incompetência, incoerência e inexperiência da fiscalização, que se estendeu por longos anos seguintes com os materiais ferrosos largados em uma zona altamente salina como aquele local do Potengi. Afinal, o Potengi também se chamava rio Salgado por aqueles anos.

O jornal *O Paiz* da época chegou a colocar notas cobrando do empreiteiro a retirada dos materiais deteriorando as margens do rio, mas os equipamentos seriam do governo ou não? E o que ocorreu com os equipamentos, maquinário largados no beira-rio? Grande parte se transformou em ferro-velho altamente corroído, que logo passou a ser constantemente surrupiado pela população para ser vendido como ferro-velho para as pequenas fundições. Quantas máquinas belas estariam expostas em um museu hoje.

Assim os belos equipamentos descritos no orçamento anterior, que construíram a ponte metálica sobre o Potengi, tiveram seu fim em total abandono e muitas partes retornaram aos fornos das estrangeiras, pois não tínhamos aciarias nos anos de 1914 até a montagem em Volta Redonda da Companhia Siderúrgica Nacional, em 1941. Para o empreiteiro foi trágico, para quem percebe sua sensibilidade em lidar com as técnicas, pois fora professor em Ouro Preto, a terra que o abraçou depois da morte do pai em Valença (RJ).

Além disso, o empreiteiro não recebeu a última fatura, teve que entrar na justiça, com o processo indo parar nas mais altas cortes, não tendo este autor encontrado o desfecho final dessa briga que se travou. Provavelmente ainda está no Superior Tribunal Federal (STF), que só agora em 2020 julgou a ação da Princesa Isabel de 1890 quanto ao palácio que ela construiu no Rio de Janeiro.

Muitos pagaram pelo alto preço do pioneirismo e inexperiência de toda uma nação, que teve investimentos maciços em desenvolvimento, na construção de estradas de ferro, suas pontes e viadutos. Mesmo Henry Ford, Steve Jobs ou Elon Musk[91] não teriam sucesso no Brasil em suas respectivas épocas, pois teríamos achatado suas genialidades como destruímos o grande empreendedor brasileiro Gurgel[92].

Cultura, precisamos de cultura, precisamos ler mais para errar menos, parafraseando Câmara Cascudo (1960).

---

91 Empreendedor sul-africano e radicado nos EUA. Tem empreendimentos como a SpaceX, Automóvel Tesla e Solar City.

92 João Augusto Conrado do Amaral Gurgel (1926-2009) sempre pensou diferente e organizou a Gurgel com veículos de baixa cilindradas e econômicos. Já nos tempos de Escola Politécnica propôs desenhar um carro popular. Reza a lenda que o professor tentou conter-lhe o ímpeto criativo com a frase: "Automóvel não se constrói, se compra".

10.6 A lista de máquinas, ferramentas e equipamentos utilizados (essa lista tem vários itens repetidos com a lista já mostrada anteriormente)

RELAÇÃO DO MATERIAL UTILIZADO NA CONSTRUCÇÃO E NA MONTAGEM DA PONTE SOBRE O RIO POTENGY

Lista oficial entregue pelo empreiteiro aos fiscais no final da construção.

-1 Derrick para 30 quintaes
-1 Derrick com vigamento
-1 Dynamo e bomba completa
-1 Derrick de madeira de 5 ton.
-1 Derrick de aço, a vapor, 5 ton.
-12 Moitões de aço pa. 20 ton.
-1Caçamba dagua quad,1m cub.
-2 Caçambas red ¼ m. cub.
-3 Dragas de ½ jarda
-2 Dragas de ¼
-1 Draga pequena
-1 Draga Priestmans
-2 Caçambas pa. concreto
-7 Guinchos de 20 a 40 quintaes
-2 Comportas pa. cylindro subm.
-1 Apparelho sw escafandrista compl
-1 Mangueiras de panno, 50, usada
-2 Mangueiras borracha c/ spiral aço,
-1 Bate-estaca com motor a vapor
-2 Caçamba fundo mov. pa. cylind subm.
-2 Caçambas grandes fundo fixo
-9 Ferros pa. misturar concreto
-1 Reservatorio dagua, de ferro
-2 Batelões de ferro, 100 t. (chata)

-1 Batelão de 60 t. (chata)
-1 Batelão d'água. (chata)
-1 Batelão ferro c derrick 3 t.(chata)
-2 Balieiras
-2 Botes comuns
-80m Cabo de arame 7/8
-60m Idem idem
-70m Idem 1"
-50m Idem ¾
-20m idem idem
-100m Idem 7/8
-8 Remos
-90 Ponteiros pa. Estacas
-1Guincho pa. guindaste de ponte
-6 Manilhas pa. Corrente
-107 Lampadas electricas
-80m Cabo de arame 7/8
-60m Idem idem
-70m Idem 1"
-50m Idem ¾
-20m idem idem
-100m Idem 7/8
-8 Remos
-90 Ponteiros pa. Estacas
-1Guincho pa. guindaste de ponte
-6 Manilhas pa. Corrente
-107 Lampadas electricas
-1 Apparelho telefônico para merg.
-1 Guincho a vapor
-1 Caldeira para 100 cavallos
-1 Motor e dynamo montado
-2 compressores ar Ingersoll Rand.

-1 Compressor de alta pressão

-Camaras ar p comunicação c os cylindros

-1 Rebocador denominado "Enid"[93].

Dessa impressionante lista entregue pela CVC aos fiscais do governo, podemos fazer várias análises dos itens mais significativos, inclusive de medidas e grafia já em total desuso. Os guindastes da marca inglesa Derrick eram bastante utilizados em todo o mundo por serem fáceis de manobrar, apesar de não práticos, pois tinham vários cabos para pontos de apoio. Este autor achou conveniente mostrar aqui um deles porque, pela lista, tivemos pelo menos quatro unidades trabalhando na ponte e que foram imortalizadas pelas fotografias do engenheiro Eduardo Parisot.

Também se faz necessário explicar que um quintal, medida de massa, é uma unidade que foi utilizada naqueles anos. De acordo com o contexto, um quintal podia ser equivalente a 100 libras. Isso significa que um quintal equivale a 46 quilogramas.

Historicamente, os fabricantes mais conhecidos dessas soluções foram a American Hoist and Derrick e a empresa alemã Schmidt-Tychsen, que produzia diversas versões, com capacidades de até 60 t. Todavia, apenas os equipamentos de 3 a 20 t, com 9 a 23 m de comprimento do mastro, eram produzidos em série.

Os guinchos podiam ser acionados, no início, por vapor, depois gasolina, diesel ou eletricidade. Havia três tambores para operação normal e garras de cabo singelo, ou quatro tambores para operação com garras de cabo duplo. Alguns equipamentos eram fornecidos com *jib* (lança do guindaste) retrátil. Na maioria, o giro era feito manualmente, puxando-se a lança.

Naquela época, 1912, os Derricks eram a opção mais comum para serviços pesados e para a construção de pontes principalmente. O vapor logo daria lugar à eletricidade, mas os guindastes Derrick ficaram.

Quem for observador, vai notar um na margem esquerda na fotografia da CBEC publicada em seu livreto comentado neste livro nas Figuras 170 e 171, mais adiante.

---

[93] Lista retirada do livro de cópias de correspondências da EFCRGN de 1919 a 1920. De posse do autor.

Figura 154. É bem visível na fotografia, ao lado a caldeira a vapor, que é muito parecida com a do bate-estacas usado na construção do "Cais Ponte", projetado pelo mesmo engenheiro Georges-Camille Imbault e construído pela CVC, dando início ao cais de Natal com uma plataforma de 200 x 18m

Fonte: http://www.practicalmachinist.com/vb/antique-machinery-history/butters-5-t--stiffleg-derrick-steam-114431/-2013

As dragas foram imprescindíveis nas execuções dos tubulões da ponte do Potengi, pois dragavam muita lama. Na lista encontramos sete dragas e sua principal marca era a Priestman, que até hoje é usada em obras de dragagens portuárias. É incrível como os empreendedores do Reino Unido e resto do mundo se mantêm há séculos, são bem tratados pelos seus governos, sabem que o empreendedorismo é filho do capitalismo e as empresas são as galinhas dos ovos de ouro de uma nação na arte de arrecadar impostos.

Também, na lista, temos duas comportas para cilindros submergíveis que eram as comportas para os cilindros dos tubulões. Além disso, chamam a atenção nove ferros para misturar concreto. Será que eram betoneiras atuais que derivaram do francês "betoniere"?

Pela quantidade de concreto para serem fornecidos nos tubulões, certamente deveriam ter pelo menos cinco funcionando constantemente para dar vazão ao volume diário necessário.

Temos o bate-estaca com motor a vapor, que era muito necessário para se cravar estacas de madeiras ou metálicas para se travar e estaiar os cilindros presos pelas chatas que tinham de ser afundados — plotados — exatamente nos seus eixos de projeto. Como a construção do "Cais Ponte" se iniciou após ou durante a ponte, segundo fotografias de E. Parisot, certamente esse bate-estaca foi utilizado nessa segunda empreitada, a do cais.

Os compressores da marca Ingersol Rand elencados na lista são fabricados com grande qualidade e são equipamentos de primeira linha até hoje. Aqueles anos definiram muitas máquinas e equipamentos até hoje em uso no mundo todo.

Com essa lista de máquinas e equipamentos descrita, podemos montar um canteiro de obras perfeitamente funcional. Para as mentes mais brilhantes e inquietas, é um perfeito campo para a recriação de eventos que aconteceram ali no Potengi há mais de 100 anos. Como homens, máquinas e dinheiro de um país comandado por técnicos especializados, mesmo que inexperientes na primeira república, mas sem nenhum traço de desonestidade, construíram grandes obras em um Brasil sonhador.

Direi sempre aqui que naqueles anos de 1910 a 1920 o Brasil foi ingênuo e sonhador em busca de desenvolvimento e de crescimento sem a mão do "intermediário", que tanto vem destruindo os recursos das mãos dos pagadores de impostos. Para a minha classe de engenheiros, professores e para meus compatriotas, eu afirmo: o Brasil daqueles anos era muito mais técnico. Os técnicos eram chamados antes das decisões políticas. Involuímos.

Figura 155. Betoneira a vapor dos anos de 1910. Provavelmente foi utilizada na construção da nossa ponte por causa da produtividade e da boa resistência à compressão apresentada pelos testemunhos extraídos por este pesquisador

Fonte: https://www.gutenberg.org/files/24855/24855-h/images/fig21.jpg. Acesso em: 17 abr. 2020

A betoneira é uma das 30 máquinas mais importantes da humanidade e é atribuída nessa classificação só a partir de 1916.

10.7 A provável pedreira e o britador da H. R. Marsden[94]

Segundo o geólogo natalense e professor aposentado da UFRN Edgard Ramalho Dantas, uma pedreira existente a uma hora de barco a montante da ponte metálica, já bem próxima a Macaíba, pode ser a que abasteceu de brita a obra da ponte.

[94] Companhia fundada em 1858 por Henry Rowland Marsden.

Figura 156. Beira de um cais no rio Potengi a 300 m da cidade de Macaíba. O interessante dessa pedreira é que ela fica a apenas 50 metros da beira de um cais com pedras grandes facejadas, conforme mostra a foto

Fonte: fotografia do autor

No local da antiga pedreira que abasteceu Natal por muitos anos, principalmente nos molhes de pedra da margem direita que vão do "y" do 17º Grupo de Artilharia de Campanha (GAC) até o farol da boca da barra do rio Potengi, existe uma casa para a guarda de pólvora e outras bases de concreto para estruturas auxiliares. Esse local fica a 300 metros da ponte de Macaíba e a uns 15.500 metros da ponte de Igapó e se constitui em um verdadeiro sítio arqueológico urbano-industrial, pois certamente foi instalado no início do século XX provavelmente em 1912.

Não consegui juntar provas, mas é muito plausível que esse local tenha servido de abastecimento de britas para o concreto da ponte. É de certo que serviu de fornecimento de pedras quando do enrocamento do molhe na boca do Potengi margem direita em anos posteriores.

Em correspondência de 1 de setembro de 1911, o engenheiro João Ferreira de Sá e Benevides autorizava o empreiteiro Dr. João Proença a extrair pedras da pedreira de Umary para a construção da ponte sobre o Potengi. A correspondência tem o carimbo do engenheiro

Alípio Rosauro, do 4º Distrito da Inspetoria de Estradas de Ferro, com o visto em Recife.

Figura 157. Britador da marca H. R. Marsden fabricado entre 1888 e 1923 na fundição Soho, em Leeds, Inglaterra. James Watt fez consultoria para essa fundição por vários anos, o que a tornou lendária, bem como o detentor da patente Henry Marsden foi prefeito e benfeitor em Leeds. O estado de conservação desse britador de mandíbulas é razoável e encontra-se no seu lugar de origem em Macaíba (RN)

Fonte: fotografia do autor em 2013

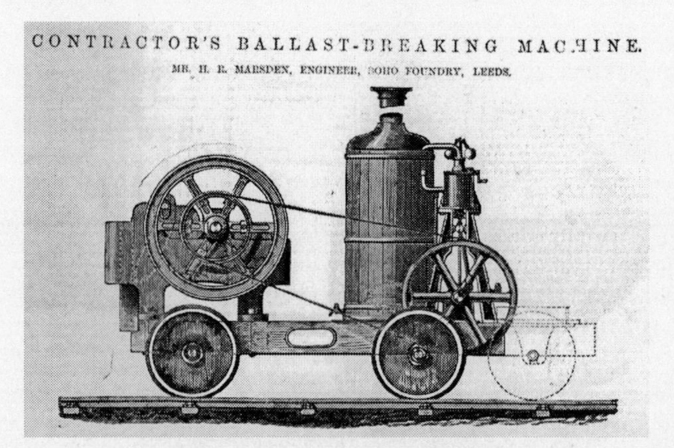

Figura 158. Segundo o jornal-revista *The Engineer*, de 1910, esse era o projeto original do britador Marsden. Aqui mostrando a sua força motriz de desenho inicial com vapor, mas que nos anos posteriores, ao término de sua fabricação, muitos foram adaptados para motores diesel

Fonte: https://www.gracesguide.co.uk/File:Im1873EnV36-p236.jpg. Acesso em: 25 jun. 2021

Em correspondência de 30 de agosto de 1912, o engenheiro fiscal J. F. de Sá e Benevides respondia ao superintendente da EFCRGN engenheiro Otavio Penna:

> *Em resposta ao vosso ofício de 28 do corrente em que submeteis a minha aprovação os typos de concreto que pretendeis empregar nas obras da ponte sobre o Potengy, tenho a dizer-vos que a composição do concreto deve obedecer ao mesmo criterio adoptado na construção de pontes desta Estrada Maximé, tratando-se da obra mais importante. Saúde e Fraternidade.*
>
> *Ass. J. F. Sá e Benevides*[95].

Mais tarde, em correspondência, podemos constatar que o concreto era algo com: "*0,45 de argamassa; 0,90 de pedra britada para 1,00 m³ de concreto*". A mesma composição adotada nas obras do porto do Rio de Janeiro e que é aconselhada pelo clássico Claudel[96] para pontes e muralhas de cais.

Em ensaios comentados no capítulo 20 mais adiante, ficou comprovado que a água de amassamento do concreto foi potável de excelente qualidade. Isto é, sem a presença de sais que a fariam salobra.

Foram empregados 6.500 toneladas de aço em perfis diversos da melhor qualidade, pois estão lá até hoje sem nenhuma conservação, mais de cinquenta anos depois de abandonada. A melhor explicação sobre o aço das treliças foi a de Souza (2011), um dos motivos do fracasso da desmontagem das treliças foi que, quando se iniciava o corte com o acetileno-oxigênio de cima para baixo, por exemplo, quando o corte estava chegando embaixo, a parte de cima estava se recompondo novamente. Incrível. Cena digna de filme. Ele explicou que o aço continha muito cobre e por isso esse fenômeno acontecia, obrigando a se passar o bico várias vezes no mesmo lugar de corte para que este efetivamente se concretizasse. Com essas palavras, ficamos satisfeitos com o insucesso da desmontagem.

[95] Extraída do livro de cópias de 1912 a 1914 da EFCRGN, constante no Museu do trem no bairro das Rocas em Natal RN.

[96] Joseph Claudel (1815-1880) foi um engenheiro civil francês que publicou vários livros sobre engenharia e matemática. Suas obras romperam muitos anos e foram adotadas na engenharia civil brasileira.

Em 2013, os irmãos Carlos e João Galvão, sabendo da minha pesquisa sobre a ponte velha de Igapó, convidaram-me para ver um bloco de concreto que ficava no quintal da casa de um amigo. A casa estava localizada em um local beira-rio do bairro de Igapó, um pouco mais a jusante da ponte metálica e obviamente na margem esquerda do rio. Era a rua Siqueira Campos, local próximo a um pontilhão construído com encontros de pedras arrumadas de forma primorosa, que são encontradas em todas as cabeças de pontes e bueiros das estradas de ferro executadas pela CVC. Tudo próximo à antiga estação de Igapó.

Figura 159. Bloco de concreto, fotografado em 2013, com medições quase idênticas às da mesma base do britador da Marsden, atualmente em Macaíba

Fonte: fotografia do autor

10.8 O método de rebitagem

Após a treliça básica, com muitas peças já rebitadas, ser colocada nos blocos de apoios, muitas outras peças auxiliares tinham que ser rebitadas e unidas. O processo de rebitagem, ou seja, cravar rebites, se constituía de uma chata amarrada em poitas e nos pilares existentes firmes debaixo da treliça. Nessa chata estavam a carvoeira bem alimentada pelo foguista, que aquecia os rebites até ficarem na cor vermelha claro quando, então, a turma da chata na água jogava para a turma da treliça acima, que aparava o rebite com uma luva de couro bem grossa e com um tenaz o introduzia no furo das chapas

a unir. Nesse momento já estava um batedor de rebites do outro lado que, junto ao da frente, batiam fortemente até seu aperto final, formando uma cabeça bem esférica e apertada na chapa quando do seu resfriamento. Tudo conforme descrito no contrato-decreto[97]:

> ***Decreto 9.172***
>
> *Clausula III – Obras de Artes.*
> *-Art. 45 – Montagem das Superstructuras e columnas metálicas das pontes.*
>
> ***Cravação – Será feita com estampa e martello de cravar; estes serão de 4 a 9 kilogrammas, sendo o primeiro empregado no princípio da operação e o segundo para terminá-la.***

No dia seguinte vinha um fiscal técnico inglês bater nos rebites com um martelinho e marcava com uma tinta os que tivessem resposta não satisfatória ao som. Era o terror para os rebitadores terem de arrancar um rebite para colocar outro de forma eficiente. E foi por isso, por essa seriedade no executar tarefas, que a Cleveland fez o mundo. Em Natal junto à CVC cumpriu esse papel.

Figura 160. Detalhe da primeira curva de banzo superior, que é espacial. Quantos detalhes em rebites. Quantas horas de trabalho. Mesmo com a corrosão avançada é possível se ler: "Frodingham Iron & Steel, England". Em um único *close* de fotografia, há mais de 100 rebites. Alguns sofrendo simples, outros duplo esforço cortante
Fonte: fotografia do autor

[97] Contrato decreto publicado no DOU em 4 de dezembro de 1911. Este contrato detalhava todos os serviços a serem executados e era oriundo de um arrendamento da União e a CVC.

Obviamente algumas peças estruturais importantes, que não causassem grandes problemas de transporte, já vinham montadas da Inglaterra, principalmente os furos principais para a posterior rebitagem, que já vinham executados. Segundo Thorpe (1906), no caso dos rebites unindo três chapas, eles sofrem duplo esforço cortante, e um único esforço cortante[98] no caso de estar unindo apenas duas chapas.

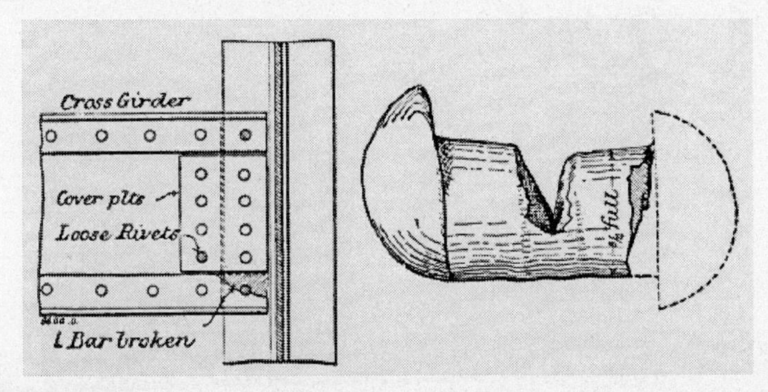

Figura 161. Rebites que sofreram esforços de mais de 8 t/pol² (toneladas por polegadas quadradas) ao se danificaram em direção ao cisalhamento
Fonte: Thorpe (1906)

Na Figura 161 é mostrado como se comportam os rebites para situações de simples e duplo esforço cortante.

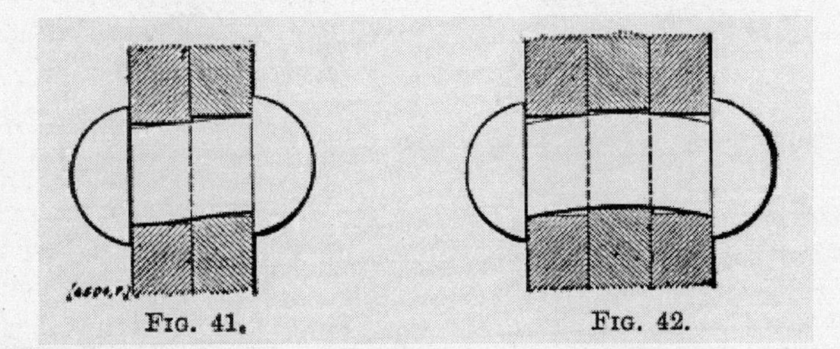

Figura 162. Rebites das respectivas figuras 41 e 42 de Thorpe (1906), no seu *The Anatomy of Bridge Work*, mostrando rebites submetidos a simples e duplo cortantes
Fonte: Thorpe (1906)

[98] A força cortante representa a soma algébrica de todas as forças contidas no plano YZ, perpendicular ao eixo da peça. Produzindo esforço que tende a deslizar uma seção em relação a outra, provocando tensões de cisalhamento. Resumidamente, é o esforço que uma peça de aço ou qualquer material sofre no sentido de quebrá-lo em movimentos contrários em um único ponto. Quando se tora um lápis de grafite de escrever.

De tal recomendação para atenção com rebites de Thorpe (1906), é possível se avaliar a importância do rigor do fiscal inglês que causava raiva às turmas de rebitadores de 1912 a 1914 em Natal.

horas, em lancha especial cedida pela Companhia de Viação e Construcções da E. F. Central deste Estado, com destino á ponte Potengy, afim de ser inaugurado o balisamento fixo dos dois cylindros tombados sob a dita ponte. Alli chegados o sr. capitão de corveta Emmanuel Gomes Braga, Capitão do Porto, declarou inaugurado o mesmo balisamento, que foi feito sob as expensas da «The Cleveland and Engineering Company Ltd.» mas sob a sua fiscalisação e direcção, pela importancia de 3.600$000 recebida do sr. dr. Manoel Dantas, representante da mesma Companhia. O balisamento

Figura 163. O balizamento de dois cilindros tombados durante a obra na reportagem do jornal. Não conheço nenhuma obra perfeita, sem nenhum problema. A ponte velha de Igapó deixou um cilindro metálico enfincado e torto no qual as embarcações poderiam bater. Hoje não há o menor vestígio de tal elemento no lugar entre os pilares 4 e 5, mais para a margem esquerda já comentados e aqui provados com a nota do jornal

Fonte: fotografia do autor no Jornal A República de 11 de julho de 1916

A data de 11 de julho de 1916, da reportagem da Figura 163, é pós-inauguração, comprovando o acidente durante a execução e os cilindros perdidos lá. Nessa época o Dr. Manoel Dantas era o representante da Cleveland em Natal.

Sobre esse fato não foi possível a este pesquisador identificar as causas e a data do acidente, mas é certo que os "cilindros caídos", conforme relatavam os jornais pós-inauguração, eram todo o conjunto de um caixão-cilindro pneumático e metálico que se desgarrou de seu local já comentados.

Este pesquisador esteve no Ministério da Marinha, sede da Biblioteca Geral na Ilha das Cobras no Rio de Janeiro/RJ. Foi muito bem recebido, mas, sobre o Capitão de Corveta Emmanuel Gomes Braga, então Capitão dos Portos em Natal, não havia mais informações a serem fornecidas, pois após alguns anos os livros de registros das capitanias do Brasil eram queimados. Achei incrível, mas a Marinha do Brasil sabe o que faz e a respeito muito.

10.9 O cerco da polícia às oficinas da CBEC

Em 8 de agosto de 1913, em plena construção da ponte, tivemos a notícia pelo jornal carioca *O Século* de que os canteiros de obras da CVC/CBEC em Natal tinham sido invadidos por policiais comandados pelo capitão José da Penha em busca de armas dos engenheiros ingleses e que até ferramentas úteis dos operários tinham sido confiscadas. Isso causou terror entre os operários que, no dia seguinte, não foram trabalhar. Absurdo. Coisas do Brasil dos insanos. No entanto, a obra continuou com muito sucesso, apesar da insanidade dos que sempre querem destruir o país.

Incrível.

10.10 Acidentes nas fundações

Os jornais de Natal, impressionantemente e até onde este pesquisador conseguiu ver, não comentaram os acidentes e possíveis mortes nos tubulões a ar comprimido. Não existem fotos, muito menos comentários. Existe um momento pós-construção em que obtivemos em um projeto original no Arquivo Nacional em que se vê os tubulões enfincados e tombados no leito do rio.

O representante da empresa inglesa era o intrépido Dr. Manoel Dantas, o *ombudsman,* advogado e jornalista que sabia de tudo em Natal. Ninguém melhor do que ele para representar e para executar uma tarefa envolvendo uma empreendedora empresa inglesa e outra nacional.

Comento que nós, brasileiros, principalmente os habitantes da longínqua, na esquina do continente, Natal, temos a mania de achar que não somos competentes, que foram os ingleses que construíram a ponte do Potengi. Uma infâmia e total ignorância que se enquadra no famoso complexo de "vira-lata" do dramaturgo e escritor brasileiro Nelson Rodrigues.

A grande construtora foi a CVC, capitaneada por seu presidente e fundador, o extraordinário engenheiro civil e de minas João Júlio de Proença. Uma empresa genuinamente brasileira com sede no Rio de Janeiro, a capital, centro comercial e industrial daqueles anos de 1912.

Inclusive ele, JJP, já tinha quase fechado um contrato pelos vãos metálicos com uma empresa alemã, a Maschinenfabrik Augsburg, mas, ao constatar que as fundações no Potengi não seriam fáceis, exigindo fundações obrigatoriamente profundas, e na época a CBEC detinha o conhecimento nesse tipo de trabalho, ele foi por duas vezes a Inglaterra para discutir esses detalhes. Obviamente, como a CBEC também fazia vãos, e vem sendo o forte dela até os anos atuais com a CBUK. Os vãos metálicos foram igualmente contratados de Darlington.

Essa é a verdade. Quando a constatei nas minhas investigações, fiquei muito orgulhoso da engenharia brasileira, que naqueles anos apenas engatinhava. Hoje a engenharia brasileira está entre as melhores do mundo.

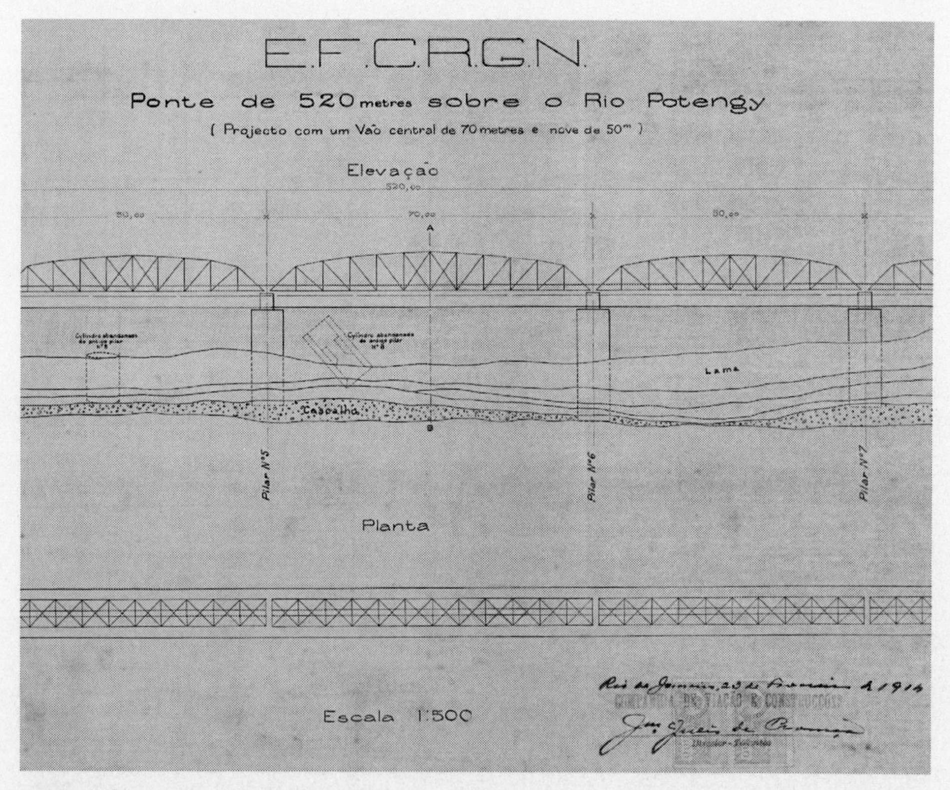

Figura 164. Projeto "*as built*" datado de 1914 e assinado, carimbado e selado pelo empreiteiro no Rio de Janeiro em 23 de fevereiro de 1914

Fonte: cópia do original existente no Arquivo Nacional, Rio de Janeiro/RJ pelo autor

O momento de encontro do projeto da Figura 164 foi um dos mais agradáveis desta investigação. Nos primeiros anos de pesquisa, eu tinha traçado como meta primordial e demarcatória esse momento. Com absoluta certeza esse papel, o qual tenho uma cópia, tremeu nas minhas mãos.

Nesse momento eu tinha cortado levemente um dedo no grampo da pasta do processo (original de 1914) que manuseava e ele sangrava. Era verão e estava quente. Suava. Então agradeci ao Grande Arquiteto do Universo por tanta dureza que tinha passado nos últimos anos sem encontrar nada. Naquele momento encontrava documentos que me deram muitas alegrias no momento e depois.

Só posso dizer que foi sangue, suor e alegria. Mais à frente vou contar as dificuldades e empecilhos que encontrei nessa busca incessante pela verdade sobre a nossa querida ponte do Potengi de 1914.

Nesse local do rio, entre os pilares 4, 5 e 6, existe um canal constatado por este pesquisador em uma batimetria de 1978 do DER/RN, quando dos estudos para a construção da segunda ponte sobre o Potengi.

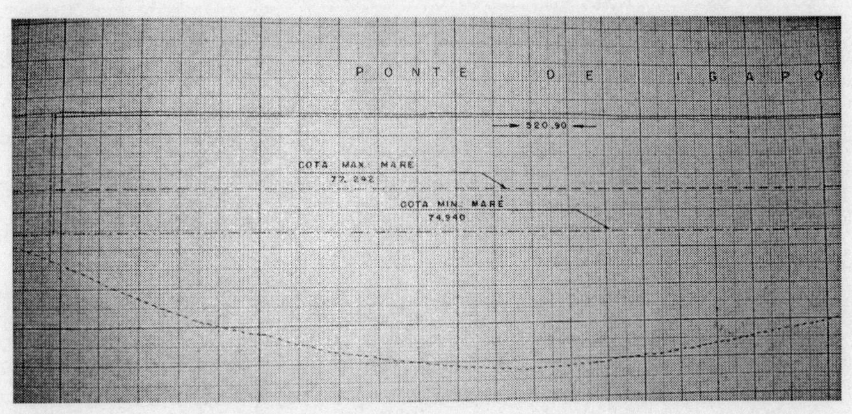

Figura 165. Local da batimetria do DER(RN) mostrando o forte aprofundamento, um canal, do rio para mais à margem esquerda

Fonte: fotografia do autor no original existente nos arquivos da construção da ponte de concreto de 1990

Esse estudo corrobora com um estudo da pesquisadora do UFRN, doutora Helenice Vidal, que mostrou um canal mais aprofundado nesse setor.

Figura 166. De Eugenio P. Frazão orientado pela doutora Helenice Vidal em 2001. Note na extremidade esquerda no local da ponte podemos ver um aprofundamento mais à esquerda do rio em cor verde-escura, representando oito metros de profundidade, que é maior do que suas vizinhanças, comprovando o estudo de batimetria do DER/RN

Fonte: dissertação de mestrado de Eugenio P. Frazão em 2001

Com certeza os engenheiros não conseguiram plotar e afundar corretamente o cilindro do tubulão devido ao aprofundamento maior e à maior velocidade do regime hídrico naquele local. Devemos lembrar que era um só tubulão com 20 pés, 6 metros de diâmetro, o que representava uma tremenda barreira para ficar estática e firmemente enfincado. Havia muitos cabos de aço e muitas tensões para plotar um tubulão dessas dimensões. Era muita área para a água arrastar.

Então, em 27 de maio de 1913, saiu o Decreto n.º 10.907 autorizando a substituição de um dos vãos centrais da ponte do rio Potengi por um de 70 metros, modificando assim o projeto aprovado pelo Decreto n.º 8.372 de 11 de novembro de 1910.

Ele foi assim, na íntegra:

DECRETO N. 10.917 – DE 27 DE MAIO DE 1914

Autoriza a substituição de um dos vãos centraes da ponte sobre o rio Potengy, no Estado do Rio Grande do Norte, por um de 70 metros, modificando assim o projecto approvado pelo decreto n. 8.372, de 11 de novembro de 1910

O Presidente da Republica dos Estados Unidos do Brazil, attendendo ao que requereu a companhia de Viação e Construcções, contractante do arrendamento e construcção da Estrada de Ferro Central do Rio Grande do Norte,

DECRETA:

Artigo unico. *E' autorizada a substituição de um dos vãos centraes da ponte sobre o rio Potengy, no Estado do Rio Grande do Norte, por um de 70 metros, conforme o documento que com este baixa, rubricado pelo director geral de Viação da Secretaria de Estado da Viação e Obras Publicas; ficando assim modificado, sem alteração do orçamento, o projecto approvado pelo decreto n. 8.372, de 11 de novembro de 1910, e sem effeito a alteração anterior do mesmo projecto; e devendo ser observadas as obrigações do contracto celebrado em virtude do decreto n. 9.172, de 4 de dezembro de 1911, e as condições geraes a elle annexas.*

Rio de Janeiro, 27 de maio de 1914, 93º da Independencia e 26º da Republica.

HERMES R. DA FONSECA.

José Barbosa Gonçalves[99].

[99] Decreto publicado no DOU de 27 de maio de 1914.

Aqui se faz necessário comentar o "sem alteração do orçamento". O vão aumentou em mais 20 metros e a ponte que seria de 500 metros passou a ter 520 metros. É de impressionar os melhores engenheiros orçamentistas, pois houve um aumento de 4% no comprimento da ponte e todos sabem que ponte se mede e se paga por metro.

É muito provável que a subempreiteira CBEC e a empreiteira CVC tenham absorvido o prejuízo por terem entendido como falha delas e ainda que CVC utilizou o vão imprestável de 50 metros no km 15 de Lajes-Epitácio Pessoa, hoje Pedro Avelino.

10.11 "Alto do inglês" e o engenheiro que se desesperou

Essa história, e aqui trata-se de uma história apenas que me foi contada por um irmão maçom, que não pediu segredo no seu nome, mas que aqui vou fazê-lo, preservando-o mesmo contra a sua vontade. Ele é um professor da UFRN de alto conceito e resolvi entrevistá-lo quando, ao saber da minha pesquisa, ele me contou o que o pai dele, também homem de ilibada reputação, havia lhe contado que um jovem engenheiro inglês havia se suicidado com um tiro de revólver após um grande acidente com vítimas fatais em um tubulão.

Em nenhum momento nesses já 25 anos de pesquisa havia escutado essa história. Mesmo indo a fábrica em Darlington depois, não tive coragem de perguntar ao Mr. Forrest, o gentil diretor que me atendeu lá em 2013. Foi tudo tão agradável que não poderia estragar os momentos com perguntas dessa monta.

No entanto, a probabilidade de que tenha ocorrido é alta. Para um jovem engenheiro, o acidente, que foi real, pode ter sido um grande trauma intransponível.

Investigando a vida dos engenheiros Stephen e Beit, não foram encontrados nenhum indício de tal fato, a não ser que o engenheiro Rupert Owen Beit tenha sido substituído pelo engenheiro Haskew em Natal, justificado por que o jovem Beit, que era australiano, na verdade se alistara na Royal Army, no departamento de constru-

ção e demolição de pontes, e veio a falecer em 1917 na Primeira Guerra Mundial.

Então paramos aqui mesmo. Mesmo tendo enfrentado os velhos livros da Polícia Militar daqueles anos no Rio Grande do Norte, não consegui achar nenhum fato que demonstrasse tal tragédia. A obra estava lá do outro lado. Será que conseguiram abafar tudo? Ou isso não foi verdade?

A investigação científica demanda muito esforço, tempo e dinheiro. Deixo esse assunto para meus amigos investigadores do Instituto Brasileiro de Avaliações e Perícias (IBAPE) seção RN.

Podemos raciocinar também que a vida na obra era a cinco milhas distantes e, do outro lado do rio, tendo uma movimentação própria de canteiros de obra. Não achei nada nos livros da polícia militar do RN. Vasculhei de 1912 a 1915.

Fica a dica para os próximos que queiram se aventurar na investigação científica. A pesquisadora que descobriu quem foi *Jack o estripador* quase foi à falência, teve muitos esgotamentos psíquicos e seguia a linha do DNA mitocondrial.

Existem algumas covas sem datas e sem nomes abaixo de 1920 no cemitério de Igapó, em Natal, que era bem perto da ponte, mas nada sobre elas estava no livro pertinente. Foi perdido. Porém lembro que nada fica lacrado para a história. Há sempre um rastro a ser seguido. A verdade é filha de quem tem tempo e paciência, não da autoridade que a escondeu.

10.12 Cronograma da obra – Uma visão a partir de suas medições e pagamentos

Em um balanço realizado sobre todas as medições efetuadas pela Inspetoria Federal das Estradas em 20 de fevereiro de 1919 à EFCRGN, encontram-se as medições que dão uma radiografia de como se processou a obra.

março	" 1912	Fixo	47:000$992	
abril	" "	"	4:500$000	Chaves
maio	" "	"	211:898$748	Vias metal.
junho	" "	Fixo e rodante	111:330$060	
julho	" "	Fixo	15:605$250	
8brº	" "	"	17:568$000	
9brº	" "	"	1.020:078$400	Ponte Potengy
janrº	" 1913	Fixo e rodante	36:966$432	
março	" "	" "	274:618$358	
abril	" "	" "	364:635$750	
julho	" "	" "	101:097$994	
agtº	" "	" Rodante	292:411$957	
9brº	" "	"	142:800$000	
junho	"	Fixo	110:000$000	1º vão 2ºP.Potengy
"	" "	"	82:865$024	
10brº	" "	"	30:000$000	mont.1ºvão "
"	" "	Rodante	163:434$508	e 1 moinho de
janrº	" 1914	Fixo	10:000$000	moinho vento.
"	" "		154:808$440	
"	" "	"	20:000$000	4º vão P.Poteng
fevereiro	"	"	10:000$000	moinho vento
abril	" "	"	80:000$000	5º v.p.Potengy
maio	" "	"	80:000$000	6º " "

Figura 167. Primeira medição. Pelo documento percebemos que foi bastante significativa, implicando em quase a metade do montante contratado, o que indica confiança e prestígio do empreiteiro mediante o governo. Foi o valor de 9 de setembro de 1912 que se encontra na sétima linha de cima para baixo. Depois vieram a medição de junho de 1913 para o 1º e 2º vãos. Em janeiro de 1914 a medição para o 4º vão, e abril e maio para o 5º e 6º vão, respectivamente

Fonte: livro da Inspetoria de Estradas - EFCRGN - Cópias dos Ofícios de 1919 a 1920

Este livro de cópias de correspondências foi apresentado ao autor pelo organizador do Museu Manoel Tomé de Souza, o inteligente advogado Ricardo Tersuliano, atual presidente do Instituto dos Amigos do Patrimônio Histórico, Artístico Cultural e da Cidadania (IAPHACC). No museu encontram-se diversas peças de materiais ferroviários, fotografias, trilhos, quadros etc. Este autor, no ano da inauguração do *campus* avançado do IFRN, doou nove quadros de tela impressa em nylon mostrando alguns momentos e fotografias deste livro, principalmente uma fotografia do construtor daquela rotunda, o JJP. O museu foi um empreendimento particular do empreendedor Ricardo Tersuliano. Nada de poder público que não preserva nada.

Conforme mostra a Figura 168, na foto oficial da Cleveland Bridge, a ponte sobre o Potengi ficou pronta em 1914. Inclusive esse é o ano oficial do seu término, o qual consta do currículo de seu projetista Georges-Camille Imbault.

O que podemos analisar e concluir desse fato é que a ponte ficou pronta, mas não existia estrada de ferro para inaugurá-la. Tiveram que concluir os acessos para só em 1916 serem realizados os testes em vagões fortemente carregados.

Assim vamos encontrar a medição final em dezembro de 1916, conforme o demonstrativo a seguir. Observa-se que a CVC fez uma medição após essa final, mas que até onde se apurou não foi paga.

maio-junho	1916	" Lagês-Caicó"	1o9:284$765
abril-maio	"	" "	98:o25$393
março-abril	"	" "	164:285$176
" "	"	E.S.Jardim-lig.N.Igapó	49:413$12o
abril-maio	"	Lages-Macau	86:296$373
maio-junho	"	" "	5o:4o2$263
" "	"	E.S.Jardim-lig.N.Igapó	3o:966$332
junho-julho	"	Lages-Macau	76:o14$1o9
setembro	"	Natal-Lages	17:272$548
julho	"	E.S.Jardim-lig.N.Igapo	95:993$423
"	"	Lages-Caico	156:114$318
setembro	"	Lages Macau	55:269$253
agosto	"	" "	75:739$679
dezembro	"	m.final P.Potengy	287:436$3o1

Figura 168. Na última linha há uma medição final da ponte do Potengi. Pouco mais de 10% do valor global contratado. Com muitas medições nos trechos de Esplanada Silva Jardim (trechos dentro das Rocas e Ribeira em Natal) e trechos de Lajes, Macau e Caicó. Sendo esses dois últimos citados de uma estrada que ficou abandonada e nunca concluído

Fonte: livro da Inspetoria de Estradas - EFCRGN - Cópias dos Ofícios de 1919 a 1920

10.13 Mudanças de comprimentos de vãos

Segundo o Sr. Gaspar Arruda Mariano, de 91 anos, ferroviário aposentado como agente de trem, entrevistado em 7 de fevereiro de 2013, quando declarou para este autor que todos os direitos autorais estavam livres e liberados, existe uma ponte de 50 m de vão no km 15 entre Lajes e Pedro Avelino. Em 9 de fevereiro de 2013 este autor constatou e fotografou a ponte descrita por Gaspar, estando esta em muito bom estado de conservação. Essa ponte metálica foi o vão aproveitado que veio da Inglaterra para servir como um dos 10 vãos da ponte sobre o rio Potengi. Como houve um acidente no pilar 6 (peça de sustentação dos vãos que são apoiadas nos tubulões), este teve que ser realocado mais à frente, ficando um vão (trecho entre um pilar e outro composto pela treliça metálica), entre os pilares 5 e 6, com 70 m. Também houve problemas entre o 4° e o 5°, mas foram sanados.

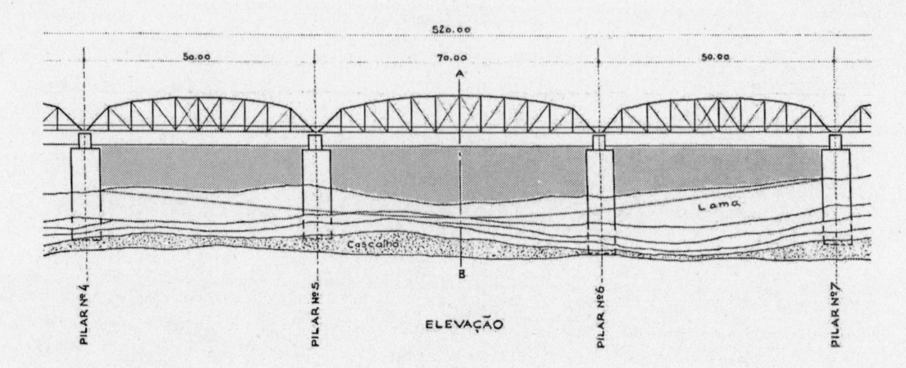

Figura 169. Sugestão que este autor fez dos fatos ocorridos. A linha logo acima da palavra lama mais a direita sugere o real leito do rio na época. Cilindro que tombou: o de n.º 6

Fonte: cópia de projetos do Arquivo Nacional e adaptados por este autor

Como a sequência de execução dos pilares-bloco obedecem à numeração e o caixão (cilindros caídos) ficou entre os 4 e 5, e o 5 e o 6, é muito provável que tenha ocorrido o acidente ao se executar o 6, pois ele é que foi estendido de lugar em 20 metros.

A ponte existente no km 15 do trecho Lajes-Pedro Avelino foi balizadora nas pesquisas porque se encontra em muito bom estado de conservação. Em pintura cor alumínio, tem partes em excelente estado, permitindo a visualização dos fabricantes dos perfis com perfeição. Esse é um fato revelador das pesquisas, porque é perfeitamente plausível a utilização desse vão que ficou inutilizável para a Ponte do Potengi.

Exatamente nessa época a CVC estava construindo esse trecho, que vinha da estação de Igapó, passando por Extremoz, Ceará-Mirim, Taipú, Poço Branco, Baixa-Verde (João Câmara) e Lajes. A partir daí passava por Afonso Penna (Pedro Avelino hoje) com o objetivo de chegar a Macau e à região salineira.

Todo natalense sabe que em dias de maré baixa a margem esquerda do rio no bairro de Igapó fica mostrando uma grande capa de lama. Exatamente nesse trecho, foi contado a esse autor, por Luis G. M. Bezerra *(in memoriam)*, em 2012, que, por ocasião da montagem de uma das primeiras treliças, uma delas caiu na lama e foi abandonada por ser impossível a sua recuperação. Tal afirmação não pode ser confirmada.

10.14 A inauguração da ponte do Potengi

Figura 170. Foto oficial constante no livro-catálogo da Cleveland Bridge dos anos de 1935 (uma raridade até em solo inglês) em que mostra os trabalhos da empresa. É tirada da margem esquerda, Igapó, onde o início dos trabalhos se transcorreram e mostra alguns equipamentos por trás do primeiro vão à direita, mais à margem esquerda. Essa fotografia foi realizada logo após a conclusão da ponte

Fonte: Catálogo da *The Cleveland Bridge and Engineering Co. Ltd*. Editado por volta 1930/5. Não é datado. catálogo de propriedade do autor

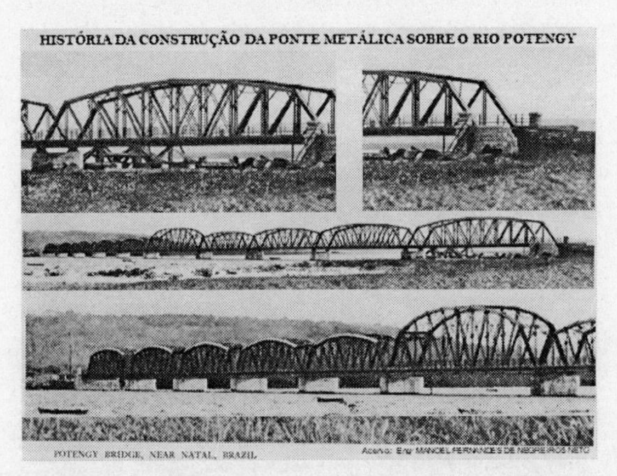

Figura 171. Detalhamento com ampliação da fotografia constante do livro da CBEC. No detalhe superior à esquerda vemos os sistemas de cavaletes metálicos nos quais a ponte era levada para serem montadas nos respectivos vãos. No detalhe superior à direita podemos perceber que a cabeceira de encontro da linha férrea com a ponte não estava concluída. Na parte inferior podemos ver como último detalhe à esquerda um guindaste como descrito no orçamento da CVC de marca Derrick

Fonte: livro catálogo de CBEC de propriedade do autor e adaptado

Figura 172. Fotografia original em Natal, do engenheiro Eduardo Parisot, e gentilmente cedida do acervo de WNR, mostrando momentos antes de um vão de 50 metros ser engatado entre os pilares. Fotografia inédita e certamente em Natal

Fonte: acervo de WNR fotografado pelo autor

Figura 173. Fotografia original em Natal do engenheiro Parisot. Nota-se que nesse momento o último vão da margem direita ainda não tinha sido colocado. O guindaste marca Derrick a vapor precisava de lenha/carvão para funcionar. Ei-lo de forma bem clara na margem direita

Fonte: acervo de WNR fotografado pelo autor

A própria designação da ponte explicada como "próxima à Natal", nos relatos da CBEC, dá-nos a ideia de como a ponte metálica do Potengi ficava longe do centro de Natal naqueles anos. Para se saber se o vão da Figura 173 era de 70 ou 50 metros é só se contar o número de transversais após os dois "X" centrais. Se tiver três é de cinquenta metros, se tiver 4 é o de 70 metros.

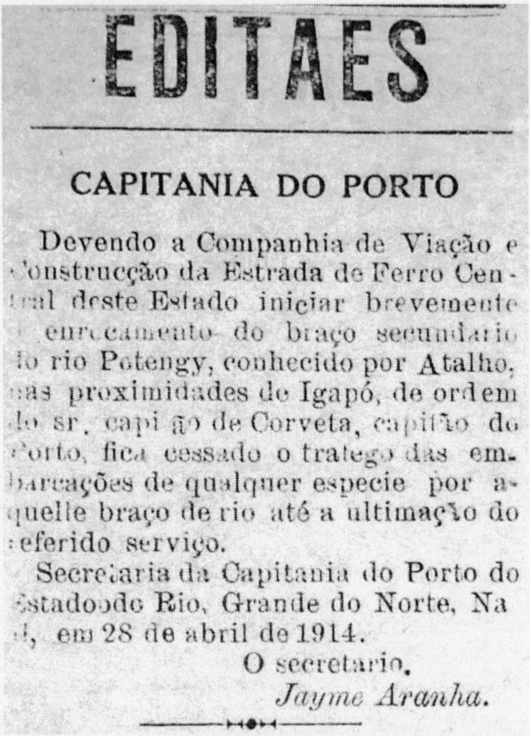

EDITAES

CAPITANIA DO PORTO

Devendo a Companhia de Viação e Construcção da Estrada de Ferro Central deste Estado iniciar brevemente o encerramento do braço secundario do rio Potengy, conhecido por Atalho, nas proximidades de Igapó, de ordem do sr. capitão de Corveta, capitão do Porto, fica cessado o trafego das embarcações de qualquer especie por aquelle braço de rio até a ultimação do referido serviço.

Secretaria da Capitania do Porto do Estado do Rio Grande do Norte, Natal, em 28 de abril de 1914.

O secretario,
Jayme Aranha.

Figura 174. Edital da Capitania dos Portos fechando o tráfego no local, no braço de rio conhecido como "Atalho"

Fonte: Jornal *A República* de 29.4.1914. Fotografado pelo autor diretamente no jornal dessa data

Decifrar documentos históricos sempre foi uma constante nesta investigação da obra da ponte de Igapó. A constatação de que o rio Potengi fora desviado, pelo menos em parte, para se aliviar a correnteza e facilitar o afundamento dos tubulões veio imediatamente com esse edital da Capitania dos Portos de Natal. Com certeza o rio fora dicotomizado a montante da obra e no mês de abril de 1914

certamente as fundações já tinham sido executadas, passando-se os meses seguintes para as montagens finais dos vãos metálicos. Sabemos que a CBEC finalizou a construção da ponte em 1914. O enrocamento do braço secundário tratava de fechar uma passagem de rio aberta anteriormente para aliviar a correnteza.

Assim a CVC deve ter realizado o enrocamento de pedras na entrada desse braço, imprimindo, então, um fluxo normal no Potengi. Esse braço, pela análise do edital, não só serviu para se aliviar o fluxo do rio como também para carrear toda a navegação possível para ele, deixando, assim, a construção da ponte livre de tráfego até aquela data.

De toda a história da construção da ponte metálica sobre o rio Potengi, a parte que foi mais documentada e que o jornal da época não deixou passar foi o momento da inauguração. No início da obra com a primeira pá de concreto em 1912 o governador era Alberto Maranhão, na inauguração, no dia 20 de abril de 1916, o governador era Joaquim Ferreira Chaves. Seu vice Henrique Castriciano de Souza, nome do colégio hoje, estava lá também o deputado federal Eloy de Souza, nome de cidade do Rio Grande do Norte. Os deputados Juvenal Lamartine, nome de um estádio de futebol no bairro do Tirol, em Natal, e José Augusto (nome da sede da assembleia legislativa do estado e de fundação do governo) foram eleitos em 1915.

Estava lá também o Coronel Cascudo, importante comerciante da cidade. E, acompanhando o coronel, estava seu filho, com 18 anos, Luís da Câmara Cascudo, que era ajudante de ordens do governador Ferreira Chaves, vindo a se tornar o maior expoente do folclore brasileiro de todos os tempos.

Figura 175. Luís da Câmara Cascudo com a idade um pouco mais de seus 18 anos do dia da inauguração. O ar de intelectual, mas simples de alma e de gênio. Amante da cultura e das verdades do mundo. Um ícone sábio do seu tempo que ecoa em vários tempos

Fonte: Fotografia cedida gentil e exclusivamente para este autor pelo Acervo Ludovicus – Instituto Câmara Cascudo, na pessoa de sua administradora Sra Daliana Cascudo Roberti Leite

No dia ainda estavam o engenheiro fiscal João Ferreira de Sá e Benevides e o engenheiro responsável da Cleveland, F. Collier, o superintendente e fiscal da EFCRGN Dr. Horácio Barreto, o desembargador Teotonio Freire, o Dr. Fabio Rino, os engenheiros André Veríssimo Rebouças e Abreu e Lima Filho, fiscais da EFCRGN, o Dr. Januário Cicco (1881-1952), que deu nome à atual maternidade do estado, veio a se tornar uma das maiores figuras da cidade de Natal e escreveu livros sobre como higienizar a cidade.

Além deles, também estavam o coronel Romualdo Galvão, nome de rua em Natal, Dr. Carlos Sampaio, Dr. Oscar Brandão, coronéis

Pedro Soares, João Valentim e Joaquim Correia, major José Pinto e o capitão João Galvão. Ainda o Dr. Carisot, que, em pesquisas deste autor, foi encontrado morando na época em Baixa-Verde, hoje João Câmara, e que na verdade era o engenheiro Eduardo Parisot muito citado por causa de suas fotografias encontradas pelo brilhante pesquisador WNR e cedidas a este autor.

E não poderia deixar de estar lá a maior figura intelectual da época, que era o intrépido advogado, jornalista e político Dr. Manoel Gomes de Medeiros Dantas.

Primeiramente, para atravessar a ponte, foi colocado um trem com dois vagões super carregados. Contou-me um cidadão de família tradicional de Igapó que o maquinista era conhecido como Manoel Carnaúba e só topou a parada depois de tomar duas doses de aguardente.

Figuras 176 e 177. O maquinista Manoel Pedro da Silva, conhecido por Manoel Carnaúba, e seu neto Herivelto Pedro da Silva

Fonte: acervo da família Pedro da Silva cedido por Herivelto Pedro da Silva

Em entrevista a este pesquisador, em 6 de julho de 2021, seu neto Herivelto Pedro da Silva contou que o seu avô, Manoel Carnaúba, nascido Manoel Pedro da Silva, era casado com Amélia Freire da Silva. Segundo seu filho, Manoel Carnaúba, foi o mais aguerrido maquinista da antiga EFCRN em Natal. Não por acaso, foi incumbida a ele a tarefa de inaugurar a primeira ponte metálica ferroviária, sobre o rio Potengi, em abril de 1916, comandando a *Catita*, locomotiva que foi resgatada pelo Museu do Trem, localizado no campus avançado das Rocas do IFRN Cidade Alta. João Carnaúba, filho de Manoel, também ferroviário, sempre que tomava umas doses de aguardente, propagava as peripécias do pai no comando de uma locomotiva. Tais qualidades, atribuídas ao maquinista, seriam corroboradas por outros ex-ferroviários ainda vivos naquela época. Entre os netos de Manoel Carnaúba, destaca-se a figura de Heriberto Pedro da Silva, mais conhecido no meio cultural natalense como Zorro, compositor de samba do mesmo bairro das Rocas. Tanto o bravo maquinista quanto seu filho, João Carnaúba, já são falecidos, mas deixaram suas marcas nas histórias da EFCRGN, da EFSP e da RFFSA.

Na inauguração do campus avançado do IFRN-Rocas, onde fica a Rotunda construída pela CVC, um cidadão me procurou e se apresentou como sendo o neto do maquinista Manoel Carnaúba. Fiquei feliz.

Figura 178. O neto do maquinista Manoel Carnaúba, Heriberto Pedro da Silva (direitos autorais cedidos), que conduziu o trem na inauguração de 1916 e este autor nas instalações da rotunda e oficinas recuperadas pelo IFRN

Fonte: fotografia do celular do autor

Também ficou registrada a locomotiva que fez o teste. Era a *Catita-3*, que tinha sido adquirida em 1906 pela EFCRGN.

Figura 179. A *Catita-3* se encontrava em Recife. Manoel Tomé de Souza, o Manozinho, foi responsável pela existência dela. A *Catita-3* foi trazida de Pernambuco para o Rio Grande do Norte, como foi a vontade do IAPHACC e outros. É importante lembrar da genialidade de Manozinho ao esconder a Catita de uma venda para o ferro-velho. As inscrições nela de GWBR estão erradas, ela nunca foi da Great Western
Fonte: http://joaquimtur.blogspot.com.br/2009/10/catita-de-volta-natal-com-passeios.html. Acesso em: 30 jan. 2013

Companhia de Viação e Construcções
ESTRADA DE FERRO CENTRAL DO RIO GRANDE DO NORTE
Horario de trens a vigorar de 2 de julho proximo em diante entre a Estação provisoria de Natal e Igapó:

	2ªs 4ªs e 6ªs		3ªs e sabbs.			3ªs 5ªs e sabbs.		4ªs e 2ªs	
Estações	Trem M 1		Trem C 1		Estações	Trem M 2		Trem C 2	
	Cheg.	Part.	Cheg.	Part.		Cheg.	Part.	Cheg.	Part.
NATAL		6,45		6,45	IGAPO'		14,36		10,52
IGAPO'	7,07	7,12	7,07	7,12	NATAL	15,00		11,15	

Figura 180. Quadro com o horário dos trens entre Igapó e Natal a vigorar de 2 de julho de 1917 em diante
Fonte: *A República* (1917 apud Medeiros, 2011)

Assim, estabeleceu-se a ligação efetiva entre Igapó e Natal com direito a horário de trens publicado no *A República*. Mesmo que fosse uma "estação provisória" em Natal, essa publicação foi um marco, uma vitória do natalense desde aqueles longínquos anos de 1837, o sonho havia se tornado realidade.

A avaliação que um engenheiro pesquisador pode fazer do relato do jornal, mais preocupado em anotar o nome de autoridades e coronéis presentes, é a de um completo desânimo pela total ausência de um mínimo de curiosidade do jornalista, pelo menos, alguns detalhes técnicos da obra poderiam ser escritos. Mas nada foi relatado no jornal nesse sentido.

Natal era uma aldeia de 12/14 mil habitantes por aqueles anos. A vila de 10 casas de Igapó viveu os anos de 1912 a 1916 de forma fervilhante. Certamente os garotos observavam aquelas máquinas maravilhados se locomoverem sobre o rio e edificarem pilares saindo de dentro deles. Devia parecer mágica.

Este autor já explicou as enormes dificuldades que enfrentou, e continuará enfrentando, em encontrar relatos sobre essa obra. Se existe um sonho, ele é o do achado de um diário de um mestre de obras ou de um trabalhador qualquer que anotou detalhes e ocorrências de toda a construção.

A história da construção da ponte metálica de Igapó em Natal é muito parecida com a história que o Brasil está escrevendo para o mundo. Grandes desigualdades. Tecnologia e analfabetismo. Políticos espertos e povo ingênuo.

10.15 Por que só foi inaugurada em 1916

Figura 181. Fotografia original do livro da CBEC, ampliada por este autor
Fonte: fotografia do autor diretamente no livro propaganda da CBEC e devidamente ampliada

Pela foto da Figura 181, de 1914, ano em que o subempreiteiro inglês declara que a ponte terminou, podemos notar que na cabeceira da margem esquerda, atual zona norte, não existe aterro, dormentes e trilhos no ponto de junção com a ponte. Existe até uma escada de madeira para se acessar o muro de pedra que mais tarde será preenchido pelo aterro compactado.

A escada de madeira está ao lado da baliza/contraforte da esquerda. Essa baliza em seu topo constitui-se de uma bela peça de granito trabalhado com perfeição, como mostra a Figura 182, só que no outro encontro, o da margem direita.

Figura 182. Baliza de pedra da margem direita, oposta ao da fotografia da CBEC, anteriormente comentada

Fonte: foto do autor em 2010

Então como fica: obra terminada em 1914 e inaugurada só em 1916. O que ocorreu? Segundo Wagner Nascimento Rodrigues e vários relatos de estudos sobre o porquê "a linha de ligação", que será abordada mais a frente, nunca terminava, o fato é que vários espertalhões, todos nominados pelo nobre historiador citado acima, saíram comprando terras baratas por onde os trilhos deveriam passar e entraram na justiça cobrando altas indenizações, ultrajantes indenizações. Então, para se vencer tais "nobres brasileiros", tivemos muito tempo perdido por "batalhas judiciais" bem parecidas com as do Brasil de hoje.

Assim atrasaram com a inauguração por causa das desapropriações desnecessárias e demoradas. Se bem que o aterro no mangue da margem direita para se encontrar com a ponte não foi fácil para JJP.

10.16 A engenharia no Brasil entre 1910 e 1916

Figura 183. Capa do livro *Engenharia do Brasil - 90 Anos do Instituto de Engenharia*. Observa-se que a história da engenharia oficial no Brasil só começou em 1916, o exato ano da inauguração da ponte sobre o Potengi em Natal

Fonte: fotografia do autor diretamente na capa do livro

É difícil contar a história da construção da ponte de Igapó porque só depois de sua conclusão é que começou a história oficial da engenharia no Brasil. Relembrando as palavras do artigo "A Ponte Velha de Igapó", no jornal *Diário de Natal*, do engenheiro civil José Narcelio Marques Sousa[100] (que aqui cede os direitos autorais de citação) em 18 de abril de 2000:

[100] O engenheiro civil José Narcelio Marques Sousa é um escritor natalense que escreve sobre a cidade e assuntos diversos.

A ponte Hercílio Luz (1920) em Florianópolis e a Ponte Florentino Avidos (1924) em Vitória/ES formam com a Ponte de Igapó (1916) as três mais antigas obras do gênero construídos no Brasil[101].

Com a diferença de que as duas primeiras foram totalmente restauradas (acrescenta-se que em 2011 foram gastos mais de 80 milhões de reais na recuperação na de Florianópolis. Hoje constam mais de 200 milhões gastos), tornaram-se cartões postais, são exploradas turisticamente, e orgulham catarinenses e capixabas, a velha ponte de Igapó, subtraída em 200 metros, sem qualquer tratamento ou conservação, teima em compor um cenário à parte, que encanta e entristece a tantos que atravessam o Potengi e vislumbram os restos imponentes da melhor engenharia praticada no início do século XX.

Figura 184. A ponte Florentino Ávidos, muito semelhante à do Potengi é hoje um cartão postal ligando Vitória a Vila Velha (ES). As treliças metálicas foram trazidas da Alemanha

Fonte: http://www.skyscrapercity.com/showthread.php?t=633202. Acesso em: 2 fev. 2013

[101] Também há de se citar a ponte Imperador Dom Pedro II na Bahia de 1895 e a ponte Rio Branco ou dos Boiadeiros, na Bahia, de 1917, aqui comentadas.

10.17 Pesquisas subaquáticas nas fundações

Figura 185. O mergulhador Marcos *(in memoriam)* confirmou a geometria dos pilares em 11 de março de 2010

Fonte: foto do Autor. Gentileza de Afonso Melo da MAR & SUB, que declara e autoriza a utilização de imagens

Nesse dia, 11 de março de 2010, partimos eu e o engenheiro doutor Fabio Pereira do Iate Clube de Natal na lancha do capitão amador Afonso Melo, gentilmente cedida. Planejou-se uma chegada à ponte em maré de estofo, ou seja, nem enchente nem vazante, apenas uma maré cheia parada, em uma tentativa de uma melhor visibilidade no mergulho com águas as mais paradas possíveis.

Não tivemos sucesso quanto à visibilidade, mas o experiente mergulhador Marcos *(in memoriam)* identificou perfeitamente a geometria dos blocos, tomando como referência o bloco de n.º 6. Ele tinha a forma conforme mostram os projetos. Não ficaram dúvidas nas informações do Marcos.

Também navegamos com a lancha em todos os pilares, anotando as profundidades do rio, que a seguir serão detalhadas, e são bastante semelhantes às do projeto.

Como sempre há um perigo em mergulhos próximo de fundações, este pesquisador deu-se por satisfeito e encerrou o mergulho, todos retornando em segurança para o Iate Clube de Natal.

As velhas fundações antes eram imaginadas por experientes engenheiros natalenses como sobre estacas, mas não eram estacas e sim blocos de fundações em tubulões pneumáticos cilíndricos. A constatação dessa geometria dos blocos foi um momento muito bom das pesquisas, e bem no início, em um momento em que este pesquisador não tinha os projetos em mãos.

Aproveitando o ecobatímetro da embarcação, fomos registrando as profundidades sempre a jusante dos blocos: próximo ao pilar bloco n.º 8 = 7,10 metros (tomando-se como referencial a margem esquerda); próximo ao n.º 7 = 6,00 metros; próximo ao n.º 6 = 5,4 metros; próximo ao n.º 5 = 8,6 metros; e próximo ao n.º 4 = 11.3 metros, corroborando esse grande aprofundamento com os projetos do DER e estudos da doutora Helenice Vidal. Ainda foram observadas que as profundidades entre pilares sempre eram maiores do que as em frente a eles, mostrando, assim, a dinâmica hidráulica do rio. Entre os pilares 4 e 5, registramos a profundidade, naquele dia, próximo das 15 h, de 12,5 metros.

Podemos registrar, a título de prova de navegabilidade, que entre esses blocos-pilares bem que poderia ter uma ponte giratória, como no projeto de G. C. Imbault. O rio permitia, mas aos homens daqueles dias da execução isso não foi permitido.

Essa numeração de pilares-blocos adotada é a mesma dos projetos. O pilar pesquisado no mergulho foi o de n.º 6.

Esse registro de profundidades veio a confirmar com o trabalho de Frazão (2003).

10.18 A última medição de pagamento – Uma briga que foi parar nas mais altas cortes

Uma obra complexa e de alto vulto como foi a construção dessa ponte terminou com uma pendenga muito grande entre o empreiteiro JJP da CVC-EFCRGN e o governo federal-engenheiros fiscais.

Em 10 de abril de 1917, o primeiro procurador da república Francisco de Andrade Silva enviou uma correspondência ao então ministro de Viação e Obras Públicas Augusto Tavares de Lira informando da chegada do processo na Segunda Vara Federal. Foi uma briga que se arrastou por muitos anos e provavelmente chegou até o ano da morte prematura de JJP em 1923, no Rio de Janeiro.

Diversas correspondências foram analisadas por este pesquisador que constatou uma da Inspetoria Federal de Estradas, a qual comprova o total desconhecimento do assunto, pois falava no pagamento para a empresa alemã Maschinenfabrik Augsburg, que foi uma das primeiras empresas ventilada por JJP para fornecer os vãos metálicos, quando todos sabiam que a subcontratada fora a CBEC. No entanto, os engenheiros fiscais endureceram e parece que nada os fizeram pagar a última medição-fatura.

CAPÍTULO 11

O MESTRE FERREIRO MANOEL DE OLIVEIRA CAVALCANTI NA MONTAGEM DA PONTE

Figura 186. Mestre Nezinho (1882-1969), o excelente ferreiro que trabalhou na montagem das treliças metálicas foi um homem notável de sua época. Logo ganhou a confiança dos Ingleses do início, em 1912, até o fim, em 1915

Fonte: acervo de fotografias da família Cavalcanti

Segundo Cavalcanti (2013), Manoel de Oliveira Cavalcanti era natural de Caruaru (PE), nascido em 10 de janeiro de 1892. Filho de ferreiro e de uma dona de casa, aos 10 anos começou a ajudar seu pai, Pedro Ledo, na oficina que funcionava nos fundos da casa e logo aprendeu o ofício de ferreiro. Aos 12 anos já executava pequenos serviços.

No ano de 1907, aos 15 anos, devido às dificuldades que a família vinha passando e a uma única fonte de renda, que era a oficina de seu pai, resolveu sair de Caruaru, colocou as poucas ferramentas que eram do seu pai em um baú e prometeu a sua mãe e irmãos que iria correr o mundo, mas voltaria para pegá-los.

Inicialmente foi para Recife, capital do seu estado, na esperança de dias melhores. Teve dificuldade de emprego, já que sua formação era de ferreiro autônomo. Então, obteve a informação de que tinha muito serviço no Rio Grande do Norte, passando em Nova Cruz,

viu muitos engenhos e resolveu desembarcar. Havia uma Central de Oficinas da Rede Ferroviária em Nova Cruz/RN. Então, começou a fazer pequenos serviços, recebendo como pagamento pedaços de trilhos e outras sucatas. Com essas sucatas fazia ferramentas como foices, enxadas, talhadeiras etc. para vender nas feiras da região.

Outra região que chamou a sua atenção foi a de Canguaretama. Assim, resolveu se mudar para lá, alugou uma casa, pagando seis meses adiantados com o dinheiro que tinha economizado, e montou sua própria oficina para fazer serviços nas usinas e ferramentas para as feiras. Uma vez disse que as ferramentas estavam com poucas saídas, apesar de serem de boas qualidades (têmperas perfeitas), resolveu inovar colocando a estrela de David como marca em todas as suas ferramentas. Com esse marketing de 1910, suas ferramentas voltaram a ter larga aceitação. Em uma dessas feiras, em Pedro Velho/RN, conheceu a sua grande paixão, Cecília de Castro, com quem veio a se casar.

Nessa época em Canguaretama, um dono de engenho falou que em Natal estava sendo construída uma ponte de ferro e que precisavam de ferreiros. Então Seu Nezinho logo chegou a Natal em 1912, aos 18 anos, indo direto ao local da ponte, na entrevista e no teste que fez, foi aprovado como responsável por uma turma para fixação.

Os rebites chegavam da Europa em caixas, só com uma cabeça (chamada de cabeça de fábrica) e outra a ser moldada no local, eram de diâmetro igual ou superior a três quartos", ou seja 19 mm.

A turma para fixação de rebites era composta de oito homens, segundo seu Nezinho:

- 1 responsável pela forja, colocando carvão, girando a manivela e colocando o rebite incandescente (vermelho-claro) em uma espécie de pá de couro.

- 1 responsável em arremessar o rebite até o local da aplicação.

- 1 responsável em segurar esse rebite, lançado com um saco largo em couro.

- 1 responsável em pegar o rebite com um tenaz e colocar no local a ser aplicado e colocar uma peça com cabo na cabeça do rebite (conhecida como cabeça de fábrica).

- 1 responsável por segurar a peça com cabo para fazer a cabeça do rebite (chamada a buck-cauda, que é a extremidade oposta à cabeça de fábrica).

- 1 responsável em aplicar as marteladas sucessivas e rapidamente para formar a cabeça do rebite.

- 2 em serviços leves para fazer o rodízio com os outros devido ao cansaço do trabalho.

Para esse serviço de fixação, era preciso ser ágil, porque tinha que ser concluído rapidamente, moldando a cabeça com o rebite ainda quente, para que, durante o resfriamento, quando este diminuísse de tamanho, tencionasse ainda mais as peças unidas. Todos eram importantes na fixação dos rebites, principalmente os que aplicavam as marteladas.

Mestre Nezinho contava que o pior era o fiscal inglês, que no outro dia vinha com um martelinho batendo nas cabeças dos rebites e peças para ver a qualidade do som; se fosse agudo, a fixação estava aprovada, se fosse grave, marcava o rebite com uma talhadeira e o pintava para ser retirado.

Em depoimentos aos filhos e netos, mais tarde explicou que os primeiros vãos na margem esquerda, que permitiam a elevação em dormentes, eram erguidos entre pilares para apoiar as primeiras peças a serem montadas. Esse método é notado quando da construção da ponte Dona Ana sobre o rio Zambezi, conforme mostra a Figura 189.

Ali trabalhou até sua conclusão em 1914. Com a experiência como ferreiro, resolveu abrir uma oficina, próxima à Estação Ferroviária de Natal, onde hoje inicia a rua do Contorno, na Ribeira, próxima ao Colégio Salesiano e à Caixa Econômica. Com respeito e serviços garantidos, montou uma casa e mandou chamar em 1916 sua mãe, Beatriz Umbelinda, e seus irmãos, Napoleão, Pedro, Epaminondas e Salomé.

Em 1918 casou com Cecília de Castro Cavalcanti (Nenzinha), tendo sete filhos, Paulo, Beatriz, Arlete, Pedro, Antônio (Toinho), Jack e Janser. Os homens iniciaram suas vidas profissionais na oficina de Mestre Nezinho.

Era um homem gozador, fazia questão de reunir a família (filhos, noras e netos) para contar causos de sua vida e piadas uma vez por semana à noite. Às filhas dava conselhos para trabalharem e não serem reféns dos maridos, já aos homens orientava que trabalhassem bastante para não deixarem as esposas trabalharem.

Figuras 187 e 188. Bigorna, tenazes, martelos e ferramentas diversas da oficina de Mestre Nezinho

Fonte: acervo de fotografias da família Cavalcanti

Mestre Nezinho trabalhou na oficina até perto de seu falecimento, que ocorreu em 1969, com 78 anos. Era muito conhecido em Natal por suas excelentes soluções mecânicas. Deixou um grande legado para a cidade, com netos e bisnetos atuando nas áreas de engenharia, medicina e direito.

Figura 189. Ponte em treliça metálica exemplificando as informações de Mestre Nezinho. É o exemplo da ponte Dona Ana sobre o rio Zambezi construída pela Cleveland. Em Natal, esse tipo de escoramento deve ter sido possível nos três primeiros vãos montados a partir da margem esquerda, pois aqueles anos eram de forte seca e o nível das águas no rio Potengi deve ter baixado muito.

Fonte: fotografia diretamente sobre o livro *Cleveland Bridge, 125 years of history*, de propriedade do autor

CAPÍTULO 12

FRANCISCO DE SOUZA MATOSO (O PORTUGUÊS)

Figura 190. Fotografia de Francisco Matoso

Fonte: fotografia cedida por Francisco Matoso Neto e autorizada pela família Matoso em Natal

Waldemar de Souza Matoso (*in memoriam*), filho de Francisco, em entrevista concedida a este autor em 28 de fevereiro de 2013, declarou que autorizava a publicação do resumo sobre a vida do seu pai, o "Português".

Francisco de Souza Matoso saiu de Algarve, Alte, Portugal, em companhia de seu irmão. Quando chegou a Natal, Francisco ficou e o irmão continuou até o Rio de Janeiro.

Francisco Matoso logo conseguiu um emprego na obra da ponte. Dormia no canteiro instalado pela construtora para os trabalhadores. Rapidamente ganhou a confiança da construtora, galgando postos e passando a ganhar bem. Contam os amigos dele, como Manoel de Oliveira Cavalcanti, o Nezinho, que Francisco foi o primeiro a cair da ponte e não morrer, até ensinou aos colegas como cair e se sair bem, pois era atleta e nadava muito bem.

Durante a obra foi até Santo Antônio dos Barreiros, localidade ao norte e se encantou, logo partiu em busca de comprar um pedaço de terra. Começou a namorar a futura mulher, Maria de Jesus Matoso, conhecida como Marola, que era amiga de Donana, a futura mulher

de seu amigo Reynaldo Iglesias. Teve 10 filhos. O entrevistado Waldemar é o oitavo filho:

1. Manoel Vagues, dentista
2. Nede
3. Raquel
4. Hildebrando, dentista
5. Jaime
6. Deusdeth
7. Gaspar, médico
8. Waldemar, empresário (o entrevistado)
9. Floriano, dentista
10. Nanci, advogada.

Então montou uma mercearia em Santo Antônio. Após alguns anos, empreendeu um engenho em uma propriedade comprada, que tinha animais e plantação de cana-de-açúcar.

Após o engenho, montou uma cerâmica. Nesse tempo o entrevistado foi trabalhar com o pai, Francisco. Depois, Waldemar arrendou a cerâmica com a condição de que, se não pagasse o arrendamento, a cerâmica seria tomada de volta.

Francisco S. Matoso era um homem comedido e ponderado. E foi um vitorioso.

12.1 Os amigos Reinaldo Iglesias e Francisco Matoso

Os dois chegaram como trabalhadores normais. O primeiro era de origem espanhola, mas nascido na Argentina, e o segundo, português que chegara de Algarve Alte, já comentado, em um navio rumo ao Rio de Janeiro no qual seu irmão Manoel continuou viagem. Reinaldo e Francisco logo fizeram amizade. Reinaldo, ao ver as dificuldades que a construtora enfrentava para colocar no lugar o vão central maior, avisou para outros operários que sabia do modo correto para tal execução. Os engenheiros ingleses mandaram chamar e toparam as ideias da dupla, que deu certo, logo foram promovidos e passaram a ganhar bem.

Francisco e Reynaldo eram a dupla de estrangeiros que fizeram sucesso e dinheiro rápido na construção da ponte. Logo compraram terras em Santo Antônio dos Barreiros, região que era muito bonita e fértil na época.

12.2 Entrevista com Wilson Silveira

Foi concedida uma entrevista em 26 de junho de 2013. declarou Wilson Silveira que o entrevistador poderia divulgar em livro.

Reynaldo Iglesias foi um espanhol ou argentino, mestre de obras, que veio trabalhar na construção da ponte metálica de Igapó e se juntou com a senhora Donana (pronuncia-se dessa forma). Donana, Ana Elisa Iglesias, e esse Zelo, como ficou conhecido, tiveram dois filhos: Reinaldo Iglesias e Élia.

Élia se casou com o senador pelo Rio Grande do Norte Luís de Barros, posteriormente foi prefeita de São Gonçalo do Amarante. Eles tinham uma casa grande na rua Apodí, no bairro do Tirol, em Natal. Dona Élia e Luis tiveram uma filha chamada Eliane Barros, que se casou com o deputado Marcílio Furtado e foi, também, prefeita de São Gonçalo do Amarante. Também tiveram outro filho, Luciano Barros, engenheiro sócio da Ecocil e que deu nome ao edifício Luciano Barros.

Donana passou seus últimos anos vivendo em um quarto confortável na maternidade, construído por sua filha Élia, de Santo Antonio dos Barreiros. É fato que ela morreu com idade avançada.

Segundo o jornalista Ticiano Duarte[102] (*in memoriam*), o senador Luís de Barros (*in memoriam*) falava que Donana passou a vida inteira esperando que um dia o Zelo voltasse, o que nunca ocorreu.

Reinaldo Iglesias, filho de Zelo e Donana, foi superintendente da cadeia de cinemas que congregava o São Luiz, o REX e o Nordeste, todos de propriedade do Senador Luis de Barros.

---

[102] Ticiano Duarte foi um jornalista e escritor no Rio Grande do Norte.

12.3 Entrevista com Reinilde Iglesias[103]

Foi concedida uma entrevista em 27 de fevereiro de 2013. Reinilde declarou que o entrevistador poderia divulgar em livro.

Donana tinha traços muito diferentes, era muito amiga de Marola, que era muito bonita. As duas iam sempre para Igapó para olhar os homens trabalhando. Elas sempre viam o Zelo (espanhol-argentino) e o português juntos. Eram simples operários e elas os achavam bonitos.

Zélo havia chegado da Espanha no ventre da mãe dele para a Argentina, pois seu pai tinha uma fábrica de charutos lá. Então Zelo nasceu na Argentina, mas é de origem espanhola por parte de pai e mãe.

Logo, as duas, Donana e Marola, namoraram e casaram respectivamente com Reynaldo (Zelo) e Matoso.

Reynaldo, passando a ganhar bem, comprou um Sítio em Santo Antonio dos Barreiros, onde passou a morar com sua amada Donana, com quem teve dois filhos. A primeira, chamada Maria, nasceu em 1912, morreu e foi enterrada em Santo Antônio mesmo, foi construída uma capela onde ela está enterrada. Em 24 de dezembro de 1913 nasceu Reinaldo, e no ano seguinte, 1914 nasceu Élia.

Após esse tempo e antes da ponte ser inaugurada, ancorou um grande navio no porto de Natal, no qual chegou alguém para dar um recado a Zélo. Ele saiu de casa para trabalhar acompanhado do zelador de seu cavalo. Ao final da tarde, quando o zelador foi apanhá-lo para levá-lo para casa, não o encontrou jamais. Zélo havia sumido para nunca mais voltar.

Donana então passou a morar em uma casinha pequena em frente ao cinema São Pedro, onde com uma máquina de costura criou os dois filhos, Reinaldo e Élia. Reinaldo gostava de jogar futebol e Élia era muito estudiosa.

Donana esperou Zelo até morrer, já com idade muito avançada, uma verdadeira história do suplício de uma saudade.

---

[103] Neta de Reynaldo Iglesias. Foi empresária em Natal com a empresa chamada Loja dos Presentes.

12.4 Entrevista com Roberto Iglesias

Roberto Iglesias, neto de Zelo, em entrevista a este autor, em 13 de março de 2013 (com autorização para publicação), relatou alguns fatos que aqui acrescentam informações complementares às duas anteriores. Roberto Iglesias foi uma pessoa extremamente amável e receptiva com este autor, convidou-me para conversar mais no Iate Clube de Natal, degustando uma aguardente preparada por ele. As impressões novas seguem abaixo:

1. Zelo chegou logo no início da obra e depois voltou para a Argentina ou outro lugar para buscar uma equipe que pudesse trabalhar sob o comando dele. Por isso era uma pessoa qualificada como mestre de obras.
2. Na obra ocorreram muitos acidentes com pessoas que caíram da ponte e não sabiam nadar, além de acidentes nos tubulões de ar comprimido.
3. Ele gostava muito de boemia com cachaça, vaquejada e forró. O casal brigava muito, Ana Elisa (Donana) era muito brava, ao que Zelo combinou de deixar as vaquejadas e os forrós, mas não deixaria a boemia e as cachaças, pois gostava muito de sair com os amigos e tocar viola.
4. Mesmo assim, Ana Elisa continuou brigando quando Zélo chegava tarde. Após uma das grandes brigas, Zelo saiu de casa para nunca mais voltar.

Figura 191. Este pesquisador em entrevista com o neto de Reynaldo Iglesias, o Zélo, da construção da ponte metálica de Igapó no Iate Clube de Natal. Ele se chama Roberto Iglesias

Fonte: fotografia da câmera do autor

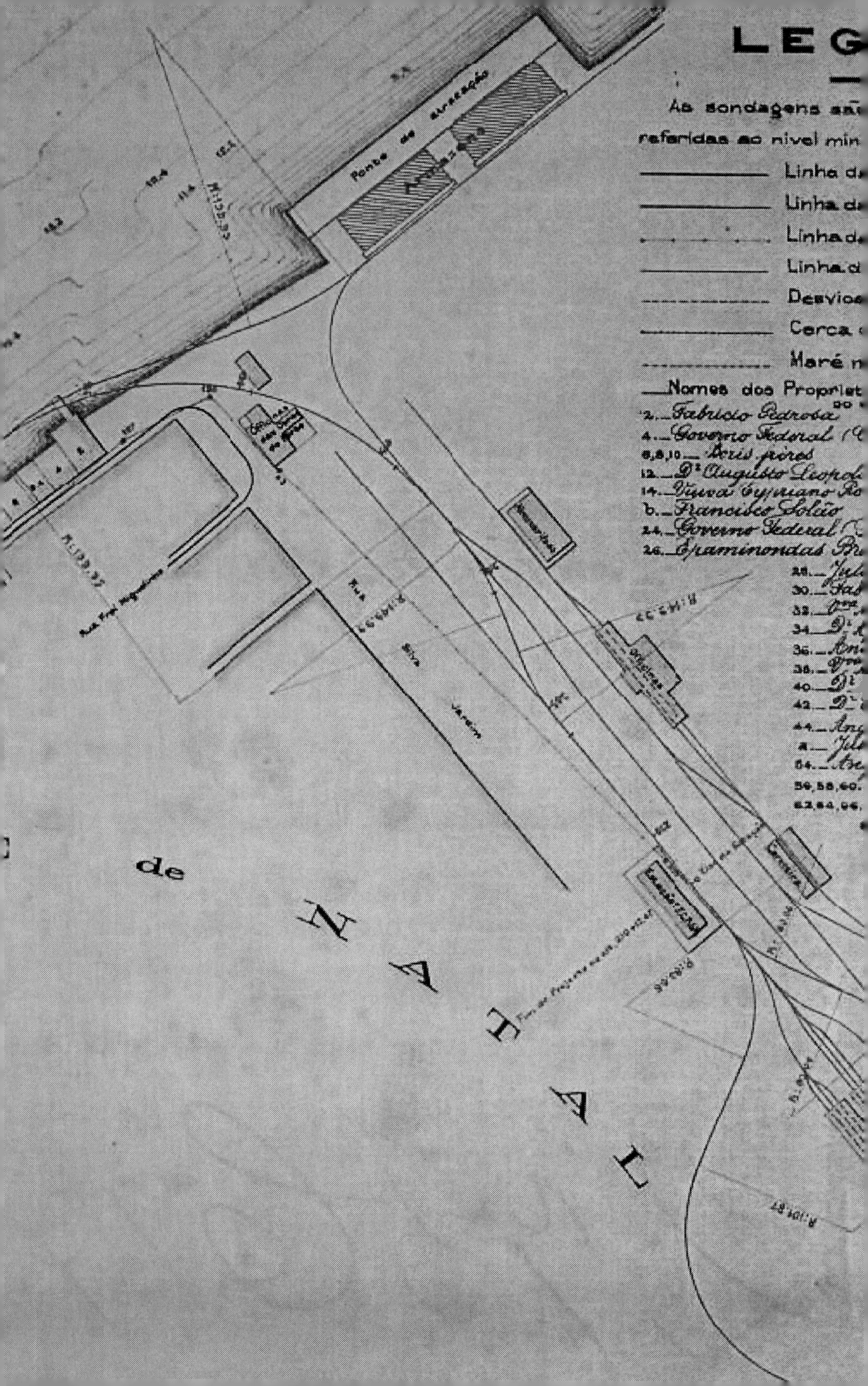
LEG
As sondagens sã
referidas ao nivel min
Linha d
Linha d
Linha d
Linha d
Desvios
Cerca
Maré
Nomes dos Propriet
2. Fabricio Pedrosa
4. Governo Federal
6,8,10 Boris pires
12. Dr Augusto Leopol
14. Viuva Cypriano Ro
b. Francisco Solão
24. Governo Federal
26. Epaminondas Br
Ponte de atracação
Silva Jardim
de
NATAL

CAPÍTULO 13

A LINHA DE LIGAÇÃO

13.1 A linha entre rotunda e a ponte

A Linha de Ligação, pode parecer redundante mas era assim que era chamada, era o trecho entre os armazéns da rotunda e a cabeceira da ponte na margem direita do rio, foi o trecho mais demorado para se concluir, o que causou atrasos, porque vários "novos proprietários" de terras entravam na justiça para conseguir uma indenização. Parte triste da obra. Foi o momento em que os espertalhões apareceram para comprar antecipadamente as terras por onde os prédios seriam construídos e por onde a estrada de ferro passaria.

A Linha de Ligação era precisamente designada pelos diversos trabalhos compreendidos entre a Esplanada Silva Jardim na Ribeira/ Rocas, Natal/RN e a cabeceira da ponte do Potengi. Teve o aterro que compreendeu todo o trecho de mangue até a cabeceira, que desmoronou por algumas vezes e foi fator de atraso na inauguração também.

Segundo Rodrigues (2006), entre 1909 e 1920, um pátio ferroviário foi construído na cidade do Natal, dentro de uma série de medidas tomadas pela Inspetoria Federal de Obras Contra as Secas (IFOCS). A cidade, com pouco mais de 10 mil habitantes, havia recebido cinco anos antes mais 15 mil retirantes após um longo período de estiagem no interior. Ou seja, a linha foi concluída depois de uma série de malabarismos técnicos da CVC porque a ponte foi mesmo inaugurada e ligada até a Ribeira, mais precisamente até a rua Chile, mas ficou longe de ser concluído o trecho até o pátio preponderante da EFCRGN na Rocas.

A ligação da esplanada Silva Jardim com a EFCRGN incluía a construção de um muro de arrimo à beira-rio, que partiria do pátio da Great Western até a ponte de atracação do Porto de Natal, o conhecido Cais Ponte. No entanto, essa ligação não seria tão pacífica, porque dessa vez a linha se confrontaria com vários comerciantes e instituições locais situadas na cidade que dependiam da servidão do rio para o desempenho de suas funções.

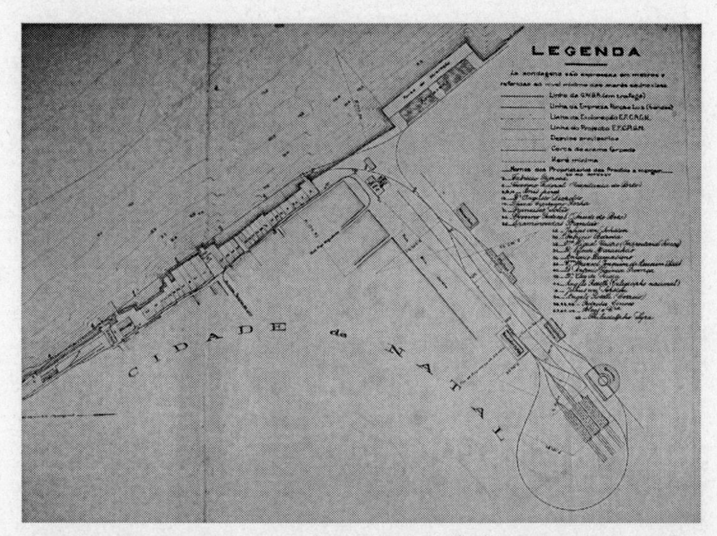

Figura 192. Figura constante no artigo do WNR intitulado "Tensões e conflitos na instalação de um Pátio Ferroviário na Esplanada Silva Jardim, Natal/RN (1909-1920)"

Fonte: acervo de WNR em 2011

Concluir a linha foi um suplício para a CVC. Como tudo em construção nada é fácil, mas ser pioneiro em uma região afastada do grande centro Rio de Janeiro era pior e penoso. Uma máquina para vir do Rio de Janeiro demorava uns 30 dias, se o telegrama chegasse perfeitamente.

Para estar à frente de uma empreiteira desse porte e competência, era necessária além de um grande homem com competência técnica, um homem muito paciente que dava ordens como um rei e trabalhava como um escravo.

13.2 A batalha para chegar à cabeceira

Foi uma batalha chegar na cabeceira da margem direira da ponte por causa dos enormes problemas técnicos agravados pela imposição dos comerciantes da rua Chile, que não queriam deixar a linha de trem passar nas suas portas. O que depois foi contornado e a linha existe até hoje.

A maior batalha técnica foi o aterro que compreendia todo o trecho de mangue e ortogonal ao rio, até a cabeceira da margem direita, porque na margem esquerda tudo já estava preparado. Esse

aterro foi muito problemático por causa dos poucos recursos de máquinas de transporte e compactação existentes em Natal por parte da CVC.

A Foto 193 em detalhe na elipse de cor preta mostra o quanto era imponente, o aterro, na época.

Figura 193. Fotografia do atual bairro Nordeste mostrando o grande aterro problemático, na margem direita, para se chegar à cabeceira

Fonte: fotografia do Eduardo Parisot de 1915, acervo do WNR

Toda essa região do aterro era de mangue natural. Hoje esse aterro seria totalmente inexequível pelos órgãos de proteção ambiental, pois os mangues são locais de berço de flora e fauna marinha. Os biólogos costumam chamar os manguezais de berço marinho.

Tenho o maior respeito e afinidade com questões ecológicas e acredito que caminhamos para a preservação das espécies do planeta. O contato com o ecossistema de manguezal pode nos dar a ideia de que é só terra de caranguejos, mas, com o conhecimento mais profundo desse local, pode-se ter uma visão completamente diferente e de respeito. Estamos evoluindo.

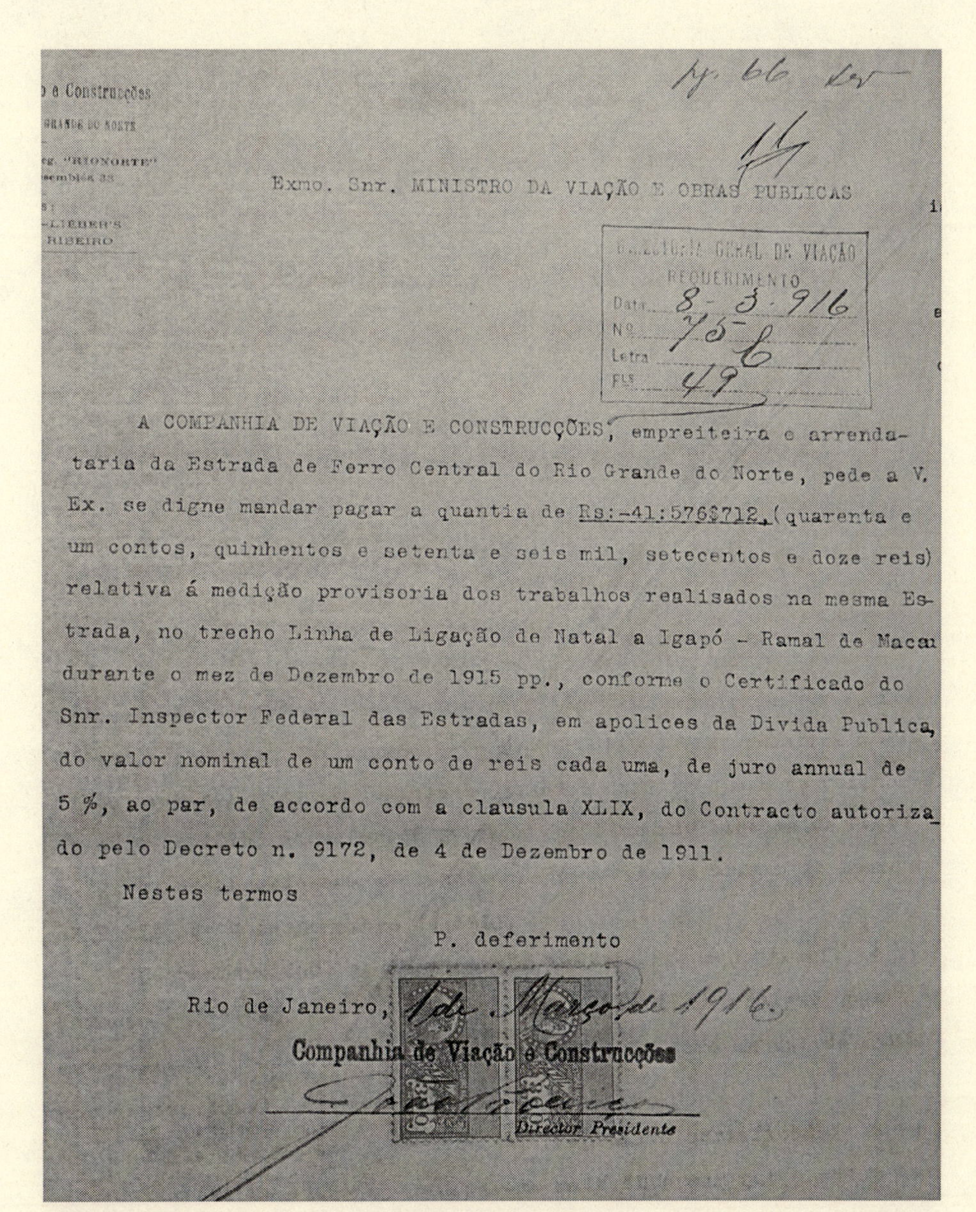

Exmo. Snr. MINISTRO DA VIAÇÃO E OBRAS PUBLICAS

A COMPANHIA DE VIAÇÃO E CONSTRUCÇÕES, empreiteira e arrendataria da Estrada de Ferro Central do Rio Grande do Norte, pede a V. Ex. se digne mandar pagar a quantia de Rs:-41:576$712,(quarenta e um contos, quinhentos e setenta e seis mil, setecentos e doze reis) relativa á medição provisoria dos trabalhos realisados na mesma Estrada, no trecho Linha de Ligação de Natal a Igapó - Ramal de Macau durante o mez de Dezembro de 1915 pp., conforme o Certificado do Snr. Inspector Federal das Estradas, em apolices da Divida Publica, do valor nominal de um conto de reis cada uma, de juro annual de 5 %, ao par, de accordo com a clausula XLIX, do Contracto autorizado pelo Decreto n. 9172, de 4 de Dezembro de 1911.

Nestes termos

P. deferimento

Rio de Janeiro, 1 de Março de 1916.

Companhia de Viação e Construcções

Director Presidente

Figura 194. Documento de JJP relativo ao pagamento de uma fatura ainda antes da inauguração

Fonte: fotografia do documento original realizada pelo autor no Arquivo Nacional em 2013

CAPÍTULO 14

O CAIS PONTE

14.1 O Cais Ponte, o bate-estaca e a estação de Natal, que tinha vários outros nomes

Embora este capítulo possa parecer fora do contexto da ponte metálica do Potengi, ele não é, porque foi projetado pelo mesmo projetista e construído pelo mesmo construtor praticamente ao mesmo tempo.

Esse Cais Ponte ou Cais Porto se constituiu na primeira plataforma que serviu como o início do Porto de Natal. Ela tinha 200 por 18 metros e era de madeira, montada sobre estacas, não se sabe se de madeiras ou de aço. Todas foram cravadas com o "pile driver", como era conhecido naqueles anos.

A obra constava do currículo de G. C. Imbault, como mostrado no Capítulo 6.

Figura 195. A fotografia do engenheiro Eduardo Parisot, mostrando o Cais Porto de Natal, o bate-estacas e ao fundo circundado pela elipse a Estação de Natal

Fonte: acervo de WNR

14.1.2 O cais de atracação

O Cais de Atracação de Natal que também era chamado de Cais Ponte ou Cais Porto. Todos na mesma época. No livro de coletâneas de fotografias de Carlos Lira consta o Cais de Atracação projetado por GCI. A fotografia a seguir circula muito nos meios de quem gosta da história da cidade. Fiz uma correlação dela com quatro outras existentes sobre o primeiro porto de Natal.

Panorama da Barra Dunas e ponte da Estrada de ferro central Natal - Rio Grande do Norte - Brazil.

Figura 196. Cais de atracação ou Cais Porto projetado por GCI com 18 metros por 200,00 metros contratado pelo governo federal com a CVC

Fonte: Fotografia extraída da publicação de Carlos Lyra. Natal através do tempo: Sebo Vermelho, 2001, página 58

Notem que a construção circulada pela elipse vai aparecer em várias outras fotografias adiante, inclusive uma da Segunda Guerra Mundial descoberta pelo meu amigo Fred Nicolau, historiador da Segunda Guerra em Natal.

14.1.3 Anatomia de uma fotografia – O Clakmannanshire

Uma das fotografias mais belas e reveladoras chegou-me às mãos pelo amigo WNR. Ela se passa exatamente no Cais de Atracação. Essa fotografia da Figura 197 é uma verdadeira poesia da Natal tecnológica daqueles anos. Vemos as barricas de cimento, o imbatível insumo da construção civil dominando o mundo. Vemos um pequeno navio paquete a vapor e vela. Também podemos ver um pequeno guindaste e um trem completo com mini locomotiva e seus trilhos.

As barricas de cimento são muito interessantes, pois no norte da Inglaterra daqueles anos existiam fábricas de cimento de muito boa qualidade, porque utilizavam como adição a fuligem, aqui conhecida como escória, também chamada de cinzas volantes das aciarias. Era um material extremamente fino que completa/ocupa os espaços dos grãos de cimento, aumentando em muito a impermeabilidade e qualidade do produto.

Figura 197. A fotografia do engenheiro Eduardo Parisot, mostrando o Cais Porto de Natal, informava que era o Vapor-Veleiro *Clackmannanshire* descarregando 18.000 barricas de cimento em agosto de 1914

Fonte: acervo de Wagner do Nascimento Rodrigues

O *Clackmannanshire* ancora no cais do porto já finalizado e descarrega barricas de cimento. Nele podemos ver o paquete com o seu tubo de vapor da caldeira e mastreação para as velas. Note que a casa circundada pela elipse é o mesmo lugar nas três fotografias.

O descarregamento de 18 mil barricas — achei essa quantidade muito elevada, mas é o que está escrito no verso da fotografia com a caligrafia de Eduardo Parisot — de cimento pesariam, mais ou menos, tres mil toneladas, o que é perfeitamente possível para um vapor cargueiro daqueles anos. E a descarga podia ser parcial em Natal.

Em primeiro plano, vemos à direita a popa do *Clakmannanshire*, mais à esquerda está a pequena máquina/locomotiva sobre trilhos que transportará as barricas. Também podemos observar o guindaste e a pequena construção de madeira com uma janela virada para um operário que segura uma barrica levantada por cabos, assim como o bate-estacas mais ao fundo.

Após o bate-estaca, tem-se a parte em ponte do cais e em seguida a casa com arco circundado em parte central.

Essa ponte-cais foi descrita pelo jornal *A República* da época como um dos mais belos serviços de engenharia. Dizia-se que era construído sobre estacas metálicas e com parafusos Mitchell, permitindo atracação de navios de até 18 pés (5,48 m) de calado, com aparelhamento completo para carga e descarga.

Observando mais a fotografia, podemos notar os pequenos carros movidos a vapor para pequenas cargas na parte da frente, bem como um pequeno guindaste também a vapor na parte de trás do cais. Podemos observar, ainda, um pequeno quarto de uma água e de uma torre, parecendo um pequeno bate-estaca.

O jornal desse dia atribuía à obra a "Central", que era a EFCRGN, controlada pela CVC de João Júlio de Proença. E ainda o classificava como um dos maiores melhoramentos daqueles dias. E aí deu-se o nascimento do porto de Natal.

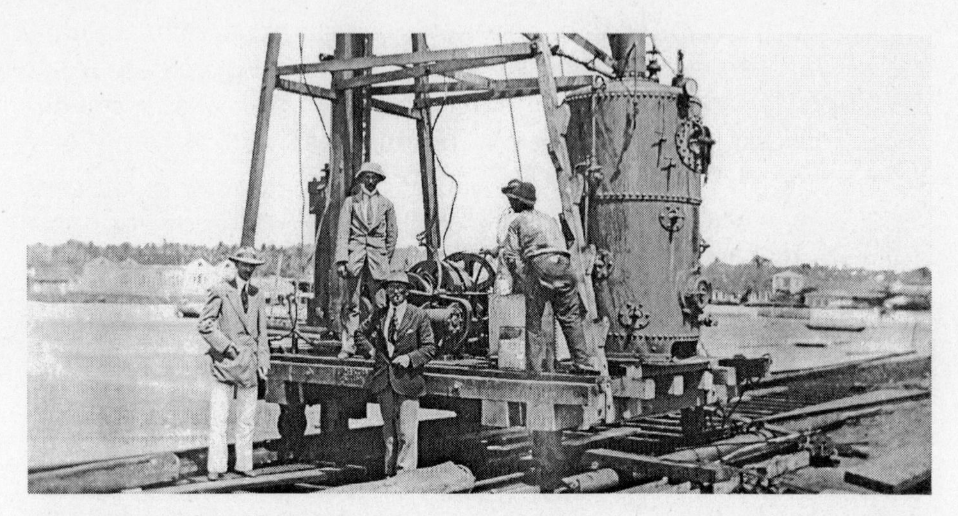

Figura 198. Excelente fotografia de 1914, na qual aparece o engenheiro Parisot como o primeiro à esquerda de calça branca. Nela é mostrado um bate-estaca a vapor cravando estacas no Cais Ponte

Fonte: acervo de Wagner do Nascimento Rodrigues

Figura 199. Imagem que mostra a construção circundada. Essa fotografia prova que o início do porto de Natal se deu com o Cais Ponte de 18 por 200 metros tão falado nos anos de 1912 e mostrados nas figuras 195 e 196. A casa, hoje, está demolida, uma pena. Falta de sensibilidade histórica

Fonte: fotografia de 27 de novembro de 1941 do acervo de Fred Nicolau da Segunda Guerra Mundial em Natal

Assim, de 1914 a 1941, conseguimos rastrear uma casa contida em um sítio arqueológico portuário bastante interessante para Natal, assim como o seu envolvimento com a construção da ponte de Igapó. Constatações como essa gratificam o autor e ampliam a *história urbana de Natal*[104], para o deleite dos doutores arquitetos, que foi palco, também, de grande atividade aeroviária de 1941 a 1945, com o Parnamirim Field, o trampolim da vitória na Segunda Guerra Mundial. Vindo essa fotografia 197, do tempo da segunda guerra, a fornecer um importante acervo.

Gostaria muito que aquele Brasil da Primeira República com trens alimentando os fluxos de passageiros e cargas tivesse evoluído até hoje, mas paramos. E parece que paramos de viajar para outros lugares, também. A evolução dos trens continuou até alcançar velocidades muito altas em vários países.

Agora temos que recuperar o atraso que a ilusão dos automóveis e caminhões nos causou. Eles seriam apenas complementares nas estradas vicinais. O trem jamais deveria ter sido abandonado.

---

[104] Que é estudada em curso de doutorado na UFRN intitulado HISTÓRIA DA ARQUITETURA, DO URBANISMO E DO TERRITÓRIO abordando os processos históricos de urbanização e formação territorial em várias dimensões; da colônia aos dias atuais; o campo cultural da arquitetura e do urbanismo; representações, transformações, projetos, planos e ações; arquitetura, estrutura e paisagem urbana e rural; tipologias, arranjos espaciais, estilos; circulação de ideias e modelos (retirado do site:https://sigaa.ufrn.br/sigaa/public/programa/secao_extra.jsf?lc=pt_BR&id=102&extra=22283890). Este livro é uma pesquisa do que se passou na urbe Natal o tempo inteiro. O autor pesquisou lugares e pessoas para contar a história.

CAPÍTULO 15

O VÃO NÃO UTILIZADO DA POTENGI (A PONTE PERDIDA EM LAJES)

15.1 O vão de 50 metros utilizado no km 15 do trecho Lajes-Pedro Avelino – A ponte perdida

Em entrevista com o ferroviário aposentado Gaspar Arruda Mariano, de 91 anos, no dia 7 de fevereiro de 2013, em que ele declarou que o autor poderia divulgar a entrevista, o senhor simpático me recebeu logo dizendo que não tinha nada a acrescentar sobre os meus estudos sobre a ponte. Eu não me fiz de derrotado e comecei a conversar com ele alegremente e valorizando sua experiência de vida e saúde, pois naquele dia já estava com 91 anos. Então a conversa foi se desenvolvendo, ele até me ofereceu algumas moedas antigas dos anos de 1950, mas o fiz guardar para presentear os netos, se tivesse.

Então, como acontece em toda a humanidade, ele levantou a mão e disse com muita felicidade no rosto que tinha se lembrado de que a ponte existente no quilômetro 15 entre Lajes e Pedro Avelino era um vão que deveria ter sido utilizado na ponte de Igapó. Esse era um trecho de trem que certamente ele como ferroviário havia feito como agente de trem, cobrador e fiscal.

Por já conhecer a história de que todos os dez vãos de 50 metros vieram praticamente de uma vez e que o quinto vão em direção à margem direita teve que ser substituído por um de 70 metros, acreditei imediatamente na informação do amável Arruda Mariano.

Mal consegui chegar em casa e fui direto para o Google Earth procurar o trajeto da linha entre Lajes e Pedro Avelino, em pleno sertão central do estado. Logo constatei várias pontes, um total de seis nesse trecho, e uma particularmente muito parecida, mas a imagem conseguida era muito borrada para se concluir. A sua localização é: 5º 36' 32,36" SUL e 36º 19' 43,11" OESTE, vá pela BR-304 até Lajes, em Lajes pegue a estrada para Pedro Avelino, a RN-104, e observe essas coordenadas. Preserve e proteja o local que é um sítio arqueológico e tecnológico.

No fim de semana seguinte organizei uma ida ao local em companhia do grande amigo Juarez Alves, professor de karatê e bonsaísta, e o meu filho Álvaro, que gosta de uma aventura.

A velha Toyota se comportou muito bem, mas só depois de muita caminhada em leitos de rios secos e alguns erros chegamos a ela. Estava sem um GPS. Como eu já tinha andado por cima da

ponte velha e realizado várias fotografias, a constatação e a certeza foram imediatas. Lá estava um vão conservado por não ter maresia e chover pouco na região.

Aproveitei e fiz várias fotografias. Constatei os mesmos fabricantes nas mesmas peças da Potengi, eram Dorman Long, Frodinham e outros.

Alguns meses depois, em conversa com o empresário, um dos patrocinadores deste livro e entusiasta da história do Rio Grande do Norte Augusto Maranhão, organizamos uma expedição com o apoio dos jipeiros potiguares chamados Rapaziada Potiguar. Decidimos chamar outros entusiastas e interessados, como o engenheiro Jarbas Cavalcanti, neto do Mestre Nezinho, que trabalhou na construção. Convidamos o jornalista e escritor Vicente Serejo e nosso patrono professor geólogo Edgard Ramalho Dantas.

Nas páginas seguintes são apresentadas algumas fotografias dessa expedição em 2013, que foi fartamente documentada e transformada em programa no YouTube chamado "Conversando com Augusto Maranhão – a ponte perdida" É só acessar, assistir e participar mais dessa minha incessante pesquisa sobre a ponte metálica de Igapó.

Figura 200. O local visto do Google Earth onde se encontra o vão de 50 m. Ramal Lajes--Pedro Avelino, km 15. Mais precisamente em 5° 36' 32.54" Sul e 36° 19' 43.60" Oeste – com uma pequena variação em relação ao informado anteriormente. É um rio constante da bacia do Ceará-Mirim

Fonte: Google Earth (2013)

Figura 201. A ponte do km 15 do trecho entre Lajes e Pedro Avelino é irmã dos vãos de 50 m da ponte sobre o Potengi em Natal

Fonte: fotografia do autor

Figura 202. Da esquerda para a direita temos Gustavo Pinto, Henrique Pinto, este autor, Vicente Serejo, Ismar Siminéia, Marinho, Jarbas Cavalcanti, Jarbas Filho e Ítalo Siminéa

Fonte: fotografia do acervo do autor

Figura 203. Vista interna da ponte de 50 metros em excelente estado. É montada com perfis dos banzos superiores do fabricante Frodinham Iron Steel Co. Ltd. e os perfis correspondentes aos banzos inferiores e apoios dos dormentes são do fabricante Doman Long Co. Ltd.

Fonte: fotografia do acervo do autor

A ponte da Figura 201 pertencia a CVC, que foi encampada pela EFCRGN, que passou a ser RFFSA, que foi comprada pela Companhia Ferroviária do Nordeste (CFN), que ganhou a concessão da Malha Nordeste no leilão realizado em 18 de julho de 1997. A outorga desta concessão foi efetivada pelo Decreto Presidencial de 30 de dezembro de 1997, publicado no Diário Oficial da União de 31 de dezembro de 1997, e a empresa iniciou a operação dos serviços públicos de transporte ferroviário de cargas em 1º de janeiro de 1998. E não para os desdobramentos por aí.

A ponte e o trecho adjacente, inspecionado pelo autor, encontram-se em bom estado, só precisando de podas de árvores e nova pintura. O clima seco e de poucas chuvas tem ajudado muito a conservar essa relíquia de mais de 100 anos.

O vão não tem 50 metros exatos, ele foi encurtado para se encaixar nas plataformas de pedras arrumadas e preparadas. Ao medir, só encontrei 47 metros. No entanto, como provar que esse vão, que deveria ter sido utilizado na Potengi, veio parar em Lajes?

Figura 204. Da esquerda para a direita temos este autor, Ítalo Simineia, Henrique Pinto, Marinho, Gustavo Pinto, Augusto Maranhão, Ismar Siminéia, Sandro e o português Hugo Sarmento
Fonte: fotografia do acervo do autor

15.2 As fotografias do engenheiro Parisot comprobatórias da ponte perdida

Figura 205. A fotografia está no famoso álbum de fotografias pertencente ao acervo de Wagner Nascimento Rodrigues (*in memoriam*) e foram cedidas a este autor
Fonte: fotografia do autor diretamente sobre o álbum de WNR

A fotografia da Figura 204 chegou às minhas mãos após a expedição à ponte perdida de Lajes, por intermédio do grande historiador das ferrovias do Rio Grande do Norte Wagner Nascimento Rodrigues, quando estávamos olhando o álbum que um historiador de estações rodoviárias do Brasil, Ralph Menegucci, havia lhe presenteado. Imediatamente solicitei fotografar essa página e expliquei por quê.

O título que o engenheiro Parisot pôs: *Ponte do Km 15 – Vão de 50 m – da Potengy. Montagem da metalica – abril de 1919.* Estava nele a prova do vão do km 15 que me fora informado pelo bom ferroviário Arruda Mariano. Temos mais outra fotografia a seguir a 204 do mesmo vão.

Figura 206. Ponte do km 15 fotografada pelo engenheiro Parisot em 1915

Fonte: fotografia do acervo do autor diretamente sobre o livro de WNR e adaptada

Essas plataformas, nas quais a ponte está apoiada, são primorosamente executadas com pedras calcárias e encontram-se hoje perfeitamente unidas. Não há fissuras ou rachaduras, tão comumente possíveis de ocorrer.

Assim, sempre estive ao lado da paciência e do tempo. Como dito por Aristóteles. "E a verdade veio como filha do tempo, não da autoridade". Uma prova desse tamanho é para agradecer ao Grande Arquiteto do Universo!

CAPÍTULO 16

O LAMENTO DO JORNAL O PAIZ SOBRE A MORTE DE UM BRASILEIRO QUE TRABALHAVA

16.1 A morte de João Proença, no Rio de Janeiro, em 1923

...a morte de qualquer homem diminui-me, porque sou parte do gênero humano. E por isso não perguntes por quem os sinos dobram; eles dobram por ti.

John Donne[105] (1572 - 1631)

A morte de qualquer homem diminui-me, mas, se vivesse por aqueles anos, a morte de João Júlio de Proença me diminuiria muito mais. Ele morreu prematuramente aos 58 anos, em 22 de novembro de 1923, na Casa de Saúde Dr. Eiras, vítima de uma uremia com toxemia consecutiva decorrente de uma cirurgia não explicada.

O jornal *O Paiz*, diário do Rio de Janeiro, de 23 de novembro de 1923, que trazia a foto dele em destaque, lamentava assim na sua página 6, Vida Social:

> *O Brasil que trabalha e produz bem como nosso meio social, sofreram ontem enorme perda com o desaparecimento do ilustre engenheiro Dr. João Proença, ocorrido por assim dizer inesperadamente.*
>
> *Para o fim, com efeito, de se submeter a delicada intervenção cirúrgica, o Dr. João Proença internou-se no dia 15 deste mês na casa de saúde Dr. Eiras. A operação, cargo do Dr. Jorge Gouveia, correu sem nenhum incidente e o ilustre enfermo passou bem até dias atrás, quando sobreveio um ataque de uremia que afinal, às 20 horas, o vitimou estando, no momento, cercado das pessoas de sua família.*
>
> *As 10 horas, o corpo foi removido em uma ambulância da assistência Pública daquela casa de saúde para a residência da família do morto, à rua Martins Ferreira. E assim se extingue uma existência preciosíssima.*
>
> *Alta inteligência, preparo sólido, grande caráter, homem cheio da mais perfeita capacidade de realizar o Dr. João Proença, filho do seu esforço e das suas obras, teve uma carreira brilhantíssima, digna de servir de modelo e exemplo.*
>
> *Mais eloquentes, porém, do que quaisquer palavras de elogio são os traços principais de sua biografia. Moço ainda, sentiu*

[105] John Mayra Donne (1572-31 de março de 1631) foi um poeta jacobita inglês, pregador e o maior representante dos poetas metafísicos da época.

decidida vocação para a engenharia e por isso resolveu fazer o respectivo curso.

Sem recursos materiais, tendo necessidade de trabalhar para viver, o doutor João Proença seguiu para Ouro Preto tendo conseguido ali, depois de brilhante concurso, a cadeira de Geometria do Ginásio Mineiro. Foi assim que o ilustre extinto pode se fazer aluno da Escola de Ouro Preto, obtendo mais tarde os títulos de engenheiro civil e de Minas.

Ainda em Ouro Preto, o Dr. João Proença consagrou a sua atividade profissional aos trabalhos de que foi encarregada a comissão construtora da nova capital mineira.

Mais tarde transferiu sua residência para esta capital, organizando então a firma Proença e Echeverria, que foi a primeira a se incumbir do serviço de asfaltamento das ruas do Rio de Janeiro.

Entregou-se depois o Dr. João Proença a vários trabalhos profissionais tais como os das construções das estradas de ferro Central do Rio Grande do Norte e de S. Luiz a Caxias.

Ultimamente o grande engenheiro dedicou-se ao estudo da siderurgia e outras indústrias, de cuja exploração resultaria certamente grandes proveitos para o Brasil.

O Dr. João Proença era natural da cidade de Valença, no estado do Rio de Janeiro, e morre aos 58 anos de idade.

Deixa viúva a Sra. D. Luiza Barcelos Proença e oito filhos – Dr. Cesar Proença; Carmem baronesa de Saavedra, casada com o barão de Saavedra; D. Maria Luiza Proença Oswaldo Cruz, casada com o doutor Bento Oswaldo Cruz; D. Adalgisa Proença Faria, casada com o Dr. Alberto Faria Filho, senhoritas Esther e Isabel e os Jovens Joaquim e João, ambos estudantes de engenharia.

O enterro realizar-se-á hoje às 16 horas, saindo o féretro da rua Martins Ferreira n. 18 para o cemitério S. João Batista.

Amigos e admiradores deixa o Dr. João Proença em quantos dele se aproximaram, porque a todas as admiráveis qualidades que possuía juntava as de finíssimo cavalheiro, cujo trato era dos mais agradáveis e cativantes.

Se há perdas que se possam ser chamadas de irreparáveis, a do ilustre engenheiro é uma delas.

Note que o autor da matéria no jornal sugeriu que o Dr. João Proença trabalhou nos primeiros estudos para se construir a capital mineira, Belo Horizonte. Isso o coloca em contato com o engenheiro e urbanista paraense Aarão Reis que, após o levantamento, permaneceu como chefe da comissão que construiu a capital mineira.

No ano em que João Júlio completaria 100 anos, ele tinha os seguintes descendentes: Maria Luisa, casada com o Dr. Bento Osvaldo Cruz; César (engenheiro civil) casado do d. Lucília de Faria Proença; Adalgisa, casada com o Sr. Alberto de Faria; Carmem, casada com o Barão de Saavedra fundador do Banco Boavista S.A. (mais tarde sócio dos Guinle); Ester, casada com o embaixador Renato de Lacerda Lago; Joaquim Júlio, casado com Natália Gordilho; Isabel, casada com o Sr. Ciro de Freitas Vale, ex-embaixador do Brasil na ONU; João, casado com D. Maria da Glória Tavares de Oliveira. Ele ainda tinha 13 netos e 19 bisnetos.

Segundo Bulcão (2015), o barão de Saavedra foi sócio de Octávio Guinle em 1919 no Palace Hotel da avenida Central no Rio de Janeiro. Eram sócios na Companhia Hotéis Palace da qual fazia parte o Esplanada, em São Paulo, um dos símbolos da *belle* époque paulistana. Os colunistas sociais da época comentavam a alegre e bonita presença de Ana Adalgisa Faria, outra filha de João Proença, no famoso bar do Palace nos anos de 1921.

A mansão de JJP na rua Real Grandeza no bairro de Botafogo era ladeada de mansões de *grã-finos* nas ruas São Clemente e Voluntários da Pátria com algumas mansões dos Guinle.

Quem estudou a vida do JJP, não acha que o jornalista exagerou. O Dr. João Proença foi tudo isso e muito mais pelas suas obras caprichadas em acabamentos primorosos e detalhados nas alvenarias de pedras dos encontros de pontes e bueiros estudados, fotografados e arquivados por este autor aqui no Rio Grande do Norte. As obras dele eram finamente acabadas. No prumo. Em nível. De escol. Perfeitas.

JJP, ao ganhar o seu primeiro pão ensinando a disciplina de Geometria, teve o seu melhor ensinamento intelectual e moral. A influência da geometria sobre as ciências físicas, a base da engenharia, foi enorme. Exagerando, quando o astrônomo Kepler mostrou que as relações entre as velocidades máximas e mínimas dos planetas,

propriedades próprias das órbitas, estavam em razões harmônicas — relações musicais —, ele afirmou que essa era uma música que só podia ser percebida com os ouvidos da alma — a mente do geômetra. Mas é isso mesmo, o geômetra tem uma alma maior do que a mente. E essa é a minha conclusão sobre o grande brasileiro João Júlio de Proença, que de menino pobre fez o mundo com muito estudo, trabalho, perseverança e honra.

O grande valor moral e ético que JJP tem, pois ecoa até hoje, é de que não era um tempo de corrupção. Como também não era pecado ser empresário e ganhar dinheiro. Sempre procurei nas linhas e entrelinhas das notícias algo sobre corrupção e não achei nada. Nos anos em que iniciou os trabalhos no Rio Grande do Norte, com a firma Proença & Gouveia, foram os anos de 1908. Saía do Rio de Janeiro balançando em um paquete que parava em todos os portos fazendo a cabotagem para ficar no RN ou MA. O primeiro orçamento da ponte sobre o Potengi foi de 1910 entre suas idas e vindas. Então, eram os anos da República Velha. Os lindos anos de crescimento do país em que existia o sonho de um Brasil melhor e maior.

Grandes empresários já se apresentaram à nação como incrivelmente corajosos e arrojados, como Irineu Evangelista de Souza (1813-1889), Barão de Mauá , depois Visconde de Mauá (1913-1889). Os sócios Eduardo Palassin Guinle (1846-1912) e Cândido Gaffrée, ganharam em concorrência pública, em troca de 92 anos de exploração, a construção das docas e grande parte da infraestrutura de Santos.

Outro dia vi uma historiadora duvidar desse contrato, sugerindo que eles haviam subornado alguém do governo, como se consegue uma exploração de um porto por 92 anos? Dizia ela: “Absurdo!”. Esse contrato foi com a coroa. D. Pedro II, o magnânimo, após ter sofrido o golpe, viveu de dinheiro emprestado em Paris de 1889 a 1891.

Eu respondo que eles não corromperam e que ninguém queria aquela concorrência, pois era um problema que se arrastava desde 1870 e não era só de construir cais e docas. O cessionário teria que resolver o saneamento básico e combater a malária em todas as adjacências das docas. Havia, ainda, os problemas dos donos de trapiches (até aqui em Natal eles foram um problemão para JJP quando tinha que passar com sua linha). Os trapiches eram problemas de mais de 100 anos e a coroa não queria se meter. Teriam ainda que

realizar várias dragagens no estuário do rio. E esse era um problema da Coroa que nunca teve dinheiro para construir um porto lá. Essa foi uma licitação planejada pelo império. A saída foi a concessão. A Coroa tentou primeiramente com 39 anos e ninguém se candidatou. Então apareceram os milionários que tinham ficado ricos com um armarinho e negócios de construções no Rio de Janeiro. Depois que a Construtora Gafrée-Guinle & Cia concluiu a construção com a gerência técnica do notável engenheiro brasileiro Guilherme Benjamin Weinschenck[106], o brasileiro passou a se incomodar com a família que tanto fez construções de prédios, hospitais, parques e palácios no Rio de Janeiro. E, assim, a Companhia Docas de Santos ganhou 20% do lucro líquido de todas as operações do porto por 92 anos, até 1980.

O lamentável na vida de JJP é que ele, com certeza, morreu muito rico, mas sem desfrutar de suas conquistas. É verdade que em 1920 o governo federal encampou, comprou a EFCRGN ao arrendatário JJP por uma quantia quase o dobro do valor da obra da ponte, ou seja, uma fortuna do tamanho de uma Mega Sena entrou na sua conta bancária. E ele veio a falecer apenas três anos depois.

O Diário Oficial da União publicou em 7 de maio de 1920 o distrato do contrato firmado com a União em 11 de dezembro de 1911 e oficializando o pagamento a CVC da quantia de 4.248:852$300 (quatro mil duzentos e quarenta e oito contos, oitocentos e cinquenta e cinco mil e trezentos réis). Uma Mega Sena só para ele, pois em 1920 vários sócios já tinham pulado fora da companhia, que já vinha deficitária desde 1917.

JJP deveria estar saboreando a vida no Rio de Janeiro e planejando algum passeio pela Europa em 1920, mas a vida não é justa para alguns. Não foi para o grande empreendedor João Júlio de Proença, um grande vulto da engenharia brasileira.

[106] Foi o engenheiro responsável pelas obras do Cais de Santos, considerado um homem de grande capacidade e visão, que em muito honrou a sua categoria profissional. Guilherme Benjamin Weinschenck venceu mil entraves. Tinha uma visão holística na sua profissão. Foi o chefe supremo do empreendimento e de todas as obras complementares, passando da engenharia hidráulica para a arquitetônica, para a elétrica e para a sanitária, durante os 30 anos em que dedicou às docas a sua inesgotável capacidade de trabalho e a sua respeitável autoridade profissional.

CAPÍTULO 17

A TRANSFORMAÇÃO DA PONTE FERROVIÁRIA EM RODOFERROVIÁRIA

17.1 A sua transformação em ponte rodoferroviária

Antes do término da Segunda Guerra Mundial, em 15 de agosto de 1945, o governo federal tomou a inteligente, e tardia, decisão de transformar a ponte unicamente ferroviária em rodoviária também. Bastaria que para isso se fizessem plataformas com pranchas de madeiras de boa qualidade e fossem lastreados todos os vãos que completavam seus 520 metros de extensão.

O jornal *O Diário de Natal*[107] noticiou em 13 de abril de 1944 que, no dia 12 de abril, dia anterior, transitou pela ponte de Igapó o automóvel marca Opel de propriedade do médico Sérgio Guedes. Dirigido pelo Dr. Milton Ribeiro Dantas, tendo como passageiros o Sr. Joaquim Ramalho Filho, agente do Lloide brasileiro em Macau, e Júlio Gomes de Oliveira, comerciante. O jornal dizia que o acontecimento merecia um registro especial por ter sido aquele veículo o primeiro a passar pela ponte com o leito ainda não lastreado convenientemente. Informava, ainda, que o Opel do Dr. Guedes foi à fazenda Araraquara, de propriedade da firma Moreira e Souza & Cia, e demorou apenas oito minutos no percurso que, se fosse feito por Macaíba, levaria 1 hora e 45 minutos.

A seguir vemos o projeto de adaptação para transformar a ponte em rodoferroviária, que primeiramente, me foram fornecidos pelo amável professor de História da UFRN doutor Raimundo Arrais. Prioritariamente foram construídas duas guaritas de controle, uma em cada margem, em alvenaria, que tinha um segundo pavimento para facilitar a visão do trem. Além disso, os acessos das cabeceiras foram alargados para carros e caminhões, obedecendo aos ângulos de tomada da ponte.

Essa adaptação chegou muito tarde, pois o mundo já estava invadido pelos automóveis. Em 1920 até Natal já tinha vários automóveis e caminhões. Eram os Ford e os GM. Em anos posteriores, o lastro passou a ser de chapas metálicas.

---

[107] O Diário de Natal foi um jornal matutino, da mesma cidade, que saía de terça a sexta-feira.

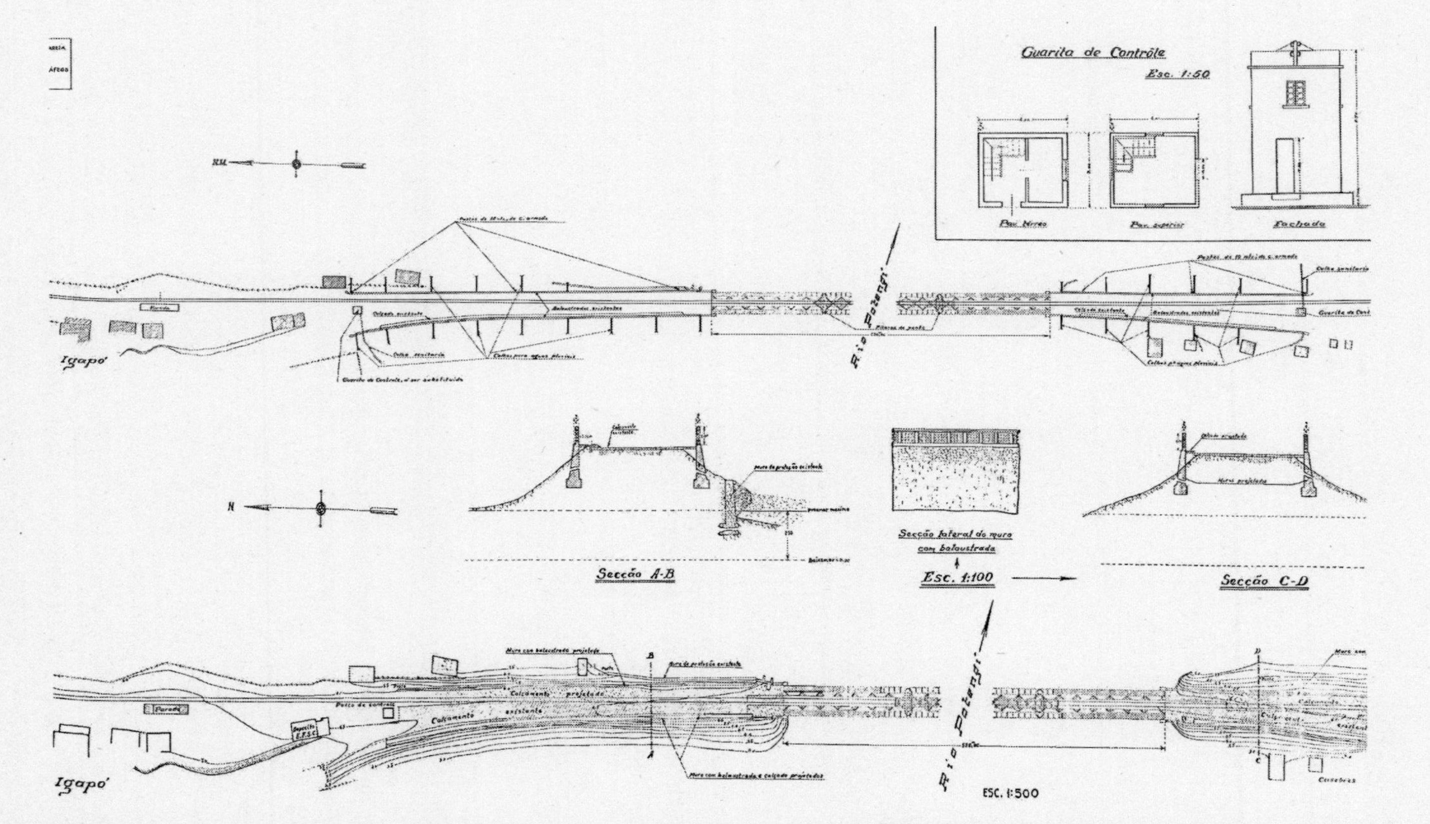

Figura 207. Projetos de adaptação da ponte ferroviária para rodoferroviária, incluindo os encontros, tomadas de entradas e casas dos vigias e fiscais

Fonte: Projetos cedidos pela CBTU de recife

CAPÍTULO 18

OS ANOS SEGUINTES

18.1 Notícias de como ela estava em 1942

A notícia a seguir foi na época do interventor federal interino Dr. Aldo Fernandes. Em 1937, Aldo tinha sido o secretário-geral do governador Rafael Fernandes.

Lastreamento e reparos gerais da ponte de Igapó

Iniciados esses importantes serviços

O inicio dos serviços de lastreamento e reparos gerais na Ponte de Igapó representa, inegavelmente, avantajado passo para o maior desenvolvimento do comercio entre esta capital e varios municipios da zona agreste do Estado.

A situação que apresenta aquele importante viaduto não corresponde, em absoluto, ao constante e intenso transito de pessôas e animais de cargas, que trazem para o mercado de Natal grande parte das verduras e frutas que consumimos. Foi reconhecendo o deploravel estado de conservação da ponte, que o governo do Estado, com o concurso de outras altas autoridades, pleiteou dos poderes superiores do país, orçamento capaz de acorrer com as despesas motivadas com aqueles trabalhos. E agora, com o indispensavel apoio das altas autoridades federais, vão ter inicio aqueles melhoramentos, cujas obras ficaram confiadas ao engenheiro Mario Bandeira, encarregado dos serviços de prolongamento do Porto desta capital.

A convite do capitão Carlos Zamith, diretor da E. F. C. R. G. N., o dr. Aldo Fernandes, interventor federal interino esteve ontem em visita á ponte de Igapó, onde teve conhecimento do plano de trabalho a ser executado o qual assegurará o transito de veiculos a motor e animais.

Figura 208. Em 17 de novembro de 1942 a notícia do jornal a *República* por si só explica o momento

Fonte: fotografia do autor diretamente do jornal

Nesse ano de 1942, a ponte ainda era somente ferroviária, mas os passadiços ficaram em estado deplorável e necessitavam de urgente revitalização. É importante lembrar que os passadiços foram erroneamente projetados somente para pedestres. Ocorreu também que cavalos e outros animais trafegaram nos 26 anos da inauguração até essa data de 1942. Isso provocou o desgaste acelerado dos pisos de madeiras com os cascos dos animais.

A Ponte de Igapó

ELOY DE SOUZA

Quando pleiteei junto ao ministro Francisco Sá a construção da ponte do Igapó, a firma que tinha o contrato da construção e arrendamento da Central do Rio Grande do Norte, criou todas as dificuldades a qualquer acrescimo lateral que viesse beneficiar o transito publico.

A principio pretendi obter uma só passagem mas que fosse bastante larga afim de que servisse tambem á locomoção de animais escoteiros ou não. Esse meu ponto de vista não poude ser vitorioso por alegações de motivos tecnicos a que não estava eu habilitado a combater vantajosamente. Nesse tempo que já vai bastante longe, não era possivel pensar em transporte mecanizado.

Tal previsão teria naturalmente determinado um interesse maior e certamente vitorioso em face de sua excepcional importancia economica, muito embora por isso mesmo a oposição daqueles interessados tivesse sido muito maior.

Venceu assim o acrescimo das duas passagens laterais, em verdade comodamente adequada ao transito pedestre. As necessidades do comercio e da lavoura, porem, pouco a pouco impuzeram sua utilização tambem por animais de carga.

O uso prolongado desse trafego criou na constancia dos anos pela natureza dos detritos ali acumulados, fatores nocivos, simultaneamente ao lastro de madeira e ás vigas de ferro que o fixavam. Não foi assim surpresa que uma deterioração crescente começasse a causar danos aos animais, muitos dos quais ali sofreram acidentes graves e até mortais. Começaram então as reclamações cada vez mais insistentes e o clamor não só para que fossem feitas reparações nas passagens carcomidas, como tambem surgiu a campanha pelo lastreamento do leito da ponte, para que sobre ele pudessem passar carros e caminhões. Não foram poucas as vezes que escrevi defendendo esse ponto de vista ao qual a Inspetoria de Estradas se opoz durante muito tempo, fundada em razões que não deixavam de ter alguma procedencia.

A guerra atual que criou o problema de abastecimento da capital trouxe novamente á baila aquele lastreamento como um meio de facilitar o transporte dos produtos da lavoura a ser incrementada nas terras ferteis dos vales do Potengí e do Ceará-Mirim.

O fato novo tornou o governo interessado na solução do melhoramento, julgado inadiavel na reunião promovida pelo Departamento Nacional de Obras de Saneamento, o que deu causa a que o projeto fosse feito com a devida urgencia e com mesma urgencia posto á disposição do capitão Zamith, diretor da Estrada, o credito respectivo.

Para que a obra pudesse ter andamento mais rapido o capitão Zamith confiou a execução do serviço ao dr. Mario Bandeira, pelo regime de administração contratada e mediante porcentagem bastante vantajosa. Esse profissional, cuja capacidade já está sobejamente comprovada na construção de obras de grande importancia e responsabilidade, tem empregado o melhor do seu esforço no desempenho de sua tarefa, tanto quanto possivel procurando concluí-la dentro do menor prazo possi-

Continúa na 5ª. pagina

A Ponte de Igapó

(Continuação da 4ª. pagina)

vel. Sem embargo de sua boa vontade e operosidade, o seu desejo que é tambem o da população, não poude ser, até aqui, realizado. Diante de reclamações ouvidas de membros respeitaveis das classes produtoras procurei entender-me a respeto com o capitão Zamith o qual para melhor esclarecimento, levou-me a uma visita de inspeção aos trabalhos que estão em execução naquela ponte. Pude certificar-me então que a morosidade que tanto está impacientando a cidade e os municipios co-vizinhos, é tão somente devida ás pessimas condições das chapas, vigas e longarinas, corroidas pela ferrugem e que em grande parte já foram substituidas, restando ainda muita cousa a fazer neste particular. Acresce que o lastro das passagens laterais e o material metalico que lhe serve de suporte e fixação estava na sua quasi totaidade, inteiramente imprestavel.

Muito embora tal superveniencia determinante da demora no termino das obras muita cousa já está feita e tudo faz crer que os desejos da coletividade não estarão longe de ser satisfeitos.

De qualquer modo era prudente seguir o caminho mais seguro, que era e é o de andar devagar para que a pressa inconsiderada não venha a determinar dentro de pouco tempo, fazer de novo, vencendo iguais dificuldades, o que devia ter sido feito em carater definitivo e não transitorio.

Tudo o que vi me contentou e é um atestado a mais do zelo com que habitualmente o capitão Zamith está administrando a Central do Rio Grande do Norte.

(De "A Republica", de 17|6|43)

Figura 209. O esclarecedor artigo do então deputado federal Eloy de Souza, em 17 de junho de 1942 explanando todos os acontecimentos desde o início com sua intervenção nos passadiços. O nobre deputado batalhou e continuou na guerra para manter os passadiços em ordem

Fonte: fotografia do autor no *Jornal a República*

A matéria do jornal da Figura 209 demonstra o enorme cuidado que o deputado teve com o cidadão de Natal e Igapó. Mais uma vez

ele entrava em campo para conseguir a renovação e o lastreamento que permitiria a passagem de automóveis pela ponte.

A ORDEM

ANO VII — Estado do Rio Grande do Norte--Natal Quarta-feira, 7 de Janeiro de 1942

Foi recebida com muita alegria, pela população da cidade e municipios visinhos, a noticia do proximo lastramento da ponte de Igapó

Figura 210. No jornal *A Ordem*, a notícia, em 7 de janeiro de 1943 do lastreamento da ponte, mas que só se concretizou em 1944

Fonte: fotografia do autor no jornal *A Ordem*

Figura 211. Fotografia de Luiz Grevy em 1950 em que se observam o lastreamento em madeira e os passadiços laterais ainda em estado razoável de conservação

Fonte: fotografia retirada da internet em https://www.rmgouvealeiloes.com.br/peca.asp?ID=481415. Acesso em: 22 jun. 2019

Durante esta pesquisa, este autor encontrou algumas fotografias do fotógrafo Luiz Grevy Silva, muito conhecido em Natal dos anos de 1940 e 1950, com suas fotos em preto e branco para cartões postais. Tive a oportunidade de conhecer seu filho, Marconi Grevy, em 1983, quando este era docente da UFRN e então professor de minha irmã arquiteta Lavínia Negreiros. Marconi Grevy se formou em arquitetura na Universidade Federal de Pernambuco (UFPE) em 1970

e faleceu em 23 de fevereiro de 2021 sem que este autor pudesse fazer uma entrevista sobre seu pai, Luiz Grevy Silva, um renomado fotógrafo de Natal. Tenho excelentes recordações da atenção que ele dava aos seus alunos.

18.2 A necessidade de situar a Estrada de Ferro Sampaio Correia

Em 3 de agosto de 1939, a Great Western foi englobada pela EFCRGN por meio do Decreto Lei n.º 1.475, da mesma data. Então, com essa união, as duas juntas passam a se chamar Estrada de Ferro Sampaio Correia (EFSP) no Rio Grande do Norte só que pela Lei n.º 1.155 de 12 de junho de 1950.

A partir de 1957, a EFSP é englobada pela RFFSA, criada com a Lei n.º 3.115 de 16 de março desse mesmo ano. É um emaranhado de leis e datas que a nós aqui só interessa os anos para a situação cronológica.

Também registro que em 24 de outubro de 1968 o prédio no qual funcionava o escritório da EFCRGN é tombado a nível estadual.

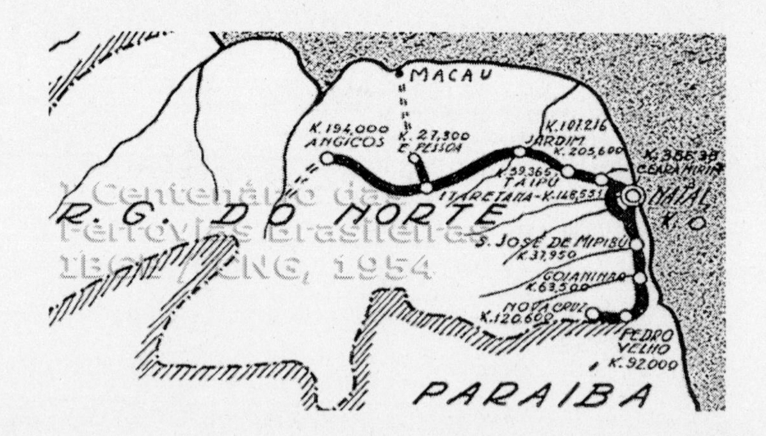

Figura 212. Mapa mostrando a então Itaretama, hoje Lajes, e o trecho até Epitácio Pessoa, hoje Pedro Avelino

Fonte: http://vfco.brazilia.jor.br/mapas-ferroviarios/1954-EF-Sampaio-Correia.shtml. Acesso em: 29 abr. 2020

18.3 Notícias como ela estava em 1953

O *Diário de Natal* de 12 de dezembro de 1953 noticiava que o então presidente Café Filho havia passado um telegrama ao engenheiro João Galvão de Medeiros[108], diretor da EFSC, prometendo verba para se reformar o lastreamento da ponte de Igapó.

Nesse mesmo ano de 1953, meu pai, Rômulo Negreiros, empresário mossoroense, piloto brevetado de Paulistinha Cap 4, e posteriormente advogado comprou um Jeep em Natal e na volta para Mossoró parou na ponte, certamente orientado por um fotógrafo profissional que imortalizou a cena a seguir.

Figura 213. Fotografia de um álbum de família mostrando o elegante empresário Rômulo Negreiros. Notar que o Jeep não tinha ainda a placa, apenas mostra uma licença no lado direito superior do para-brisa

Fonte: álbum da família Negreiros

Essa foto nos revela que o lastro da parte rodoviária da ponte ainda era em madeira e que o seu estado não era dos melhores, haja vista o telefonema do presidente Café Filho ao diretor da EFSC.

[108] Engenheiro civil. Elegeu-se deputado federal pelo Rio Grande do Norte em 1954.

18.4 As famosas fotografias do fotógrafo Jaeci Emerenciano Galvão na década de 1960

Figura 214. Fotografia constante em vários locais da cidade. Reproduzo aqui para mostrar os detalhes nela contidos e analisados a seguir

Fonte: acervo da família Jaeci Emerenciano Galvão

A fotografia da Figura 214 contém alguns detalhes que me foram passados pelo historiador Ivanilson Anselmo dos Ramos, morador do bairro de Igapó. Essa camioneta cor branca saindo da ponte era uma pick-up Ford ano 1963. Existe uma placa de propaganda da Martini na altura do bairro Nordeste, acima dos vãos 6 e 7, a se contar da esquerda para a direita, já que a fotografia foi batida a montante na margem esquerda do rio. O prédio grande bem acima dos primeiros vãos era o matadouro de Natal, hoje Companhia de serviços Urbanos de Natal (Urbana), empresa de coleta de lixo. E, obviamente, a total ausência do, hoje, bairro Nordeste.

Figura 215. Outra fotografia clássica da década de 1960 é essa mostrando o famoso fotógrafo Jaeci Emerenciano Galvão na sua Lambreta muito bonita e conservada, com o detalhe do adesivo da câmera fotográfica marca Rolleiflex no quebra-vento. E bem ao fundo no centro-esquerda podemos ver a casinha dos projetos mostrados na Figura 207

Fonte: acervo da Família Emerenciano Galvão

O detalhe para este autor fica em relação ao lastreamento que, acima com o nobre Jaeci, era em metal, em que se vê as ranhuras no material. As da foto anterior de Rômulo Negreiros ainda era em madeira, conforme Figura 213. Assim temos o registro histórico de ambos os momentos. Jaeci Galvão foi um amigo que me introduziu no mundo da vela ao me autorizar a frequentar o Iate Clube de Natal, quando eu era ainda um estudante de engenharia na UFRN nos anos de 1983 a 1984. Dessa apresentação, do bom Jaeci, nasceu a minha paixão pela vela-iatismo. E lembro do nome de seu veleiro, nesses anos, o, "Mil e uma noites" , e brincávamos dizendo: No cais.

18.5 A nova ponte de concreto mais a montante

Figura 216. A primeira ponte de concreto foi construída pela Odebrecht. Aqui estão sendo mostrados os blocos sobre as estacas da segunda ponte. Foi inaugurada em 1970

Fonte: fotografia retirada do site do DER/RN em http://www.der.rn.gov.br/Conteudo.asp?TRAN=ITEM&TARG=169494&ACT=&PAGE=0&PARM=&LBL=Hist%F3ria. Acesso em: 2 jun. 2021

Figura 217. A ponte de concreto de 1970 antes de ser inaugurada em setembro. A RFFSA, sabendo que o governo estadual iria construir uma ponte de concreto, associou-se a esse e inseriu a ferrovia. Aqui vemos a ponte metálica ainda intacta no referido ano. Foi nesse ano que se gerou a absurda ideia de se vender os vãos metálicos como ferro-velho

Fonte: jornal *Diário de Natal*

Essa nova ponte de concreto, a primeira, foi concluída em 29 de julho de 1970, informava o DER/RN em nota. Ainda ficaram serviços complementares da Companhia de Águas e Esgotos do Rio Grande do Norte (CAERN), empresa de águas e esgotos, e da Companhia de Serviços Elétricos do Rio Grande do Norte (COSERN), companhia de energia elétrica. À medida que se aproximava o mês de setembro, aumentavam-se as expectativas, mas logo o governo estadual marcou a inauguração da ponte de concreto para o dia 26 de setembro de 1970 e a ponte velha metálica foi utilizada para um show pirotécnico bastante anunciado na cidade. O jornal desse dia falava que ficava para trás uma época. O jornalista da reportagem reclamava de uma terrível cor vermelha que tinha sido aplicada na velha ponte metálica, mal sabia ele que aquela era a primeira e segunda demãos de zarcão para então receber a cor escolhida prata-metálico, porém a ponte sempre tinha sido pintada na cor preta.

Mais uma vez o nome de F. Collier aparece na reportagem do jornal como responsável, ao que este pesquisador já tratou de afastar essa hipótese.

No dia 12 de dezembro de 1972 o jornal *Diário de Natal* publicava a manchete:

> **Vende-se ponte em bom estado**
>
> A Rede ferroviária Federal está anunciando a concorrência para saber se existe alguém interessado em comprar os vergalhões do bom aço inglês do começo do século que formam a aposentada ponte de Igapó construída pela Great Western Railroad. A própria Rede acha difícil que apareça um interessado e é provável que o destino da velha ponte seja o ferro-velho.
> O aço utilizado na ponte tem o peso de 2.500 toneladas, distribuídos em 570 metros. Chegou-se a imaginar que a estrutura seria desmontada para a construção de pontes menores, mas a Rede Ferroviária desmentiu a notícia. O destino mais provável da velha ponte será mesmo um inglório ferro-velho de onde o aço apenas sairá para ser transformado por siderúrgicas.

Na manchete do jornal vemos dois erros graves: o primeiro que ela foi construída pela Great Western. Ela foi construída pela CVC de JJP em parceria com a Cleveland Bridge. O redator desatento e

desinformado foi na linha de que tudo no Nordeste brasileiro era construído pela GWBR. O outro erro, esse mais inadmissível, era o de que a ponte tinha 570 metros quando todos sabiam e sabem que ela tem 520 m.

Assim no ano de 1973 aparecia a notícia de que ela tinha sido vendida a um ferro-velho de São Paulo/Rio de Janeiro chamado Mafex por Cr$ 300 mil. Esse foi o seu preço. Esse valor hoje (2021) ficaria em torno de R$ 1.600.000,00. (hum milhão e seiscentos mil reais).

Figura 218. Espectacular fotografia cedida pelo professor de história Ivanilson mostrando, entre os anos de 1960 e 1970, os operários que pintavam a ponte metálica de Igapó

Fonte: acervo de fotografias do professor Ivanilson Anselmo dos Ramos, cedida especialmente para este autor, desde que citasse seu nome

O professor Ivanilson Anselmo dos Ramos foi uma pessoa incrível que me forneceu duas fotografias no nosso encontro e entrevista em 16 de junho de 2012. O momento da fotografia anterior é único e histórico. O lamento é a não identificação de pelo menos um único cidadão. Quem tiver a identificação que me avise para a próxima edição.

Figura 219. Cartão postal cedido por Ivanilson, em uma gentileza de Jaeci Júnior, mostrando a ponte exatamente em outubro de 1970

Fonte: fotografia do autor diretamente no cartão postal

A ponte de concreto Presidente Costa e Silva já estava inaugurada, mas temos o primeiro vão da cabeceira da margem esquerda, lado de Igapó, com a cor prata, que em tons de cinza fica claro, e os demais vãos na cor ocre, característico do zarcão que nos tons de cinza fica mais escuro próximo ao preto. Isso é bem evidente na excelente cor do cartão postal da Figura 219 bastante divulgado nas redes sociais de Natal. Fica o registro do porquê das diferenças de cores na ponte metálica de Igapó no ano de 1970.

Segundo a análise do prof. Ivanilson, a ponte estava em processo de pintura quando veio a ordem da RFFSA para parar a pintura

porque seria leiloada e vendida como ferro-velho. Pronto, veio a tristeza geral dos pintores. Veio a tristeza de toda uma cidade. Veio a tristeza de todo um país que perderia uma bela representante de uma era em que os empreiteiros construíram um Brasil melhor.

A “brilhante” decisão veio de dentro da RFFSA. Certamente os engenheiros lá lotados não pagaram a cadeira “A História da Engenharia”. Com absoluta certeza eles não conheciam a sua própria ciência, com bem disse Auguste Comte, o filósofo positivista.

CAPÍTULO 19

O FIM E A RESISTÊNCIA

19.1 A venda e o desmonte parcial

Figura 220. Fotografia publicada no *Diário de Natal* em 1973. Vemos os primeiros vãos mais à margem esquerda sendo desmontados pela empresa cearense que comprou da ganhadora da licitação. Um crime de lesa engenharia

Fonte: jornal *Diário de Natal,* 23 abril de 1973

O *Diário de Natal*, em abril de 1973, noticiava que a ponte havia sido arrematada por uma empresa paulista conforme licitação da RFFSA, porém a empresa paulista a revendeu a uma empresa cearense.

Licitação da RFFSA. Inaceitável. Inacreditável.

19.1.1 Reflexões sobre o ensino da engenharia civil no Brasil – ausência da cadeira de História da Engenharia

"Não se conhece completamente uma ciência enquanto não se souber a sua História."

Augusto Comte (1797-1857)

A estupidez relativa a esse momento da demolição ultrapassou todos os limites. De início foi a estupidez da licitação com o ferro--velho. A empresa paulista que ganhou mandou logo um especialista

analisar a compra, que rapidamente aconselhou, para que o prejuízo não fosse maior, que a revendessem para algum ferro-velho, nesse ínterim apareceu a J. Lopes da Silva & Cia, do Ceará, que sem pensar começou a desmontar usando oxigênio e acetileno para cortar algumas peças. Sabe-se que esse aço era feito do minério quase puro com poucas sucatas. Era o obtido pelo processo Siemens-Martin. Quando o quarto vão foi retirado, a empresa refez as contas e desistiu. Como começaram a desaparecer peças, a empresa contratou um vigia, que nunca foi indenizado, e ao entrar na justiça do trabalho recebeu como indenização um dos vãos restantes.

Aí sai de cena Nelson Rodrigues e entra Sérgio Porto com o seu samba.

A pesquisa deste autor, que procurou a história dos fatos junto aos experimentos científicos, tornou-se uma arqueologia de engenharia. Os fatos aqui narrados nos levam à conclusão do enorme erro da falta da cadeira "A História da Engenharia" nos cursos brasileiros. Isso se revela na falta de sensibilidade das autoridades responsáveis daquela época. Muito certamente se os engenheiros que sugeriram a demolição daquele "ferro-velho" tivessem cumprido essa matéria e um mínimo de sensibilidade histórica ou um pequeno amor pelas artes, não teriam vendido aquela relíquia como ferro velho.

Como colocou Câmara Cascudo[109] em sua Acta Diurna intitulada "Antes de pensar, deduza pela história":

> Errariam menos os homens se lessem mais a história. Quanto mais vivo, maior convencimento trago de que o homem, de todos os animais, era o menos indicado para o título vaidoso de sapiens, sapiente. Basta olhar para a História Natural e veremos a distância entre a ordem, organização e tranqüilidade que reina entre macacos, marimbondos, abelhas, leões e elefantes e a civilização sangrenta que se ergue nos arraiais humanos, mortos na guerra e mordidos na paz.
>
> Tanto mais leio sociólogos e comentaristas (os norte-americanos chamam esses de colunistas) mais me convenço da perfeita ausência do conhecimento histórico ou do seu esquecimento, intencional ou deliberado, nos nossos mestres do profetismo político após-guerra. Tanta gente

[109] Luís da Câmara Cascudo (Natal, 30 de dezembro de 1898- Natal, 30 de julho de 1986) foi um historiador, sociólogo, musicólogo, antropólogo, etnógrafo, folclorista, poeta, cronista, professor, advogado e jornalista brasileiro. Deixou uma grande obra, de grande relevância, em particular sobre história, folclore e cultura popular.

discute e gravemente anuncia para onde vamos e que atitudes tomará o mundo em 1945, perfeitamente desmemoriada de quanto se estudou, pensou, escreveu e publicou na década 1919-1929. Esses livros, jornais, revistas, não desapareceram nem os autores eram irresponsáveis, analfabetos. Pertenciam às cátedras universitárias, às colunas dos jornais imponentes, às popularidades literárias, às notoriedades da administração. E erraram com todas as letras.

Novamente, ante outra guerra, reincidem os outros sabedores na mania dos oráculos e nas doenças do hierofantismo doutrinário.

O sestro é multi-secular. Lembro hoje apenas a um dos espíritos mais lúcidos do século XIX, Alexandre Herculano.

Em Portugal ninguém o sobrepujou nos valores da inteligência, coragem, brilho e cultura. É um escritor que resiste ao tempo e o lemos com proveito evidente e admiração natural. Raros, em Portugal e Brasil, tiveram, e têm atualmente, sua altivez, seu desinteresse, o vigor do estilo másculo, a profundeza do conhecimento histórico, cimentado nas pesquisas exaustivas e felizes.

Esse historiador, poeta, filósofo, sociólogo mesmo antes que Augusto Comte desse nome a uma das mais antigas atividades do interesse apreciativo sobre o social, escreveu páginas coruscantes e definitivas.

Quando ia, como continuam seus sucessores, na direção do futuro, predizer, profetizar, adivinhar, errava integralmente, de cima para baixo.

É, parece-me, um período que devia estar entre as palavras de Jesus Cristo, embora não esteja: - Saberás do teu dia! Assim traduzo o popular amanhã a Deus pertence.

Há uns oitenta anos passados, Alexandre Herculano escrevia essa página. Examinem o que sucedeu depois. Nas revoluções, guerras, filosofias, riquezas, inventos posteriores. Nos movimentos republicanos, intelectuais e religiosos. Na expansão do Catolicismo por todo o mundo. Nas doutrinas de interpretação jurídica e sociológica. Na leitura moderna sobre a sociedade. No conceito do interesse público. Nas explosões do universal sobre o nacional e vice-versa. Em Leão XIII, Pio XI e Pio XII, em Lenine, Trosky, Stalin. Na Alemanha republicana de Weimar, em Hindenburgo, Stressemann, Luther, Papen, Hitler. Na Áustria de Francisco José,

de Dolfuss e de Seyss Inquart. No Brasil de 1889, 1900, 1930 e 1944. No universo convulso que ouvimos pelas vozes, roufenhas ou claras, no rádio. No conceito de propriedade. De nação. De povo. Dos direitos e deveres.

A República, Natal, 16 de setembro de 1944.

Fonte: Acervo LUDOVICUS – INSTITUTO CÂMARA CASCUDO

Imagino um encontro do professor de história Noah Harari[110] e autor de *Sapiens: Uma breve história da humanidade* e Luís da Câmara Cascudo. Seria um daqueles encontros épicos entre grandes. Um muito jovem, outro muito experiente e humilde a discorrerem sobre a humanidade.

A Associação Brasileira de Educação em Engenharia (ABENGE) precisa se conscientizar para que novos pecados não se repitam pela frente.

Figura 221. Fotografia estampada no jornal *Diário de Natal* em 1973. Segundo o diretor atual da CBUK, com quem conversei, bastaria uma mão de tinta especial a cada 20 anos para ela estar bem conservada até os dias atuais

Fonte: jornal *Diário de Natal* (1973)

[110] Yuval Noah Harari é um professor israelense de História e autor do best-seller internacional Sapiens: Uma breve história da humanidade, Homo Deus: Uma Breve História do Amanhã e 21 Lições para o Século 21.

Mais uma vez a distância de 5 milhas do centro de Natal atrapalhou a ponte. No início da sua construção ninguém ia até o local, a não ser engenheiros e autoridades fiscais. Agora, na sua desmontagem, porém, com menor impacto, pouca gente de decisão viu essa tristeza sendo executada. E já tínhamos a UFRN e o CREA/RN. Eu credito o silêncio ao medo que reinava naqueles anos de chumbo, afinal a RFFSA era um órgão federal e ninguém queria confrontar uma decisão dessas naqueles anos de 1973.

No Reino Unido, ao contrário do desprezo pelo velho no Brasil, o grande engenheiro Isambard Kingdom Brunel (1806-1859) é venerado até hoje. Existe uma ponte projetada e construída por ele, além de várias outras construções, inclusive o primeiro túnel do metrô que atravessou o Tâmisa.

Figura 222. Ponte suspensa de Clifton, Reino Unido

Fonte: http://www.greatbuildings.com/cgi- in/gbi.cgi/Clifton_Suspension_Bridge.html/cid_1123541645_08050v.html._Acesso em: 15 abr. 2020

Essa ponte suspensa fica em Bristol e foi finalizada em 1864. Agora em 2021 ela completou 157 anos.

Um país que conserva suas construções valoriza seu povo. Uma nação avança quando preserva seus homens trabalhadores e benfeitores do passado. Existe uma insanidade desenfreada de se colocar nome de políticos nas pontes, aeroportos, viadutos e logradouros desse país. Até no Império e na República Velha ou Primeira República isso se fez no Brasil, como na avenida Francisco Bicalho, que levou o nome do engenheiro mineiro que foi inspetor geral de obras públicas na então capital Rio de Janeiro, ou na avenida João Pandiá Calógeras em São Paulo, que foi colega de JJP na escola de engenharia de Ouro Preto.

Há a necessidade da volta da meritocracia no Brasil. Não há como suportar mais tamanhas insanidades.

19.2 O tombamento em 1992

De nada adiantou apenas uma lei e não cuidar. Em 19 julho de 1992 foi aprovada a Lei Estadual Nº 4.404, que tombava a ponte de Igapó.

Já se passaram 30 anos e nada foi realizado pela conservação que ficou a cargo da Fundação José Augusto no Rio Grande do Norte. Nenhuma mão de tinta foi aplicada. Qualquer dia, nos próximos 10 anos, o primeiro vão da margem direita vai se partir e mergulhar no rio.

Como pesquisador e profissional da área, tenho a obrigação e aqui faço o alerta, na data da publicação deste livro, às seguintes autoridades:

- Ministério Público do Rio Grande do Norte (MPRN)
- Defesa Civil
- Governo do Rio Grande do Norte
- Prefeitura de Natal
- Corpo de Bombeiros do Rio Grande do Norte.

19.3 A Ação do MPRN para salvá-la

O MPRN, com a iniciativa do promotor João Batista Machado Barbosa e seus sucessores, tem trabalhado incansavelmente para salvar a ponte. Disso eu sou testemunha e tenho acompanhado na imprensa.

Com a ação de 6 de março de 2013 o proeminente promotor de justiça, do Ministério Público do Rio Grande do Norte iniciou todo o processo que rola até os dias atuais. Essa ação foi embasada em diversos aspectos jurídicos e conteve relatos na imprensa local deste pesquisador como:

> *A PONTE DE FERRO DE IGAPÓ COMO MARCO DA ENGENHARIA NO RIO GRANDE DO NORTE 2.1 A importância da Ponte de Ferro de Igapó para o Estado do Rio Grande do Norte, longe de ser apenas um marco na memória da sociedade potiguar, representa, ainda, um grande marco da engenharia neste Estado, pela qualidade e solidez, técnica e estrutural, da sua construção. Detalhes técnicos a ela peculiares garantiram as qualidades e a durabilidade da Ponte de Igapó e até hoje permanecem desconhecidos no Estado, sendo objeto de estudos não só quanto aos métodos mais adequados para conservá-la, mas, sobretudo, quanto aos empreendidos em sua construção, para aplicação nas obras atuais. 2.2 A título de exemplo, em matéria publicada em 28.3.10, no jornal Tribuna do Norte , o coordenador de um desses estudos, Manoel Fernandes de Negreiros Neto, engenheiro e pesquisador, comenta sobre a importância da Ponte de Ferro de Igapó para a engenharia norteriograndense e a potencial contribuição para esta advinda do conhecimento sobre a construção daquele equipamento, verbis: "Em resumo seria uma arqueologia da engenharia. Há 100 anos ela ainda está aí. Como foi feito? Tentaram demolir e não conseguiram, tiraram só 40%. Esta ponte nos dá uma prova de durabilidade de obras, que é uma coisa que engenheiro sempre procura. As obras de hoje com 30 anos já estão com problemas. Existem hoje prédios novinhos, na beira mar em Natal, que em cinco anos apresentam problemas no concreto", observa o engenheiro. Enquanto isso, a estrutura cravada a partir de 1914 permanece "sem problemas, niveladas, perfeita", abaixo da lama negra do fundo do rio. A antiga técnica foi planejada*

para suportar os açoites do tempo e, resistiu inclusive ao descaso dos gestores públicos. "A engenharia moderna ainda tem muito a resgatar do conhecimento aplicado na antiga ponte de Igapó, relembrar como fazer coisas que funcionem. Considerando que o hoje é aluno do ontem", observa Negreiros. (grifos) Foi ainda apontado sobre a Ponte de Ferro de Igapó no periódico que, verbis: "Construída pela inglesa Cleveland Bridge Engineering and Co. para suportar o impacto do fluxo ferroviário, as fundações (bases de concretos submersas) ainda são um enigma. Estes blocos de concreto descem até o fundo do rio, alargando a base, como em degraus [...] (MPRN, 2011).

Figura 223. Atualpa, presidente da associação dos ex-ferroviários do Rio Grande do Norte, foi um grande apoiador deste autor. Dele recebi de presente uma lanterna original dos anos de 1920 que mandei restaurar. Ao fundo a placa da Associação dos Aposentados da Rede Ferroviária Federal AS (AARFFSA)

Fonte: fotografia do acervo do autor

Muito interessantes as histórias ouvidas dos ex-ferroviários. Dentre elas a de que, na hora da passagem da RFFSA para CBTU, os novos funcionários jogavam livros encadernados de correspondências da companhia para fazer uma fogueira, alguns ferroviários apanharam alguns e levaram para casa como recordação. Foi em dois desses livros que este pesquisador pôde ver várias correspondências importantes aqui citadas. Um abraço ao meu bom Atualpa Mariano que salvou um desses livros.

Foram nessas correspondências que constatei as personalidades e os caracteres de seus missivistas. Homens locais como João Ferreira de Sá e Benevides e homens de fora, como JJP, Lassance, e outros tinham uma maneira firme de escrever.

Quando Carlos Guinle morreu, em 1969, Nelson Rodrigues disse: "Está morrendo o nosso passado e, repito, um dia acordaremos sem passado". Um exagero, mas que nos alerta quanto ao nosso passado.

CAPÍTULO 20

CAPACIDADE DE CARGA DAS FUNDAÇÕES (CAPÍTULO TÉCNICO)

20.1 As sondagens SPT de 1988

Figura 224. A segunda ponte de concreto de 1988 com seus blocos de coroamento de estacas concluídos

Fonte: acervo do engenheiro Nadelson Freire

Este autor por ser um entusiasta da engenharia civil e professor das cadeiras de Construção Civil, Orçamento de Obras, Mecânica de Solos, Materiais de Construção e Manutenção de Obras no IFRN que nos instiga a ser bem eclético, não poderia deixar de fazer abordagens com a linguagem própria da engenharia. Considero que o cidadão que se dispõe a ler esse livro é um aficionado por técnicas velhas misturadas a história e o porquê das coisas. Engenharia é a curiosidade do porquê das coisas. Assim tenho o máximo respeito e tentarei ser bem claro, caso não consiga, peço que entre em contato comigo para maiores debates pelo meu e-mail manoelnegreirosneto@hotmail.com

O relatório emitido em 10 de outubro de 1988 era endereçado ao DER/RN, citando como obra a BR-101, Trecho Natal-Touros, ponte sobre o rio Potengi. Constavam 15 furos de sondagem a percussão (SPT), perfazendo um total perfurado de 310,90 m.

As perfurações foram executadas pelo método de percussão com circulação de água, de acordo com a ABNT-NBR 6484[111], de

[111] ABNT/NBR 6484 – norma regulamentadora para sondagem a percussão SPT válida em 1988.

1980, hoje cancelada e substituída pela 6484, de 2001. Por motivos óbvios de já se terem passado mais de 30 anos não existem mais as amostras disponíveis.

O gráfico da resistência à penetração, apresentado nos perfis de sondagem, foi construído utilizando-se a soma dos golpes dos 30 cm finais, obtidos no ensaio de penetração dinâmica. Definição clássica de N_{SPT}.

A terminologia adotada na classificação das diversas camadas do solo atravessadas pela sondagem obedeceu à recomendada, à época, pela NBR 6502[112]. A adjetivação da compacidade das areias e consistência das argilas, acrescida à classificação do solo, foi obtida em função dos índices de resistência à penetração, pela tabela de Terzagui e Peck.

A seguir inseri os boletins de sondagens por eles serem de fácil entendimento. Aqui procurei escrever um livro didático com ênfase na história e nas técnicas de fácil entendimento. Acredito que um país avança quando também avança na sua cultura técnica.

O cálculo foi desenvolvido por este autor e os colegas de mestrado João Sérgio Simões e José Wilson Júnior em 2013 pela simples curiosidade de se utilizar os conhecimentos aprendidos durante o curso de Mecânica de solos e Fundações.

[112] ABNT/ NBR 6502 – norma regulamentadora para terminologia de rochas e solos válida na época.

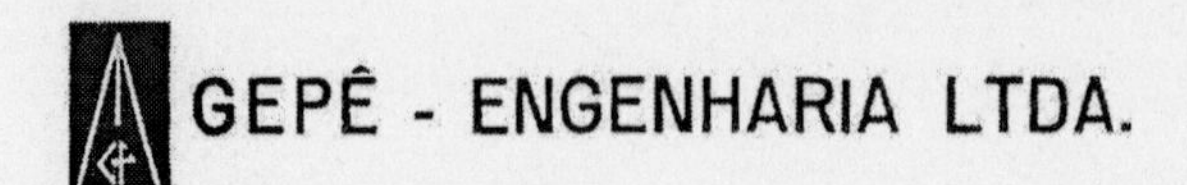

GEPÊ - ENGENHARIA LTDA.

RUA GUSTAVO CORDEIRO DE FARIAS, 300
TELEFONE: (084) 227.[illegible]
CEP 59010 - PETROPOLIS - NATAL/RN
C.G.C. (MF) 08.[illegible]/0001-[illegible]
INSC. EST. 20.[illegible] - C.M.C. [illegible]

RELATÓRIO Nº 1.552-10/88

Em, 10 de outubro de 1988.

CLIENTE: DER - Departamento de Estradas de Rodagem

ASSUNTO: Estudos Geotécnicos

OBRA: Ponte sobre o Rio Potengi

LOCAL: BR-101, Trecho Natal-Touros

Prezado Senhores

1- Em atenção a solicitação de V.Sa., estamos apresentando nosso Relatório referente as investigações geotécnicas realizadas no terreno onde será edificada a obra em epígrafe.

2- Os serviços constaram da execução de 15 furos de Sondagem a Percussão, perfazendo um total perfurado de 310,90m

3- As perfurações foram executadas pelo método de percussão com circulação de água, de acordo com as recomendações da ABNT (NBR - 6.484).

4- O amostrador padrão utilizado foi do tipo SPT (Standard Penetration Test) com diâmetro interno e externo, respectivamente de 1 3/8" e 2", com o corpo bipartido.

5- Os Índices de resistência à penetração, definidos como sendo o número de golpes necessários para cravar o barrilete amostrador padrão 30cm no solo foram obtidos através do ensaio de penetração dinâmica, que constou do seguinte:

Figura 225. O relatório de sondagem de 1988 (página 1) que serviu de base para a estimativa da capacidade de carga do pilar 9 da ponte metálica sobre o Potengi

Fonte: relatório cedido a este autor pela empresa de sondagens GEPÊ Engenharia, na pessoa de seu gerente Rogério de Pinho Pessoa

GEPÊ - ENGENHARIA LTDA.

RUA GUSTAVO CORDEIRO DE FARIAS, 380
TELEFONE: (084) 227.8862
CEP 59010 - PETRÓPOLIS - NATAL/RN
C.G.C. (MF) 08.353.704/0001-63
INSC. EST. 20.065.182-8 - C.M.C. 012.596-8

a) Cravou-se o barrilete amostrador padrão 45 cm no solo, com um peso batente de 65 kg, caindo livremente de uma altura de 75 cm.

b) Anotou-se separadamente o número de golpes necessários para cravar, contínua e sucessivamente, cada trecho de 15 cm.

c) Calculou-se a soma dos golpes do 1º e 2º trechos, isto é, dos 30 cm iniciais e a soma dos golpes do 2º e 3º trechos, ou seja, dos 30 cm finais.

6- A extração das amostras foi feita a cada metro de profundidade, pelo barrilete amostrador padrão, imediatamente após o ensaio de penetração dinâmica.

7- O gráfico da resistência à penetração, apresentado nos Perfís de Sondagens, foi construído utilizando-se a soma dos golpes dos 30 cm finais, obtidos no ensaio de penetração dinâmica.

8- A terminologia adotada na classificação das diversas camadas do solo atravessadas pela sondagem obedeceu a recomendadá pela ABNT (NBR - 6.502).

9- A adjetivação de compacidade das areais e consistência das argilas, acrescida à classificação do solo foi obtida em função dos índices de resistência à penetração, pela tabela de Terzaghi e Peck.

Figura 226. O relatório de sondagem de 1988 (página 2) que serviu de base para a estimativa da capacidade de carga do pilar 9 da ponte metálica sobre o Potengi

Fonte: relatório cedido a este autor pela empresa de sondagens GEPÊ Engenharia, na pessoa de seu gerente Rogério de Pinho Pessoa

GEPÊ - ENGENHARIA LTDA.

RUA GUSTAVO CORDEIRO DE FARIAS, 300
TELEFONE: (084) 222.9862
CEP 59010 - PETRÓPOLIS - NATAL/RN
C.G.C. (MF) 08.363.764/0001-62
INSC. EST. 20.066.152-8 - C.M.C. 012.996-6

10- A quantidade de furos executados, bem como a sua localização no terreno foi estipulada pelo interessado.

11- A coleção das amostras representativas das diversas camadas atravessadas pela sondagem fica à disposição de V.Sa., em nosso laboratório, pelo prazc de 30 (trinta) dias a contar desta data.

12- Os desenhos apresentados, em anexo, informam:

a) Desenho de Nºs 1/16 a 15/16 - perfís individuais de cada sondagem, em escala, assinalando: a cota de boca do furo, os índices de resistência à penetração (inicial e final), indicação sobre o nivel d'água, a profundidade das diversas camadas atravessadas e a classificação do solo encontrado.

b) Desenho Nº 16/16 - planta de localização das perfurações no terreno, com indicação do RN tomado como referência para o nivelamento das bocas dos furos.

Gratos pela atenção, ficamos à disposição de V.Sa., para quaisquer esclarecimentos e firmamo-nos,

Atenciosamente

GEPÊ ENGENHARIA LTDA.

Geraldo de Pinho Pessoa
DIRETOR TÉCNICO

Figura 227. O relatório de sondagem de 1988 (página 3) que serviu de base para a estimativa da capacidade de carga do pilar 5 da ponte metálica sobre o Potengi, assinado pelo engenheiro Geraldo De Pinho Pessoa, grande expoente da engenharia de solos no Rio Grande do Norte pelos anos de 1960 a 2000

Fonte: relatório cedido a este autor pela empresa de sondagens GEPÊ Engenharia, na pessoa de seu gerente Rogério de Pinho Pessoa

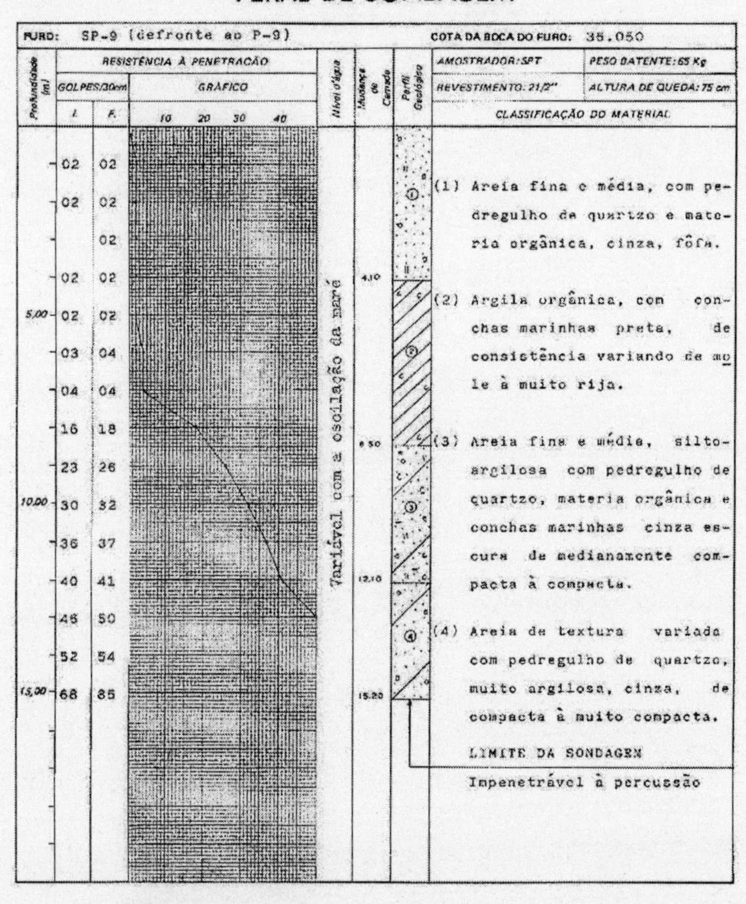

PERFIL DE SONDAGEM

FURO: SP-9 (defronte ao P-9) COTA DA BOCA DO FURO: 35.050

AMOSTRADOR: SPT PESO BATENTE: 65 Kg

REVESTIMENTO: 2 1/2" ALTURA DE QUEDA: 75 cm

Profundidade (m)	Resistência à penetração – Golpes/30cm – I.	F.	Mudança de camada
	02	02	
	02	02	
		02	
	02	02	4,10
5,00	02	02	
	03	04	
	04	04	
	16	18	8,50
	23	26	
10,00	30	32	
	36	37	
	40	41	12,10
	45	50	
	52	54	
15,00	68	85	15,20

Gráfico: 10 20 30 40

Nível d'água: Variável com a oscilação da maré

CLASSIFICAÇÃO DO MATERIAL

(1) Areia fina e média, com pedregulho de quartzo e materia orgânica, cinza, fôfa.

(2) Argila orgânica, com conchas marinhas preta, de consistência variando de mole à muito rija.

(3) Areia fina e média, silto-argilosa com pedregulho de quartzo, materia orgânica e conchas marinhas cinza escura de medianamente compacta à compacta.

(4) Areia de textura variada com pedregulho de quartzo, muito argilosa, cinza, de compacta à muito compacta.

LIMITE DA SONDAGEM

Impenetrável à percussão

RELATÓRIO	CLIENTE: DER - Depart. de Estradas de Rodagem		DESENHO: Nº 7/16
	OBRA: Ponte sobre o Rio Potengi		ESCALA: 1:100
	LOCAL: BR-101	Trecho Natal-Touros	DATA: 04.10.88

Figura 228. Típico boletim ou relatório de sondagem de 1988 (página 4). Observa-se que até 9 m (após fundo de rio) o solo se apresenta sem boa capacidade de carga. A partir de 9 m o N_{SPT} apresenta valores mais confiáveis para apoio de uma sapata de bloco. A linha escura em diagonal descendo da esquerda para a direita é a linha que representa o N_{SPT} nas diversas profundidades. No caso deste boletim o N_{SPT} é obtido somando-se os valores iniciais e finais

Fonte: relatório cedido a este autor pela empresa de sondagens GEPÊ Engenharia, na pessoa de seu gerente Rogério de Pinho Pessoa

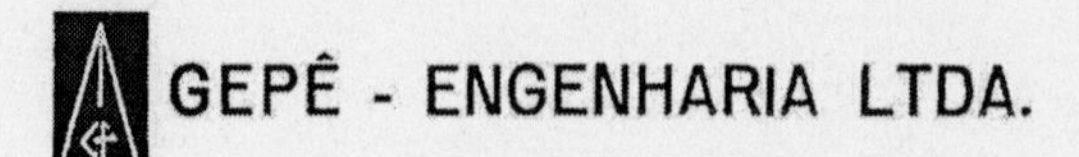

RUA GUSTAVO CORDEIRO DE FARIAS, 360
TELEFONE: (084) 222.[illegible]
CEP 59010 - PETRÓPOLIS - NATAL/RN
C.G.C. (MF) 08.353.764/0001-63
INSC. EST. 20.006.152-6 - C.M.C. 012.[illegible]

PLANTA DE LOCALIZAÇÃO

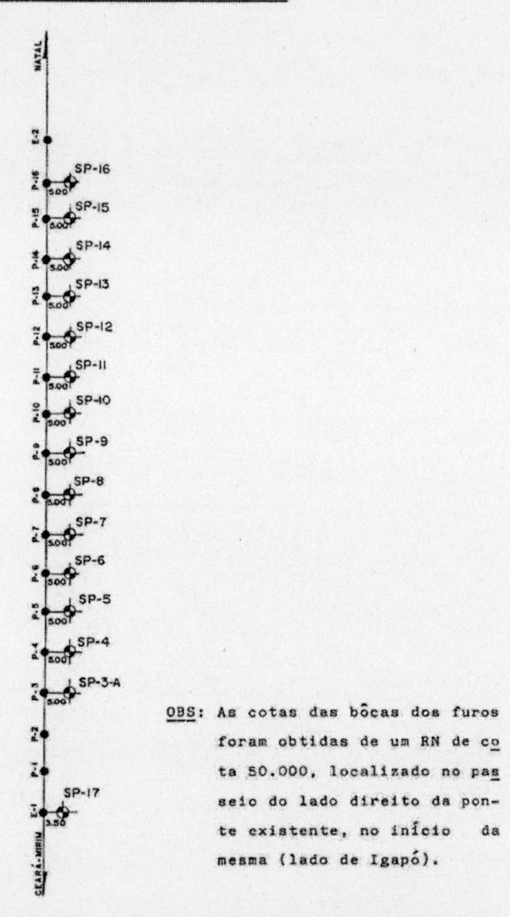

ORIO	CLIENTE: DER - Depart. de Estradas de Rodagem	DESENHO Nº 16/16
	OBRA: Ponte sobre o Rio Potengi	ESCALA: Croquis
	LOCAL: BR-101, Trecho Natal-Touros	DATA: 10.10.88
10/88	ENG. RESPONSAVEL:	DES

Figura 229. O croqui de localização de 1988 (página 5) mostrando um início de dificuldades provavelmente devido a interferências. Na observação de Dr. Geraldo de Pinho Pessoa no desenho do croqui acima, é possível notar que a ponte existente a que ele se refere é a ponte de concreto construída pela Odebrecht em 1970
Fonte: relatório cedido a este autor pela empresa de sondagens GEPÊ Engenharia, na pessoa de seu gerente Rogério de Pinho Pessoa

20.2 Conferência de capacidade de carga por Terzaghi-Buisman[113]

Figura 230. O local do primeiro pilar a direita da ponte metálica analisado em sua capacidade de carga

Fonte: fotografia em uma gentileza do fotógrafo Esdras R. Nobre

Fazendo-se uma correlação entre os pilares da ponte metálica e os furos de sondagem anteriores, vemos que o furo que mais se aproxima do pilar de maior interesse, o de n.º 5, é o furo de n.º 9. Aqui, neste estudo, chamaremos de sapata a base circular do pilar-bloco que se apoia no solo.

Com as cotas de bocas de furos no fundo do rio, foi possível se traçar o perfil geológico a seguir, que apresentou grande descontinuidade, provavelmente devido a grande distância entre os furos, de 30 metros.

[113] Karl von Terzagui nasceu em Praga em 1883 e faleceu nos Estados Unidos em 1963. Foi um engenheiro reconhecido como o pai da mecânica de solos e da engenharia geotécnica. A.S. K. Buisman foi um engenheiro geotécnico.

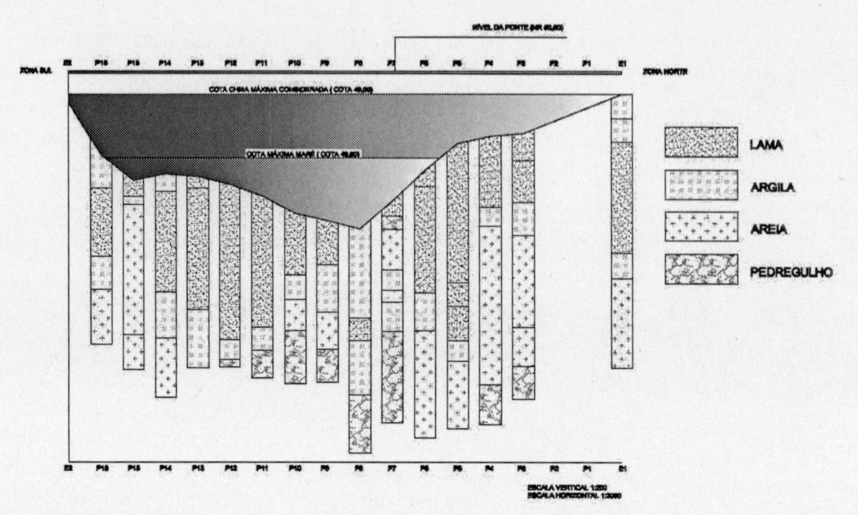

Figura 231. O furo SPT de n.º 9 indicava em 1988 que era defronte ao Pilar 5, porém isso era em relação à ponte de concreto de 1970 e não à metálica de nosso estudo. Em relação à metálica, correspondia ao Pilar 5 coincidentemente

Fonte: desenho em AutoCAD dos autores Manoel Fernandes de Negreiros Neto, José Wilson da Silva Júnior e João Sérgio Simões Bezerra

Analisando os perfis geológicos apresentados em cada furo, observamos a presença de areia no início de alguns e de outros não. Isso é perfeitamente compreensível em se tratando de rio.

Analisando-se o Furo 9, que é bastante representativo, vemos de cota de boca de furo até 4 m areia fina e média, com pedregulho de quartzo e matéria orgânica, cinza e fofa. Com N_{SPT}[114] 02.

De 4 a 8,50 m temos argila orgânica, com conchas marinhas, preta, de consistência variando de mole a muito rija. Com N_{SPT} inicialmente em 2 passando para 4, 18 e 22.

De 8,50 m até 12,10 m temos areia fina e média, silto-argilosa, com pedregulho de quartzo, matéria orgânica e conchas marinhas, cinza escura, de medianamente compacta a compacta. Com N_{SPT} variando de 22 a 40. Aí o solo fica bem resistente à penetração do amostrador.

[114] NSPT de uma camada é o número de golpes aplicados para que o amostrador desça 30 cm. Esse número é a soma dos 15 cm iniciais com os 15 cm finais, conforme mostra o número de golpes nas colunas respectivas no boletim de sondagem da Figura 228.

Imediatamente no início da camada seguinte, a partir de 12,10 m, que é composta por areia de textura variada, com pedregulho de quartzo, muito argilosa, cinza, de compacta a muito compacta, é que propusemos o assente da sapata/bloco-cilíndrico de fundação, pois assim correlacionamos esse pedregulho de quartzo com o cascalho do projeto original de 1912.

Então, com o suposto da sapata/bloco de fundação mais carregado, partimos para o cálculo da capacidade de carga utilizando o método conservador de Terzaghi-Buisman.

20.3 Cálculo da capacidade de carga em um dos pilares mais carregados

20.3.1 Localização de furos vs. pilar mais carregado

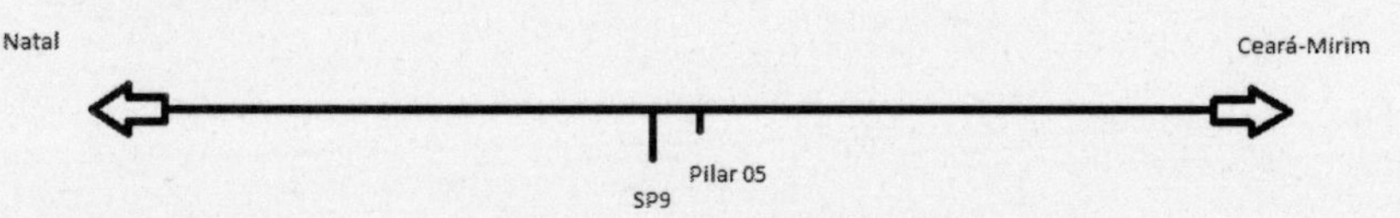

Figura 232. O esquema da conciliação entre furos SPT e pilar-bloco

Fonte: estudo e desenho do autor

Para o Pilar 5, temos o N_{SPT} (esta é a forma correta de escrever) referente ao furo 9 (SP9). A seguir está a geologia do solo para essa sapata.

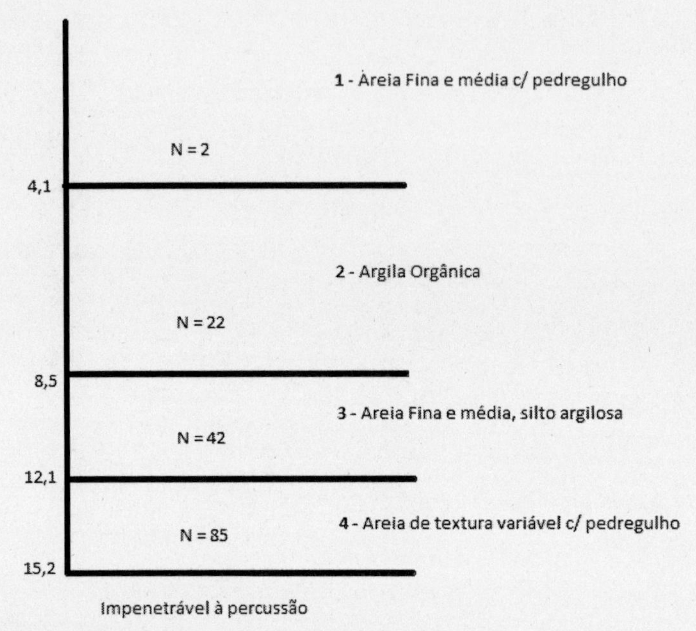

Figura 233. A geologia do solo para a sapata escolhida

Fonte: desenho do autor

20.3.2 Cálculo do ângulo de atrito das camadas do solo

Segundo Teixeira (1996) temos:

$\varnothing = \sqrt{20Nspt} + 15°$ **Equação 20.3.2.1 Ângulo de atrito segundo Teixeira (1996)**

1. Para a Camada 1:

$\varnothing = \sqrt{20.2} + 15° = 21,32°$ **Equação 20.3.2.2 Ângulo para a Camada 1**

2. Para a Camada 2:

$\varnothing = \sqrt{20.22} + 15° = 35,97°$ **Equação 20.3.2.3 Ângulo para a Camada 2**

3. Para a Camada 4:

$\varnothing = \sqrt{20.42} + 15° = 43,98°$ **Equação 20.3.2.4 Ângulo para a Camada 4**

4. Para a Camada 4

$\varnothing = \sqrt{20.50} + 15° = 46,62°$ **Equação 20.3.2.5 Ângulo para a Camada 4 final.**

20.3.3 Obtenção do peso específico (γ) das camadas do solo

Segundo a tabela de Godoy (1972), temos:

1. Para a Camada 1:

$Nspt = 2 \rightarrow$ �$= 19\,KN/m^3$ **Equação 20.3.3.1 Equação do peso específico para a Camada 1**

2. Para a Camada 2:

$Nspt = 22 \rightarrow$ �$= 21\,KN/m^3$ **Equação 20.3.3.2 Equação do peso específico para a Camada 2**

3. Para a Camada 3:

$Nspt = 42 \rightarrow$ �$= 21\,KN/m^3$ **Equação 20.3.3.3 Equação do peso específico para a Camada 3**

4. Para a Camada 4:

$Nspt = 50 \rightarrow$ �$= 21\,KN/m^3$ **Equação 20.3.3.4 Equação do peso específico para a Camada 4.**

20.3.4 Detalhamento da sapata

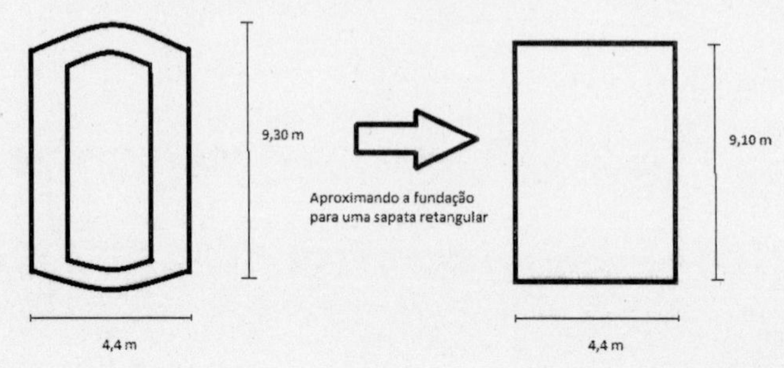

Figura 234. Área de apoio no solo consideradas. A princípio, quando não tínhamos os projetos em mãos, julgamos uma base quadrada no solo, mas com os projetos confirmamos a base circular

Fonte: desenho do autor

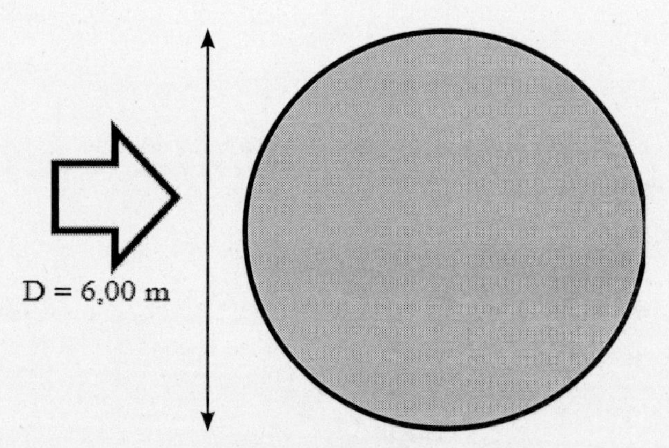

Figura 235. Essa base circular do tubulão é a que melhor representa o apoio com efetividade. Em nome da segurança, desprezamos o atrito lateral

Fonte: desenho do autor

O círculo anterior exemplifica a área de apoio de um tubulão e tem área de 28,27 m^2. Relembrando a execução desses tubulões comentada nos capítulos anteriores, após se chegar a essa cota de assentamento com os cilindros metálicos comprimidos, para se evitar a entrada de água, concreta-se com concreto armado o fundo com as saídas de armaduras para se executar as paredes laterais com 40 cm de fôrma interna. À medida que vai concretando-se e deformando-se internamente, vai-se enchendo com areia, que serve

de plataforma de trabalho até se chegar ao fundo do rio, quando a forma cilíndrica em contato com a água se transforma em retângulos com lados muitos abaulados (o double D como os ingleses chamavam), até chegarem e passarem da superfície da água, onde os vemos ainda hoje, ali, impassíveis, bem nas nossas barbas de uma melhor engenharia executada há mais de 110 anos.

20.3.5 Cálculo da tensão efetiva na base da sapata

Considerando uma altura máxima de maré de 6,97 m (dados históricos) e uma sapata apoiada a 12,50 m de profundidade pós-fundo de rio, conforme pesquisas e projetos, temos as seguintes equações:

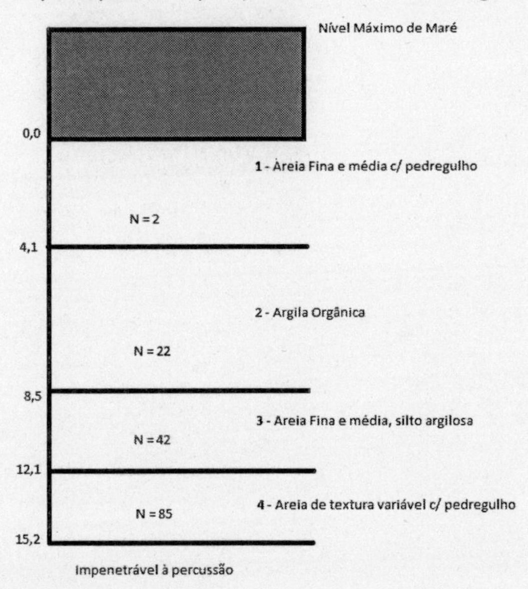

Figura 236. Cotas e os respectivos solos

Fonte: desenho do autor

$$q = 6,97.10 + (19-10).4,10 + (21-10).4,40 + (21-10).3,60$$

Equação 20.4.5.1 tensão efetiva na base

$$q = 194,60\frac{KN}{m^2}$$

20.3.6 Cálculo dos fatores de forma da sapata

A sapata está apoiada sobre uma camada de areia de ∅ = 46,62°, portanto:

$$Nq = 187,21$$

$$Ngama = 403,67$$

Dados obtidos segundo a tabela de Terzaghi para $\varnothing = 47°$.

$$\zeta q = 1 + \left(\frac{B}{L}\right).tg(\varnothing)$$ **Equação 20.4.6.1** ζq

$$\zeta q = 1 + \left(\frac{4,4}{9,10}\right).tg(46,62)$$

$$\zeta q = 1,43$$

$$\zeta gama = 1 - 0,4\left(\frac{B}{L}\right)$$ **Equação 20.4.6.2** $\zeta gama$

$$\zeta gama = 1 - 0,4\left(\frac{4,4}{9,10}\right)$$

$$\zeta gama = 0,806$$

20.3.7 Cálculo da capacidade de carga

$$qr = q.Nq.\zeta q + \frac{1}{2}.\text{�}.B.Ngama.\zeta gama$$ **Equação 20.4.7.1 Tensão na base**

$$qr = 194,60\ .187,21\ .1,43 + \frac{1}{2}.(21-10)\ .4,40\ .403,67\ .0,806$$

$$qr = 59.970,08 \frac{KN}{m^2}$$

20.3.8 Cálculo da capacidade de carga admissível

Segundo a Tabela 3.8, Versic 1970 (Handbook)[115], deve-se adotar um fator de segurança no intervalo de 3,5 a 2,5.

$$qadm = \frac{59970,08}{3,5} = 17.134,31 \frac{KN}{m^2}$$ **Equação 20.4.8.1 Tensão admissível**

$$qadm = \frac{59.970,08}{2,5} = 23.988,03 \frac{KN}{m^2}$$

Fator de segurança

20.3.9 Cálculo da capacidade de carga admissível no Pilar 5 analisado

Área de apoio: (π x D^2) / 4 = 28,27 m^2 aproximadamente,

Então:

Multiplicando pela área: 23,988 t/m^2 x 28,27 m^2 = **678,14 toneladas**

Então o valor a ser entendido como a capacidade de carga de cada tubulão cilíndrico deve ser na faixa de 678,14 toneladas. Como foi usado o Fator de Segurança de duas vezes e meio, podemos

---

[115] A tabela 3.8 do Handbook de Versic vem sendo usada e passada adiante pelos estudantes de engenharia dos anos 1970 para cá

tranquilamente afirmar que o valor de 1.695,35 t é bastante razoável para cada pilar. Além do mais lembramos que desprezamos o atrito lateral.

A verdade é que todos os pilares que afloram na superfície estão lá nivelados a olho nu e de excelente aparência para o que foi concretado há mais de 110 anos.

Observando vários *sites* nos EUA podemos ver várias pontes velhas com as mesmas características tombadas a favor da correnteza. A nossa aqui teima em ficar bem, aparentemente nivelada.

Os tubulões, servindo de fundações profundas, foram assentados em solo com capacidade de carga bastante razoável e foram preenchidos com areia para dar maior estabilidade e resistência ao arrasto da água. Ponto para a CVC e a CBEC. Dez para a velha ponte de Igapó. Zero para os engenheiros da RFFSA em Natal em 1970.

Veio a verdade como filha do tempo, muitos anos depois, pelas mãos de três colegas engenheiros.

CAPÍTULO 21

ENGENHARIA DOS MATERIAIS APLICADOS

21.1 Ensaios tecnológicos realizados no concreto do Bloco 1 (margem direita)

Figura 237. Local das extrações de testemunhos e ensaios tecnológicos descritos a seguir. Pilar-bloco de número 01 a partir da margem direita do rio

Fonte: fotografia do autor

Por causa de sua grande estabilidade e nivelamento dos blocos aparentes, este autor resolveu estudar os materiais empregados.

Ao leitor não entrosado com os termos de engenharia civil, procurei ser o mais didático e explicativo possível. E até convido você, leitor brasileiro, a entrar no mundo da engenharia, pois sem ela não haveria progresso humano. Todos os dias nós saímos de casas ou de apartamentos construídos por engenheiros, tomamos um transporte construído por um engenheiro, trafegamos por uma estrada ou avenida ou viaduto ou ponte construídos por um engenheiro. Olhamos as horas em um relógio projetado por um engenheiro. Todas as nossas necessidades básicas, de água potável, drenagem e esgotos sanitários, são projetadas e construídas por engenheiros civis. E não é à toa que existe um programa no *History Channel* chamado "Engineering an empire".

Para chegar a ser uma grande nação, há a necessidade de se ter a engenharia como aliada. No Brasil de 1989 para cá, avoluma-se

uma cultura na contramão da ciência. Acredito e engrosso as fileiras dos que pensam que um país para crescer precisa de cientistas, sem desmerecer os homens das letras, os intelectuais e os poetas que tanto enriqueceram a cultura do mundo e que tanto admiro.

Em um artigo publicado na revista *Concreto & Construção*, de n.º 62, e em trabalhos apresentados no 52º Congresso Brasileiro do Concreto, este autor, em companhia do engenheiro civil doutor Fábio Sérgio da Costa Pereira[116], publicou as seguintes colocações em relação ao concreto do pilar especificado (o primeiro da margem direita) a seguir.

Figura 238. Corpos de prova extraídos – testemunhos –, com a gentileza da Ajax Ltda., antes de serrados na altura padrão de 20 cm. É possível notar que o primeiro testemunho à esquerda não foi aproveitado por ter encontrado uma barra em L no concreto do primeiro pilar da margem direita

Fonte: fotografia do autor

As discussões a seguir também foram publicadas na dissertação de mestrado deste autor, em 2013, intitulada "A Construção da ponte metálica sobre o rio Potengi: aspectos históricos, construtivos e de durabilidade – Natal/RN, Brasil (1912-1916) – Estudo de caso".

[116] O engenheiro civil Fábio Sérgio da Costa Pereira é natalense e doutor em engenharia de materiais com dois pós-doutorados na mesma área e atualmente é coordenador e professor do curso de graduação de engenharia civil da UNI- Universidade do Natal.

Segundo Negreiros e Pereira (2010), de acordo com a Tabela 1 da NBR-6118 (ABNT, 2004), o local é classificado como Classe de Agressividade Ambiental (CCA) IV, com agressividade elevada e risco de deterioração da estrutura. O próprio rio Potengi era chamado em 1912 de rio Salgado por ter as águas muito salgadas, e mais: logo a jusante da margem esquerda da ponte existiam salinas.

Pela Tabela 2 da NBR-6118 (ABNT, 2004), o local onde se encontra um concreto é classificado como Zona de Respingos de Maré IV (macroclima mais agressivo), correspondendo a ambientes externos de obras com microclima úmido ou ciclos de molhagem e estiagem.

Nas confecções desses artigos, a norma vigente era a NBR 6118-2004, hoje já temos a NBR 6118 de 2014. Este autor optou por deixar os comentários originais de 2010 por achar que as mudanças não foram significativas no tocante ao abordado.

Uma estrutura de concreto armado nova construída no mesmo local, segundo a NBR 6118 (ABNT, 2004) teria como exigências: resistência à compressão igual ou superior a 40 MPa, relação água/cimento menor ou igual a 0,45, cobrimento nominal para laje de 45mm e para vigas e pilares de 50mm. A mesma norma de 2014 não mudou esses cobrimentos de armaduras, segundo a tabela 7.2 do documento (ABNT, 2014)[117].

Por essas exigências atuais se depreende a grande preocupação do construtor brasileiro/inglês com relação à durabilidade de estruturas inseridas nesse meio ambiente agressivo do rio Potengi em Natal.

O concreto aqui estudado é composto por agregados graúdos de brita granítica graduados entre 25 e 45, provavelmente britados à mão ou no britador H. R. Marsden, como comentado no Capítulo 10, e por cascalho – seixo rolado de granulometria menor tendendo a brita zero ou cascalhinho, como é conhecido e encontrado em leitos de rios do Nordeste brasileiro. A areia de rio é bem lavada e isenta de cloretos (sem sal), como vão demonstrar os ensaios à frente.

A água utilizada é de excelente qualidade – potável. Nesse caso, a característica da região da grande Natal na época deve ter ajudado, pois é muito fácil encontrar água potável.

---

[117] A ABNT NBR 6118:2014 na página 56, edição 2020, segunda impressão, editora do IBRACON mostra na tabela 7.2 esses cobrimentos mantidos em relação a mesma norma de 2004.

O cimento foi trazido da então Inglaterra de 1912 em navios a vapor e deviam ser bem acondicionados em barricas impermeáveis aos aerossóis marinhos da viagem. Suas características, como vão ser demonstradas lá na frente, no Capítulo 22, são de cimento pozolânico e inglês.

De posse desses ensaios, foram obtidas conclusões reveladoras e educadoras no tocante à fabricação de cimento no Brasil hoje.

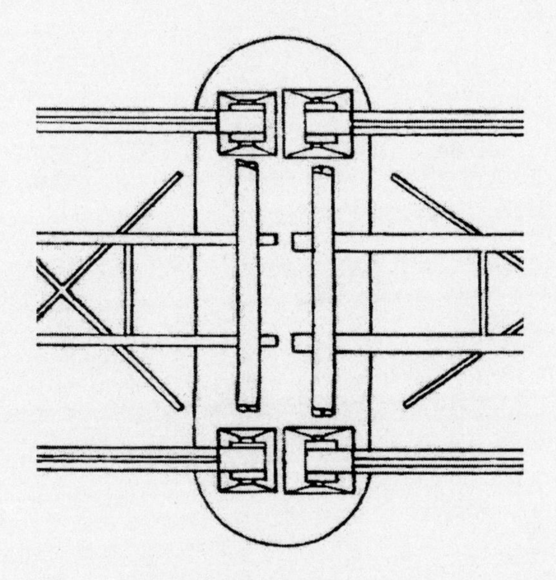

Planta

Figura 239. Local das extrações localizadas no projeto original cedido pela RFFSA. Os corpos de prova -testemunhos extraídos tinham as dimensões de 30 cm de altura por 10 cm de diâmetro para a posterior serragem para os tamanhos de rompimento padrão de 20 cm de altura por 10 cm de diâmetro. E foram extraídos nos locais assinalados no pilar 9 (último pilar na margem direita do rio)

Fonte: adaptação dos projetos originais feita pelo autor

21.2 Ensaios de presença e profundidade de carbonatação

Figuras 240. Fenolftaleína (cor rosa-carmim) na superfície do fundo do testemunho extraído, mostrando concreto a 30 cm de profundidade não carbonatado

Fonte: fotografia do acervo do autor

A parte externa do bloco, exatamente na zona de maré, Cascudo (1997), apresentou coloração incolor indicando superfície carbonatada. O que é de se esperar em um local como esse. A parte interior, Cascudo (1997), apresentou a coloração rosa-carmim a partir de 1 cm de profundidade, indicando, obviamente, concreto não carbonatado a partir daí.

Sim, concreto não carbonatado a partir de 1 cm. Em mais de 100 anos só carbonatou até 1 cm de profundidade. Uma marca admirável.

21.3 Ensaios de presença e profundidade de cloretos

Figura 241. Nitrato de prata na superfície do bloco e a profundidade de penetração de cloretos

Fonte: fotografia do acervo do autor

A parte externa do bloco, exatamente na zona de maré, Cascudo (1997), apresentou coloração branca e marrom, indicando a presença de cloretos livres e combinados respectivamente. A parte interior apresentou coloração marrom até 4 cm de profundidade, indicando que a superfície interna apresenta cloretos até essa profundidade. Pela cor marrom, Cascudo (1997), são do tipo de cloretos combinados, ou seja, dos menos agressivos existentes.

21.4 Como foram extraídos e rompidos os dois testemunhos cilíndricos de 10 por 20 cm

Figura 242. Extração do CP ou testemunho. Cortesia da AJAX

Fonte: fotografia do autor

Obs.: O bloco 1 é o primeiro bloco partindo da margem direita para a esquerda. Equivale ao bloco 9 do projeto original.

Seguindo a NBR 7680 (ABNT, 1983), foram extraídos dois corpos de prova de 10 por 30 cm e depois serrados por 10 cm por 20 cm. Um terceiro quebrou. Tomou-se o cuidado de preencher-se os furos realizados no bloco da ponte com grout expansivo de 50 MPa[118] conseguidos pelo Dr. Fábio Sérgio da Costa Pereira.

Nos ensaios à compressão realizados no laboratório da UFRN, foram obtidos os resultados de 25,85 e 35,66 MPa respectivamente. Resistências excelentes hoje, em se comparando com o padrão da época, 1912, que era de apenas 15 MPa.

[118] Mpa – Unidade de pressão Megapascal. 1 MPa) = 1 milhão de Pascal = 10,1972 Kgf/cm²

UNIVERSIDADE FEDERAL DO RIO GRANDE DO NORTE
NÚCLEO TECNOLÓGICO INDUSTRIAL / CT
LABORATÓRIO DE MATERIAIS DE CONSTRUÇÃO

CERTIFICADO Nº 098 / 2010 - MC

Natal, 07 de maio de 2010.

Natureza do trabalho: Resistência à compressão.
Interessado: Manoel Fernandes de Negreiros Neto.
Material: Corpos-de-prova cilíndricos de concreto com dimensões 10 x 20 cm extraídos.

RESULTADOS

Nº CP	Ruptura(data)	Carga(Kgf)	Resist. Compressão (MPa)
01	07/05/10	28000	35,66
02	07/05/10	20300	25,85

OBSERVAÇÕES:
1. Ensaio realizado de acordo com a norma NBR 5739.
2. Origem: Bloco de fundação da ponte metálica sobre o rio Potengi.
3. Data de concretagem: 1912

Francisco de Assis Braz
Técnico Responsável

Profº Paulo Alysson B. F. Souza
Chefe do Laboratório de Materiais de Construção

Figura 243. Laudo da UFRN em nome deste autor atestando a resistência à compressão dos testemunhos extraídos
Fonte: certificado de propriedade do autor

21.5 Esclerometria[119] realizada em dois corpos-de-prova

Esse teste foi realizado na sede da Engecal Engenharia e Cálculos LTDA., em 27 de abril de 2010.

Figuras 244. Esclerometria e penetração de cloretos realizados nos CPs já serrados na sede da Engecal

Fonte: fotografia do autor

Andrade (1992), e NBR-7584 (ABNT, 1995), foram estes os resultados obtidos nas esclerometrias realizadas:

No CP 01, indicaram para fck[120] máx = 37 MPa e para fck min = 30,1 MPa.

No CP 02 indicaram para fck máx = 31,8 MPa e para fck min = 27,6 MPa.

---

[119] Ensaio de medição de dureza do concreto.

[120] Do inglês, Feature Compression Know foi traduzida para o português como Resistência Característica do Concreto à Compressão, um conceito imprescindível para se calcular com exatidão a medida de material com relação à estrutura que será utilizada.

Assim, foram obtidos na esclerometria valores próximos aos obtidos no rompimento dos corpos-de-prova, a sua resistência à compressão.

21.6 Ensaio de pH do concreto realizado pelo lápis indicador

Figura 245. Concreto apresentando ph na faixa de 6 pelo lápis da Rogertec. Ensaio realizado na sede da Engecal

Fonte: fotografia do autor

O ensaio de pH realizado, a 10/12 cm de profundidade, com o lápis indicador, Rogertec (2010), apresentou resultado em torno de pH = 6, indicando uma redução no tempo de 100 anos de exposição às intempéries, de 12,5 (concreto novo) para 6. Realmente, nesse caso o concreto deixou de ser básico para ácido e passa a não mais proteger as armaduras quanto à corrosão.

21.7 Ensaio de porosidade

Certificado, documento emitido pela UFRN n.º 097/2010 – MC mostrado na Figura 247.

Figura 246. Face na profundidade de 30 cm de um testemunho extraído

Fonte: fotografia do autor

Os ensaios de porosidade — índices de vazios — apresentaram uma porcentagem de 6,82% para o CP 01, que apresentou maior resistência à compressão, e 10,23% para o CP 02, que apresentou menor resistência à compressão.

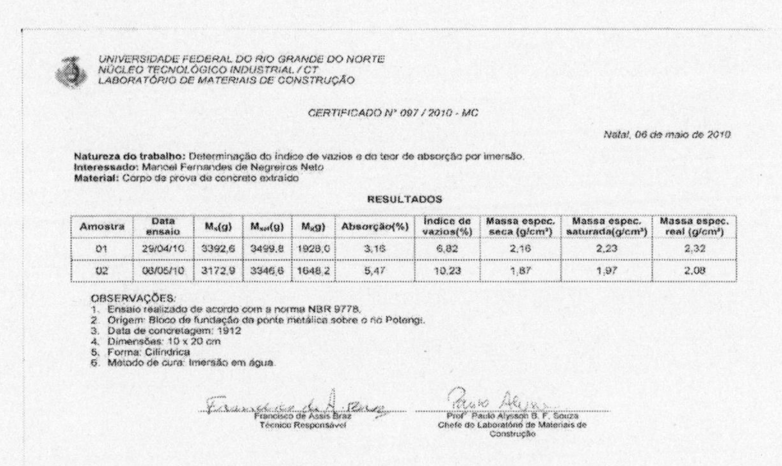

UNIVERSIDADE FEDERAL DO RIO GRANDE DO NORTE
NÚCLEO TECNOLÓGICO INDUSTRIAL / CT
LABORATÓRIO DE MATERIAIS DE CONSTRUÇÃO

CERTIFICADO Nº 097 / 2010 - MC

Natal, 06 de maio de 2010

Natureza do trabalho: Determinação do índice de vazios e do teor de absorção por imersão.
Interessado: Manoel Fernandes de Negreiros Neto
Material: Corpo de prova de concreto extraído

RESULTADOS

Amostra	Data ensaio	M_s(g)	M_{sat}(g)	M_ig)	Absorção(%)	Índice de vazios(%)	Massa espec. seca (g/cm³)	Massa espec. saturada(g/cm³)	Massa espec. real (g/cm³)
01	29/04/10	3392,6	3499,8	1928,0	3,16	6,82	2,16	2,23	2,32
02	08/05/10	3172,9	3346,6	1648,2	5,47	10,23	1,87	1,97	2,08

OBSERVAÇÕES:
1. Ensaio realizado de acordo com a norma NBR 9778.
2. Origem: Bloco de fundação da ponte metálica sobre o rio Potengi.
3. Data de concretagem: 1912
4. Dimensões: 10 x 20 cm
5. Forma: Cilíndrica
6. Método de cura: Imersão em água.

Francisco de Assis Braz
Técnico Responsável

Profº Paulo Alysson B. F. Souza
Chefe do Laboratório de Materiais de Construção

Figura 247. Ensaio de porosidade – índice de vazios. Absorção realizada nos laboratórios da UFRN em nome deste autor

Fonte: certificado propriedade do autor

Esses índices são baixíssimos (o que é muito bom) em se considerando o nível de controle tecnológico em 1912. Hoje esses índices estariam, segundo a NBR 9778 (ABNT, 1987), classificados como: valor de porosidade abaixo de 10%, indicando um concreto de boa qualidade e bem compactado.

21.8 Ensaio de absorção

Certificado, documento emitido pela UFRN n.º 097/2010 – MC demonstrando que: os ensaios de absorção, conforme a NBR 9778 (ABNT, 1987), apresentaram percentuais de 3,16% e 5,47% respectivamente para os corpos-de-prova 01 e 02.

21.9 Ensaio de teor de cloretos na massa do concreto

Certificado UFRN NEPGN - RAE 2010.04 – 19B1 mostrado na Figura 248.

Segundo Negreiros e Pereira (2010), pelo método APHA 4110 (1998), obteve-se uma porcentagem de cloretos de 0,175% na massa de cimento, correspondendo a um valor abaixo do limite especifi-

cado pela norma EF (1988)[121], que é de 0,4%, conforme Andrade (1992), ficando evidente nesse ensaio o cuidado adotado na confecção desse concreto com todos os limites tecnológicos de 1912. A água tinha mais qualidade, era potável e isenta de cloretos, os mesmos padrões avaliados para a areia.

A amostra-pó foi extraída na profundidade média de 4 cm de um terceiro testemunho que quebrou na extração, profundidade essa no limite dos cloretos encontrados com o indicador nitrato de prata.

[121] A norma EF é uma norma espanhola de 1988 encontrada no site https://www.boe.es/buscar/doc.php?id=BOE-A-1988-18670.

NEPGN Central Analítica

RELATÓRIO TÉCNICO

ANALISE FÍSICO-QUÍMICA DE FLUIDO

RAE 2010.04-19 B1
Data envio: 13/05/10
Pág. 1 de 1

DADOS DO CLIENTE

PROJETO: RAE
SOLICITANTE: MANOEL FERNANDES DE NEGREIOS NETO
FISCAL EXTERNO: MANOEL FERNANDES DE NEGREIOS NETO

DADOS DA AMOSTRA

NOME DA AMOSTRA: BLOCO 1 - FUNDAÇÕES PONTE METALICA SOBRE O RIO POTENGI (DATA CONCRETO:1912)
LOCAL DA COLETA: -
RESPONSÁVEL PELA COLETA: - DATA DE ENTRADA: 22/04/2010
DATA DE COLETA DA AMOSTRA: 14/04/2010 TIPO DE AMOSTRA: ☐ SÓLIDA ☑ LÍQUIDA
HORA DA COLETA DA AMOSTRA: - ☐ ÓLEO ☐ MICROBIOLÓGICA

RESULTADOS

PARÂMETRO	UNIDADE	LD	LQ	VMP	MÉTODO	BRANCO	RESULTADO
Cloretos	% Cl⁻	0,775	2,5575	-	APHA 4110	<LD	0,175

OBSERVAÇÕES

LD: Limite de Detecção.
LQ: Limite de Quantificação.
NA: Não Analisado.
VMP: Valor Máximo Permitido (Portaria 518 e Resolução 357 do Conama).
USEPA - United States Environmental Protection Agency.
APHA - Standard Methods for the Examination of Water and Wastewater. 20ª ed, 1998.

INFORMAÇÕES ADICIONAIS / RECOMENDAÇÕES

AMOSTRA RECEBIDA NO LABORATÓRIO, NÃO SENDO DE RESPONSABILIDADE DO MESMO A COLETA.

RESPONSÁVEIS

Djalma Ribeiro da Silva / CRQ/RN 01.101.083	Coordenador / UFRN
Tarcila Maria Pinheiro Frota / CREA/RN 2100583999	Engenheira
Emily Cíntia Tossi de Araújo Costa / CRQ/RN 15.100.217	Química responsável / op. IC
Rina Lourena da Silva Medeiros / CRQ/RN 15.100.168	Química / op. ICP-OES
Vicente de Paulo de Freitas Sobrinho	Elab. Relatório

Figura 248. Laudo da UFRN/NEPGN em nome deste autor mostrando o baixo teor de cloretos na massa de concreto, provando que a água de amassamento e os outros materiais tinha um baixo teor de cloretos. Ou seja, a água usada no concreto não era salobra e os materiais aglomerados areia e brita não foram retirados de locais com água salobra

Fonte: certificado de propriedade do autor

21.10 Microscópio Eletrônico de Varredura (MEV)

Este ensaio foi realizado com o MEV na UFRN – Núcleo de Ensino e Pesquisa em Petróleo e Gás (NUPEG), em 5 de maio de 2010, solicitado por este autor.

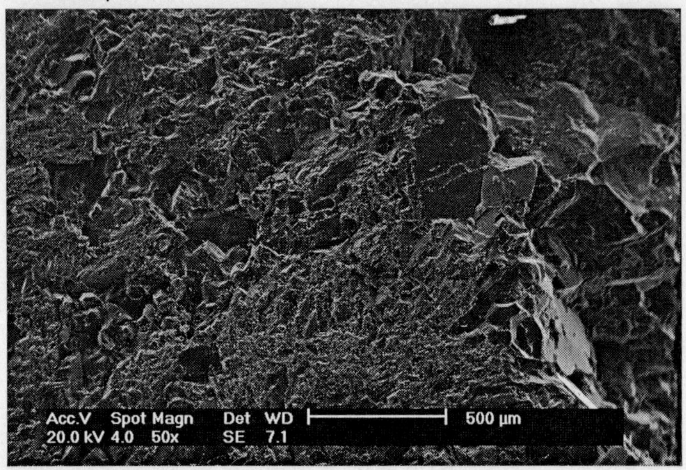

Figura 249. MEV aumento em 50 vezes

Fonte: acervo do autor

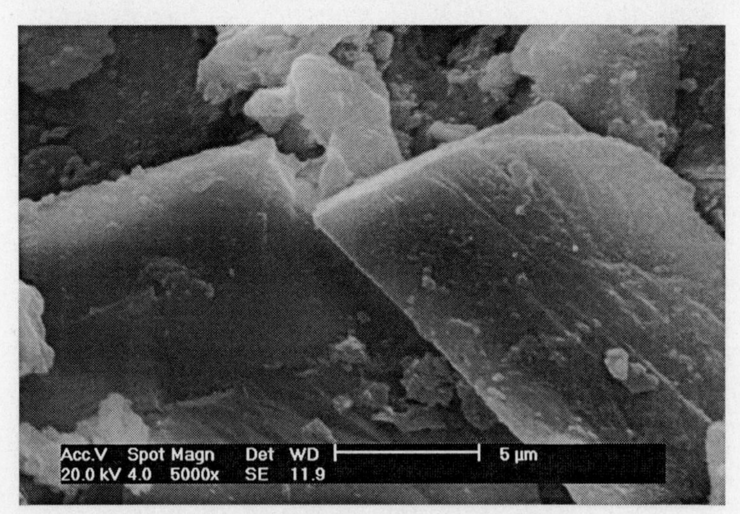

Figura 250. MEV aumento em 5 mil vezes

Fonte: acervo do autor

No MEV, as amostras de concreto foram analisadas em 50, 200, 500, 5.000 e 20.000 vezes. Nas imagens de 50 vezes e 5 mil vezes, nota-se a forte aderência na interface cimento-areia-brita. Comparada com os concretos convencionais, nota-se uma pequena quantidade de vazios, grande cristalização, mostrando uma superfície compacta, denotando a forma de um gel endurecido. Ensaio em sua totalidade, confirmando os valores de baixa porosidade e boa compacidade do concreto estudado.

21.11 Difração de raios X (DRX)

Este ensaio foi realizado no **CTGAS-ER,** em 2010, conforme Relatório de Análise (relatório de ensaio) n.º 000.065/10 – Labmet.

21.11.1 Cimento

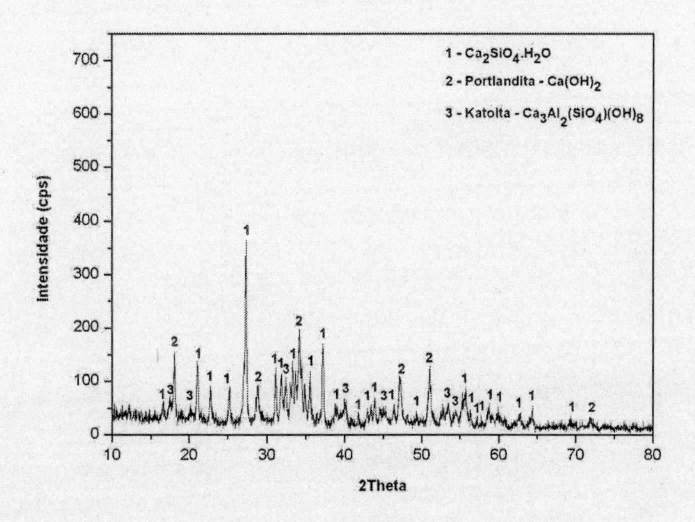

Figura 251. Difratograma do cimento utilizado solicitado por este autor

Fonte: acervo do autor

No difratograma[122] da Figura 251, as fases[123] principais do cimento utilizado foram, respectivamente, hilebrandita: mineral a base de sílica; portlandita: hidróxido de cálcio cristalino; e a katoita: material refratário que contém sílica e alumina, segundo Callister (2001).

21.11.2 Concreto

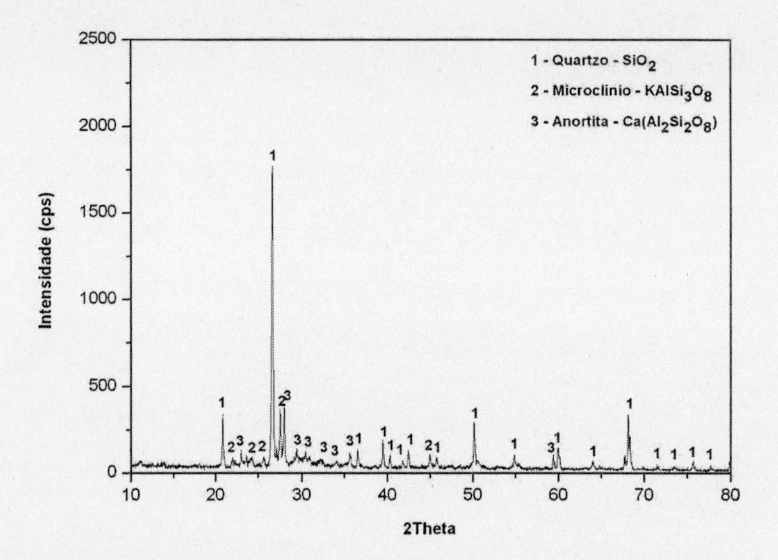

Figura 252. Difratograma do concreto utilizado solicitado por este autor

Fonte: acervo do autor

No difratograma as fases principais do concreto utilizado foram, respectivamente, quartzo: mineral composto de tetraedros de sílica; o microclínio: cristal variante do feldspato com origem de rochas vulcânicas; e a anortita: mineral com grande quantidade de cálcio.

[122] A análise por difração de raios X permite a identificação mineral por meio da caracterização de sua estrutura cristalina. O resultado desse tipo de análise é apresentado sob a forma de um gráfico, o difratograma (ver figura anterior), cujas variáveis são o ângulo 2 *versus* a intensidade dos picos difratados (eixo vertical).

[123] Uma fase é um aspecto microscopicamente homogêneo de um sistema, isto é, uma região do espaço em que as características físicas de determinada matéria são uniformes. Com isso se consegue identificar um composto químico.

21.12 Fluorescência[124] de raios X (FRX)

Ensaio realizado no Centro de Tecnologias do Gás e Energias Renováveis (**CTGAS-ER**) em 2010,

RELATÓRIO DE ANÁLISE N° 000.065/10 – LABEMAT (solicitado por este autor)

21.12.1 Cimento

ÓXIDOS	%
CaO	60,60
SiO_2	12,95
Al_2O_3	4,06
Fe_2O_3	2,71
SO_3	0,82
MgO	0,81
TiO_2	0,34
K_2O	0,13
MnO	0,13
SrO	0,09
Cr_2O_3	0,04
ZrO_2	0,03
NiO	0,03
CuO	0,02
ZnO	0,02
PF	17,22

Tabela 1. FRX do cimento hidratado

Fonte: acervo do autor

Na análise química do cimento utilizado, foi constatada a predominância de 60,6% de óxido de cálcio e de 12,95% de óxido de silício. O cimento analisado foi retirado de um saco hidratado

[124] A fluorescência de raios X (FRX) é uma técnica analítica que pode ser utilizada para determinar a composição química de uma ampla variedade de tipos de amostras, incluindo sólidos, líquidos, pastas e pós-soltos. No caso aqui, é o pó de cimento hidratado.

utilizado na construção da ponte que se encontra em exposição no IHGRN. Mais à frente, no capítulo 21 este autor realizou nova DRX e encontrou mais fortemente a substância katoita.

Esses ensaios realizados dentro dos laboratórios do SENAI--CTGAS-ER foram possíveis graças à gentileza do engenheiro e ex-professor deste autor Josenilson Dantas de Araujo.

21.12.2 Concreto

ÓXIDOS	%
SiO_2	43,59
CaO	28,28
Al_2O_3	8,15
K_2O	3,68
Fe_2O_3	3,35
Cl	0,69
MgO	0,60
SO_3	0,49
TiO_2	0,43
MnO	0,09
SrO	0,05
ZnO	0,03
NiO	0,03
ZrO_2	0,03
CuO	0,03
Cr_2O_3	0,03
Rb_2O	0,02
Y_2O_3	0,02
PF	10,41

Tabela 2. FRX do concreto
Fonte: acervo do autor

Segundo Negreiros e Pereira (2010), na análise química do concreto, foi constatada a predominância de 43,59% de óxido de silício como primeiro composto e de 28,28% de óxido de cálcio como segundo composto encontrado.

A predominância na porcentagem dos óxidos de silício e cálcio tanto no concreto como no cimento, comparada às dos outros elementos analisados, sugere a utilização do mesmo cimento em ambos os casos. A predominância no concreto do óxido de silício se deve principalmente às características obtidas com o uso da sílica nos concretos, principalmente pela diminuição da quantidade de hidróxido de cálcio (cristal fraco e solúvel), formado no processo de hidratação do cimento, transformando-o em um cristal resistente classificado como cálcio hidratado, segundo Neville (1997).

O cimento utilizado no Brasil normalmente tem uma porcentagem de 1% de óxido de cálcio e de 24% de óxido de silício, segundo Metha e Monteiro (2008), mostrando a diferença do nosso cimento para o inglês utilizado nessa ponte. O cimento utilizado na ponte metálica, portanto, é um cimento pozolânico que contém como principal material cimentício a pozolana, um material natural ou artificial que contém sílica em forma ativa, conforme Uchikawa (1986).

A sílica proporciona a obtenção de um concreto com mais compacidade, com menor calor de hidratação, menor probabilidade de corrosão, maior resistência à compressão, menor porosidade, absorção e permeabilidade, reduzindo assim a penetração de CO_2 e Cl^- na superfície do concreto e os riscos de reação álcali-agregado, aumentando consideravelmente sua durabilidade e vida útil, segundo Isaia (2005, 2007). Com isso comprovaram-se todas as características pesquisadas e analisadas anteriormente, segundo Negreiros e Pereira (2010).

Além da porcentagem de sílica contida no cimento, os agregados utilizados também continham sílica, conforme análise, aumentando ainda mais o efeito da sílica no concreto e sua porcentagem final obtida, de 43,59%.

A alumina presente na composição do cimento aumentou também a proteção do concreto à ação dos cloretos e à carbonatação pelas ações de suas propriedades no concreto, também segundo Isaia (2005, 2007).

A menor porcentagem de óxido de cálcio em relação ao óxido de silício no concreto evidencia uma menor produção de

hidróxido de cálcio, consequentemente, uma maior proteção quanto à carbonatação, já citada anteriormente pela ação da sílica, conforme Isaia (2005, 2007).

Concluímos que esse concreto produziu uma maior proteção às suas armaduras, já que há poucos indícios de corrosão de armaduras no bloco de fundação estudado, e consequentemente uma maior durabilidade da estrutura como um todo, que foi somada pelas grandes dimensões.

Segundo Negreiros e Pereira (2010), os construtores brasileiros/ingleses, leia-se o engenheiro projetista e os engenheiros residentes, dessa ponte sobre o rio Potengi utilizaram, em 1912, na produção do concreto, materiais com excelentes propriedades, no tocante à durabilidade e vida útil, comprovados por resultados de ensaios *in loco* e em laboratório normalizados, fato raro nas obras atuais, demonstrando a seriedade e preocupação com o futuro de suas obras. Outro aspecto, segundo Negreiros e Pereira (2010), é que as normas inglesas, como a BS 146 (2002), mostram uma porcentagem de pozolanas nos seus cimentos da ordem de 85%, ao contrário das brasileiras, que giram em torno de 50%. O cimento inglês protege melhor as armaduras. Por que não produzimos esse tipo de cimento?

A NBR 6118 (ABNT, 2004) implantou várias melhorias, mas não abordou o tipo de cimento que deve ser utilizado em obras específicas, aspecto fundamental na cadeia da construção civil. E mais uma vez na NBR 6118 (ABNT, 2014) o cimento não é colocado como uma imposição de qualidade em obras beira-mar.

21.13 Trincas nos blocos

Figura 253. Foram detectadas trincas na ordem de 0,9 a 1,1 mm

Fonte: fotografia do autor

Trincas não há. Não foram detectadas trincas nas peças examinadas em um total de 9 blocos de pilar em forma de retângulo abaulado. E assim mesmo as fissuras encontradas foram mínimas na ordem descrita da Figura 253.

Este autor observou, em outras idas a ponte em 2013 e 2014, um por um os pilares-blocos e não encontrou nenhuma trinca.

Figura 254. Os blocos em "*double D*", como os ingleses falam em seus livros. Eles têm esse formato retangular e anguloso até o leito de rio, quando se transformam em cilindros de 6,00 m de diâmetro. O leitor atento poderá observar esse detalhe nos projetos inseridos aqui neste livro

Fonte: fotografia do autor

Por muitos anos as pessoas que não tinham se aproximado desses blocos da ponte metálica de Igapó pensavam que eles eram em alvenaria de pedra argamassada com argamassa de cimento e areia, como o são as balaustradas dos encontros[125]. Eles, os pilares-blocos-tubulões, são de concreto armado com resistência de 35 Mpa ou 350 Kgf/cm^2. Também se conclui em capítulos anteriores que eles eram de concreto armado, mas com pouca densidade de armadura. Pouca armadura. Passavam longe das barras de aço que causam tantos problemas em nossas estruturas hodiernas.

[125] São as duas partes da ponte que já estão diretamente ligadas às margens

21.14 Blocos nivelados

Figura 255. Blocos perfeitamente nivelados. Nem as cracas de mais de 110 anos não importunam o bloco retangular, alí impassível

Fonte: fotografia do autor

Figura 256. A característica maior dos blocos é o nivelamento de todos eles com o concreto estampados por fôrmas de concreto adequadas. Nenhum desses blocos/tubulões adernou

Fonte: fotografia do autor

Quem vê os blocos aflorantes não sabe que, ao nível do fundo do rio, eles se transformam em cilindros e descem até encontrar o cascalho. É possível observar os projetos anexos aos capítulos 9 e 10. Esses cilindros metálicos eram afundados e tinham o fundo concretado (40 ou 50 cm) e as paredes de 40 cm concretadas interna-

mente, que subiam e eram preenchidas com areia no miolo interior. À medida que eram concretadas, todo o sistema de areia e fôrma ia subindo até mudar de forma na altura do fundo do rio, chegando ao nível do rio com a forma da fotografia da Figura 256 e discutidas no Capítulo 9. Todo o sistema de cilindro metálico e concreto era mantido a pressões de 30 a 40 Psi[126]. No final a parte enterrada no rio ficava como fôrma. Apenas a parte aquática da fôrma, dos retângulos, era retirada após a cura do concreto.

Nos encontros de margem esquerda e direita também foram executados cilindros, conforme indicam os projetos e as correspondências entre o construtor da CVC e fiscais do governo, pois na margem e ao longo de todo o leito do Potengi existe uma grande camada de lama sem nenhuma capacidade de carga. Essas informações sobre as camadas de lama estão contidas nos boletins de sondagens mostrados no Capítulo 20.

21.15 Peças de cantaria abandonadas

Figura 257. Lindas peças de alvenaria de pedra nas cabeceiras de ambas as margens. Elas, assim como o concreto, resiste ao tempo de abandono por belos trabalhos executados há mais de 100 anos em uma Natal que Manoel Dantas sonhou

Fonte: fotografia do autor

[126] Pound-Force per Square Inch, ou libra-força por polegada quadrada.

Essas peças de cantaria provavelmente foram extraídas da lavra de Macaíba e estão comentadas como utilizadas na ponte de Igapó no prospecto editado pela Fundação Hélio Galvão em parceria com o *Scriptorium* de Candinha Bezerra, com a colaboração do geólogo Edgard Ramalho Dantas, editado em 2001. Essa mesma lavra foi fornecedora de pedras quando da execução do molhe de pedras na foz do rio Potengi e melhorias do porto.

Belíssimas peças de pedras facejadas e biseladas emolduram os dois encontros como que um cumprimentando o outro. Há vários anos, desde 2010, mantenho como fotografia de fundo no meu perfil no Facebook uma dessas peças a emoldurar e a me ensinar o quanto é dura a vida de quem gosta de obras de arte especiais (OAE).

CIMENTO PORTLAND
COMPANHIA BRASILEI
MARCA
BRASILE
PERUS
DE CIMENTO
BRAS
MARCA ANTIGA
BI
COMP
DE CI

CAPÍTULO 22

A RADIOGRAFIA DE UM CIMENTO

22.1 Considerações sobre o cimento das barricas

É necessário lembrar que os primeiros anúncios de cimento no Brasil só iriam ocorrer em 1926, conforme mostra o anúncio a seguir. Assim, passaram-se 10 anos da inauguração da ponte do Potengi para que a indústria brasileira lançasse uma marca de cimento com força no mercado.

Figura 258. O primeiro anúncio de cimento produzido no Brasil somente em 1926

Fonte: Livro *IPT 90 Anos de Tecnologia* (de propriedade do autor), p. 15

Embora não houvesse fábrica de cimento no Brasil confiável para os construtores da ponte, isso não significa que não houvesse

cimento à disposição no Brasil. Em uma publicação da Junta dos Corretores de 1912 algumas marcas de cimento eram cotadas assim:

Marca	**Preço**	**Unidade**
Pyramid	12$000	Barrica
Atlas	12$000	"
Excelsior	11$500	"
Visurgis	11$200	"
Leão Vermelho	11$000	"
Serra	11$200	'
Saturno	11$500	"
Exposição	11$800	"
Cathedral	11$000	"
Corôa Preta	11$000	"

Tabela 3. Publicação de preços de cimento da Junta de Corretores em 1912. A Pyramid era uma marca inglesa muito famosa na época de um produtor da região do Medway, fabricado pela Knight, Bevan & Sturge. Observar a unidade em barrica

Fonte: *Diário Oficial da União*, 14 julho de 1912

A partir de 1900, a Associated Portland Cement Manufactures ltd. (APCM), mais conhecida como Blue Circle Industries, era composta por um total de 24 companhias, possuindo 35 fábricas de cimento localizadas nos estuários do Tâmisa e do Medway[127] próximas a Londres. Em 2001 a francesa Lafarge comprou todo esse grupo.

As viagens da Inglaterra para Natal a 18 nós (33 Km/h) duravam em média 10/12 dias com a maresia castigando as barricas, estas deviam ser bem confeccionadas e protegidas contra a umidade. Com o saco de cimento de hoje na sua forma normal não seria possível, a não ser com grandes cuidados de impermeabilização seria possível o transporte em um paquete a vapor como o *Artist* da época.

Este autor não pôde precisar qual ou quais marcas de cimento foram utilizadas quando na execução dos pilares-blocos. O que se pode afirmar é que o cimento pesquisado utilizado no pilar-bloco n.º 9 é pozolânico e de muito boa qualidade, conforme mostram

[127] A região do rio Medway fica no sudeste da Inglaterra. Ele nasce em High Weald, Sussex, e flui por Tonbridge, Maidstone e na conurbação de Medway em Kent, antes de desaguar no estuário do Tâmisa.

os ensaios realizados no Capítulo 21. Essa marca, com certeza, foi indicada pela CBEC.

22.2 Ensaios tecnológicos realizados no cimento hidratado exposto no IHGRN

Segundo Negreiros, Manoel. De Souza, Jacquelígia Brito. Almeida de Sá, Maria das vitórias Vieira. Faheina de Souza, Paulo Alisson. Freitas, Julio Cezar de Oliveira (2012). Estudo De Um Cimento Inglês Com Cem Anos De Idade e do CP II Z Brasileiro. Anais do 54⁰ Congresso Brasileiro do Concreto, Maceió, p.3 a 7, esse é um estudo de um cimento muito antigo fabricado no Reino Unido entre os anos de 1912 e 1915 e utilizado nas fundações de concreto que aparentemente apresentam ótimo aspecto. Esse cimento foi trazido em barricas diretamente da Inglaterra para a execução dos 11 blocos de fundações diretas da ponte sobre o rio Potengi hidratado pelo tempo e permanece conservado no IHGRN, conforme mostra a Figura 259, em que uma porção foi extraída com o auxílio de uma broca.

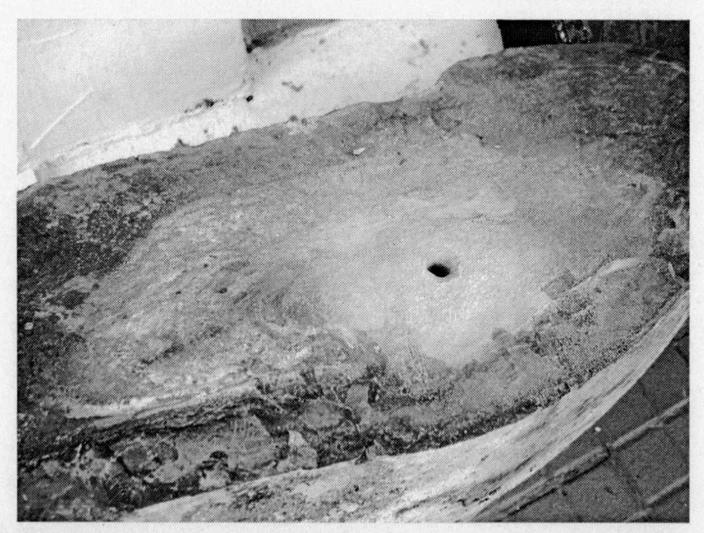

Figura 259. Extração do pó do cimento inglês centenário hidratado na sede do IHGRN. É importante afirmar que esse bloco de cimento já se encontrava partido antes de se extrair a amostra
Fonte: fotografia do acervo do autor

O cimento brasileiro que mais se assemelha, em termos de composição química, é o CP II Z, por possuir adição de pozolanas e é normalizado pela NBR 11578 (ABNT, 1994).

As companhias de cimento da APCM tinham facilidade de escoamento pelos rios da região, mas a grande malha ferroviária do Reino Unido garantia escoamento rápido e barato também. As 24 companhias respondiam por 1,25 milhão de toneladas da 1,8 milhão de toneladas fabricada por ano na Grã-Bretanha. Era o início dos fornos rotatórios e grandes investimentos foram realizados para se manter o domínio mundial da venda do cimento.

Segundo Negreiros *et al* (2012) há relatos de Battagin, A. F.; Battagin, I. L. S. (2010), de que a fábrica Usina Rodovalho funcionou de 1897 a 1904. Depois disso foi arrematada por A.R. Pereira & Cia, mas extinguiu-se em 1918. No Espírito Santo, o governo fundou e operou uma fábrica de 1912 até 1924 com precariedade.

O que há de se observar é que como a ponte sobre o rio Potengi se tratava de uma obra importante e de grande porte, sendo necessária a utilização de cimento de qualidade e de boa procedência.

Por outro lado, devido à grande resistência observada nos blocos da referida ponte e aos ensaios de Permeabilidade e Resistência à Compressão realizados em 2010 por Negreiros e Pereira, observa-se que o cimento brasileiro que mais se assemelha é o pozolânico notadamente o CP II Z. Portanto os dois cimentos têm propriedades pozolânicas, um por qualidade observada em uma obra com mais de 100 anos de existência, conforme mostram os dados da data de início da construção, e outro por especificações de fabricação e NBR 11578 (ABNT, 1991).

22.3 Análise mineralógica com o DRX já refinado

A análise mineralógica apresentou nas primeiras fases um composto katoita não observado nos cimentos brasileiros comuns de hoje e comentado por Taylor (1997)[128], quando afirma:

> "C3AH6 is the only stable ternary phase in the CaO-Al2O-3-H2O system at ordinary temperatures, but neither it nor any other hydrogarnet phase is formed as a major hydration

[128] H.F.W. Taylor foi por muitos anos professor de Química Inorgânica na Universidade de Aberdeen, Escócia.

> product of typical, modern Portland cements under those conditions. Minor quantities of hydrogamets are formed from some composite cements and, in a poorly crystalline state, from Portland cements. **Larger quantities were given by some older Portland cements**, and are also among the normal hydration products of autoclaved cement-based materials. C3AH6 is formed in the "conversion" reaction of hydrated calcium aluminate cements" Taylor (1997). (destaque do autor)

Quando se classificam outras fases[129] hidratadas, observa-se que alguns cimentos Portland velhos apresentam grandes quantidades da katoita. Esse é o resumo do que Taylor (1997) descreve acima.

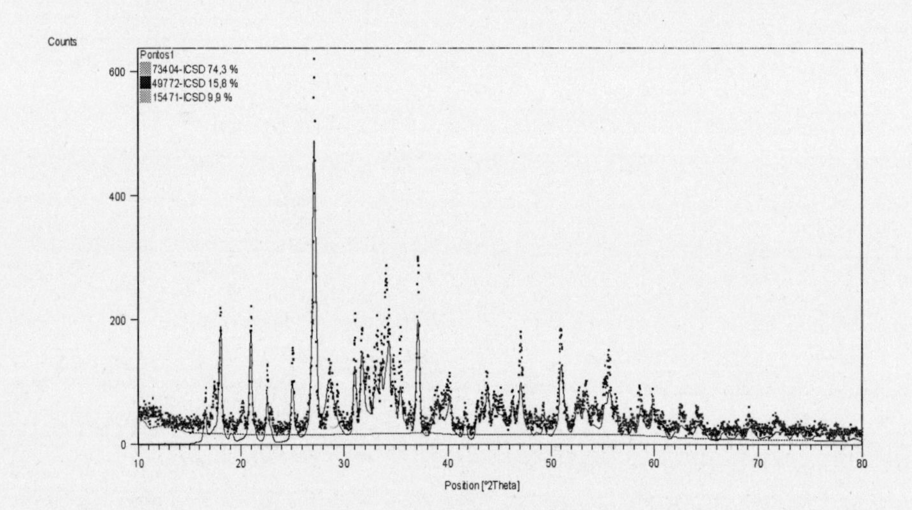

Figura 260. Fases mostrando a katoita em 15,8% , 2012

Fonte: arquivo do autor

[129] Fase é cada porção de um composto químico que apresenta aspecto visual uniforme.

Nome	Porcentagem
Silicato de Cálcio hidratado Ca2 Si O4 H2 O	74,3%
Katoite Ca3 Al2 (Si O4) (O H)8	15,8%
Portlandite Ca (O H)2	9,9%

Tabela 4. Tabela mostrando a katoita em relação ao silicato de cálcio hidratado e a Portlandita, adaptado pelos autores (2012)
Fonte: arquivo do autor

Há de se comentar a grande quantidade de katoita encontrada no velho cimento do IHGRN. Não encontradas nos cimentos ingleses e brasileiros de hoje.

22.4 Na análise química do FRX

Na Fluorescência de raio X pode-se observar o percentual alto de Óxido de Cálcio. mas na sequência os òxidos seguintes não apresentam anormalidade em relação ao cimento de hoje.

Composição química	Porcentagem
CaO	66,999%
SiO2	19,266%
Al2O3	6,864%
Fe2O3	3,477%
SO3	2,475%
TiO2	0,405%
K2O	0,235%
MnO	0,177%
SrO	0,092%
ZrO2	0,011%

Tabela 5. Percentuais dos compostos mineralógicos em que pode se observar o alto percentual do Óxido de Cálcio no cimento, 2012
Fonte: arquivo do autor

22.5 O cimento Portland CP II Z

Segundo Negreiros *et al.* (2012), o cimento com adição de pozolanas CP II Z, como um exemplo de cimento brasileiro compatível, tem características de dar baixa permeabilidade e ser indicado para concretos de obras *offshore*, semelhante a abastecida pelo cimento inglês.

O concreto produzido com cimento pozolânico é mundialmente reconhecido como mais impermeável, em geral, consequentemente mais durável.

Cimento Portland (ABNT)	Tipo	Clínquer + Gesso (%)	Escória siderúrgica (%)	Material pozolânico (%)	Calcário (%)
CP I	Comum	100	-	-	-
CP I - S	Comum	95-99	1-5	1-5	1-5
CP II - E	Composto	56-94	6-34	-	0-10
CP II - Z	Composto	76-94	-	6-14	0-10
CP II - F	Composto	90-94	-	-	6-10
CP III	Alto-forno	25-65	35-70	-	0-5
CP IV	Pozolânico	45-85	-	15-50	0-5
CP V - ARI	Alta resistência inicial	95-100	-	-	0-5

Tabela 6. Tabela da ABCP - Associação Brasileiro de cimento Portland em que se observam os percentuais de material pozolânico no CP II Z

Fonte: arquivo do autor adaptado de Mattos, Dal Molin e Carneiro (2002)

Observemos a tabela a seguir em que o cimento A é CP II - Z 32 e o cimento B é o CP II Z 32 RS e entra apenas como um exemplo de características semelhantes.

Determinações		Resultados obtidos		Especificações da NBR 11578
		cimento A	cimento B	
Composição potencial do clínquer	C_3S	68,33 %	58,8 %	-
	C_2S	5,02 %	15 %	-
	C_3A	9,0 %	7,1 %	-
	C_4AF	9,07 %	10,4 %	-
Resíduo insolúvel		12,91 %	11,14 %	≤ 16
Perda ao fogo		3,82 %	5,54 %	≤ 6,5
Óxido de magnésio (MgO)		3,25 %	2,71 %	≤ 6,5
Trióxido de enxofre (SO_3)		3,42 %	3,11 %	≤ 4
Finura	Resíduo na peneira 75 μm	2,3 %	1,4 %	≤ 12 %
	Área específica	560,5 m²/kg	456 m²/kg	≥ 260 m²/kg
Massa específica		2,99 kg/dm³	2,92 kg/dm³	-
Início de pega		2:35 h	2 h	≥ 1 h
Fim de pega		4:15 h	3:10 h	≤ 10 h
Resistência à compressão	3 dias	18,9 MPa	17,5 MPa	≥ 10 MPa
	7 dias	32,9 MPa	24,3 MPa	≥ 20 MPa
	28 dias	38,0 MPa	35,7 MPa	≥ 32 MPa

Tabela 7. Tabela com comparações entre os diversos elementos químicos do cimento A e B estudados e a NBR 11578 de 1991.

Fonte: Tabela de Mattos, Dal Molin e Carneiro (2002)

22.6 Objetivo da análise comparativa dos cimentos

O trabalho dos autores Negreiros *et al.* (2012) teve o objetivo de comparar os dois cimentos: um com a idade de 100 anos e outro moderno para comprovar o quanto a característica pozolânica de um cimento é fundamental para se obter um concreto durável. Estabeleceram-se como parâmetros as qualidades pozolânicas desses cimentos.

A qualidade e a durabilidade de um cimento com qualidades pozolânicas fabricado e aplicado em uma obra que resiste há 100 anos na cidade de Natal é prova inquestionável. Pode-se afirmar que é uma boa lição tirada de uma velha obra que apresentou alta durabilidade.

22.7 A katoita encontrada – Conclusão sobre o cimento

Segundo Negreiros *et al.* (2012) com a presença da katoita em sua constituição mineralógica, e comentada por Taylor (1997), de que grandes quantidades eram encontradas em alguns cimentos Portland antigos é prova de que o cimento utilizado na ponte sobre o rio Potengi em Natal em 1912 não é realmente moderno, pois a katoita[130] encontrada é um atestado de autenticidade ao cimento que se encontra na sede do IHGRN. ,

É necessário explicar que a presença forte da katoita só foi detectada na segunda DRX realizada no cimento, em 2012, devido a vários estágios de refinamentos realizados pelo laboratório da química da UFRN, por uma gentileza do professor Dr. Júlio Cesar de Oliveira Freitas e o estagiário Rodrigo, ambos do Instituto de Química da UFRN.

[130] O mineral katoite é um hidróxido muito raro do grupo superior da granada com composição simplificada Ca3Al2 (OH) 12. Ele se cristaliza no sistema de cristal cúbico com a estrutura de granada. A katoita geralmente forma crostas incolores, leitosas e turvas, mais raramente agregados colunares de cristais octaédricos. Os cristais, raramente visíveis a olho nu, são incolores e transparentes com um tamanho inferior a um milímetro. Este mineral era encontrado em cimentos ingleses muito antigos, centenários.

CAPÍTULO 23

ARQUEOLOGIA DA ENGENHARIA

23.1 Arqueologia da engenharia e sugestões para o ensino da engenharia no Brasil

Desde o início dessa desgastante e longa pesquisa, o objetivo principal foi verificar qual a engenharia utilizada na construção da ponte sobre o Potengi e principalmente por que resolveram vender os vãos para ferro-velho em 1970/73. Nesse ponto a minha suspeita era a de que existia alguma falha insanável em alguma fundação, mas, à medida que as pesquisas investigativas avançavam, percebi que tudo foi construído com a melhor engenharia da época, da melhor forma, com o melhor traço de concreto e com o melhor cimento importado de seus melhores fabricantes. E que tudo estava justo e perfeito com aqueles blocos de concreto.

Havia no início o cuidado para que a pesquisa se restringisse à parte técnica. Porém, diante dos inúmeros documentos históricos paralelos e da grande curiosidade da cidade com essa obra, parti para contar a história que encontrasse e me abracei com ela nesses mais de 25 anos. E o que saiu foi essa arqueologia aqui contada.

Da análise da notícia do jornal *O Paiz*, Rio de Janeiro, Domingo, 3 de março de 1918. 2ª página:

> *[...] a entrega do material que serviu na construcção da ponte sobre o rio Potengy, e que pela Companhia de Viação e Construcções, empreiteira daquella obra ... Se exija daquella companhia que explique por que razão não restituiu, conforme lhe cumpria, e retém em seu poder. os*
>
> *-dois fluctuantes de 100 tóneladas e*
>
> *-um compressor de alta pressão que recebeu para os trabalhos da referida ponte.*

Pode-se concluir que foram utilizados dois flutuantes de 100 toneladas cada - mostrados em fotografias nos capítulos 9 e 10, que realmente são capazes de suportar guindastes potentes (não especificados) para içar uma caixa cilíndrica de aço, conforme os observados na construção da ponte Dona Ana, em Moçambique, para plotar um cilindro.

Sobre o compressor só sabemos que era de alta pressão (não especificado). Compressores de alta pressão em 1916 seriam aqueles

capazes de produzir pressões entre 40 e 50 libras por polegadas quadradas nas câmaras de trabalho dos caixões. Uma pressão extremamente alta para os trabalhadores que lá se aventuravam em troca de uma melhor remuneração.

Ainda, observando documentos da época e de 1920 em um livro de correspondências da Inspetoria Federal de Estradas de Ferro, observamos que a CVC entrou em graves dificuldades financeiras a partir de 1918, pois não apresentava lucro operacional nenhum.

A disciplina de Avaliação Pós-ocupacional é um bom ferramental para a Arqueologia da Engenharia. Nela me apoiei. Essa é uma disciplina que nos faz retornar ao que foi realizado no passado e comparar se está funcionando bem, mal ou totalmente obsoleto, hoje. A Inspetoria soube conservar o material que tomou para si? Claro que não.

Muitas construções sobrevivem por causa de sua necessidade de uso contínuo e sofrem várias intervenções de reparos ao longo dos anos. Por outro lado, outras construções dignas de uma bela época são abandonadas devido a sua obsolescência momentânea, mas que poderiam ter o uso apenas modificado. O exemplo desse último é o caso da ponte metálica sobre o Potengi, que poderia ter sido preservada e transformada apenas em travessia para pedestres, ciclistas, vendedores ambulantes e outros assemelhados. E obviamente seria toda iluminada no Natal.

A engenharia deve se impor mais na nação brasileira. É muito verdade quando Telles (1984, p. 467)[131] diz:

> *[...] havia no Brasil uma longa tradição de relativo desprezo por todas as profissões técnicas, tradição essa herdada ainda da desconsideração medieval pelas chamadas* artes mecânicas*, conservada na sociedade colonial, e também na sociedade portuguesa, de onde descendemos.*

Isso é fazer, em primeiro instante, uma arqueologia de nossas origens. Desde os tempos portugueses, conservado durante o Império e com reflexos até hoje, o ensino no Brasil era quase que exclusivamente literário. Somos de uma cultura demasiadamente

---

[131] Pedro Carlos da Silva Telles, formado em 1947 em engenharia civil, faleceu no ano de 2020. Escreveu *A História da engenharia no Brasil* (um livro excelente que recomendo a todo engenheiro), mas escreveu vários outros livros sobre engenharia.

verbal, demasiadamente afastada do concreto e das humildes realidades terrestres. Esse ensino, em geral destinado especificamente à formação de letrados e eruditos, não favorecia nem estimulava qualquer desenvolvimento técnico ou científico do Brasil. Formávamos e formamos um povo de ideólogos. Uma pena.

Daí vieram muitas consequências, entre elas a de termos de suportar políticos que tenham o curso de direito, ou similar, que se acham, mas apenas destroem o país, salvo raras exceções. Para consertar os erros básicos, devemos implantar a disciplina A História da Engenharia nos primeiros anos dos nossos cursos. Muito teremos a ganhar e primeiro entender por que grandes nações se sobrepujaram às outras. E obviamente devemos continuar fortes no ensino da Matemática e Física Básica.

Outro dia fiquei decepcionado quando soube que um curso de engenharia civil recém-criado no meu estado cortou o Cálculo III[132] e o Cálculo IV[133]. Eu protesto aqui com todas as minhas forças. Não façam isso, recuem e implantem os cálculos retirados.

De maneira nenhuma devemos nos enfraquecer diante de desafios científicos com os quais nos deparamos. E o preparo será fatal para a nação. Temos que ter técnicos e cientistas atuando fortemente no Brasil.

[132] Vínculos. Transformações. Teorema da Função Inversa. Funções Definidas Implicitamente. Integrais múltiplas. Campos Vetoriais. Integrais de Linha. Teorema de Green. Integrais de Superfície. Os Teoremas de Gauss e Stokes.

[133] Equações diferenciais ordinárias de primeira ordem: Tipos de equações (separáveis, lineares, exatas, homogêneas e de Bernoulli). Problema de Valor Inicial: Teorema de Existência e Unicidade. Equações diferenciais de segunda ordem lineares. Teoria geral (dependência linear de soluções e dimensão do conjunto solução). Estudo das soluções das equações homogêneas quando os coeficientes são constantes e para as equações de Cauchy-Euler. Equações não homogêneas: Transformada de Laplace: cálculo de transformadas de funções elementares. Função de grau unitário. Função impulso unitário. Convolução.

CAPÍTULO 24

REFLEXÕES

Figura 261. A ponte velha de Igapó, como é chamada hoje, poderia ser utilizada para pedestres. Seria a coerência entre o passado e o presente

Fonte: fotografia de Esdras R. Nobre

Os blocos de n.º 5 a 9 foram vistoriados pelo autor do presente trabalho, que constatou o nivelamento a olho nu. Os outros três pilares dos quais foram retiradas as treliças também apresentam nivelamento.

Pelo bom estado em que se encontram esses blocos, hoje há de se concluir que essas sapatas/blocos de fundações cilíndricos estão assentados em terreno firme. De 1916 para cá já houve várias enchentes do Potengi; em todas, os blocos ficaram incólumes, firmes e imponentes. Fácil é aceitar que a natureza leve, difícil é ver homens incultos agirem.

Obviamente outro fator a se considerar é a qualidade do concreto armado empregado, é indiscutível e motivo de outro estudo comprobatório. Nas palavras de Selmo Kuperman, ex-presidente do Instituto Brasileiro do Concreto (Ibracon) em correspondência eletrônica ao engenheiro Claudio Porcheto Neves, amigo desse autor:

> *Realmente um feito notável: a possibilidade de se fazer esta pesquisa e os resultados obtidos. Será que daqui a 100 anos nossas obras ainda estarão em pé? A Itaipu certamente estará bem pelos próximos 5.000 anos, mas e as residenciais que com 10 anos já mostram problemas estruturais? Esta ponte tem muito a nos ensinar! Kuperman (2013)*

A admiração é sempre uma constatação de uma realidade que salta aos olhos. A razão de ser maior de uma ponte são as suas fundações e pilares em primeira análise. Em segunda são as suas treliças e vigas com os tabuleiros. Em última, é a sua função de atravessar o rio. Não existe nobreza maior. Belos ensaios arquitetônicos para bares ou restaurantes não devem se sobrepor a sua função magna de transpor as águas. A função de ponte é tão elevada que o papa é um pontífice, visto ser o elo último da Terra com Deus. O álcool dos bares e a alimentação dos restaurantes não se sobrepujam ao alimento que o pontífice nos proporciona.

A ponte velha de Igapó está lá impávida como um colosso para os apaixonados por uma velha engenharia. Bastaria uma mão de tinta de 20 em 20 anos e reparos esporádicos com trocas de rebites e algumas chapas.

Segundo Freitas (2002),

> *É preciso operar com as informações, partir delas para chegar ao conhecimento. Nesse sentido, os professores do curso de engenharia têm um grande trabalho: proceder à mediação entre a sociedade da informação e alunos, a fim de possibilitar-lhes, pelo desenvolvimento da reflexão, a aquisição da sabedoria necessária à permanente construção do humano.*

Não foi humana a venda daquelas belas peças de aço produzidas pelo, então, processo desenvolvido pela Siemens-Martin.

O mestre Cascudo era um homem de grande sensibilidade e ávido por informação. Sabia das coisas do seu tempo e não foi à toa

que escreveu em *A História da Cidade do Natal*: "O crime, cruel e tenebroso crime da displicência administrativa, é sujar todo esse cenário luminoso entregando a terra da gente morar a quem quer apenas vender." (Cascudo, 1946, p. 31).

Se não fossem a venda a um ferro-velho por alguns incultos e cinco mãos de tinta, lá estaria ela, orgulhosa e resistente, com suas fundações enigmáticas ensinando o que é ter caráter para os homens do nosso Brasil. No entanto, mesmo assim, do jeito que ela está lá, já nos ensina a fazer reverência a quem fez bem-feito.

CAPÍTULO 25

RECOMENDAÇÕES

Para estudos futuros, este autor recomenda que mais três ensaios devem ser realizados em todos os blocos de fundação da ponte. Os ensaios do Pile Integrity Test (PIT) (adaptado) são indicados para comprovar a profundidade e as características do material concreto presente nas fundações. Apesar de esse ensaio ser planejado para estacas, há uma possibilidade de boa resposta para as fundações pilares-blocos da ponte sobre o Potengi. Em se tendo sucesso, poderíamos ter a certeza do cumprimento (profundidade) de cada uma.

Outros ensaios devem ser realizados utilizando o Perfilador de Subfundo do tipo X-Star, que confirmará a profundidade, a forma e as características do material concreto presente, e o ultrassom, que confirmará certamente a excelente compacidade, existência ou inexistência de fissuração, além da determinação de sua resistência à compressão e módulo de elasticidade[134]. O ensaio com o ultrassom não foi realizado porque o aparelho disponível não tinha a fiação suficiente para abraçar o pilar-bloco que em sua menor dimensão, que necessita de 3,20 m para uma auscultação.

Muitos outros estudos podem surgir com o auxílio de professores da área. Não é à toa que o professor Paulo Monteiro[135], brasileiro radicado nos Estados Unidos, estuda a fundo, hoje, o concreto romano.

No tocante às ferragens e aos aços, existe uma grande quantidade de peças para ser analisada quanto aos seus F_y (limite de escoamento) e F_u (limite de resistência). Muito interessante seria estudar o aço indicado e produzido pelo processo Siemens-Martin. A suspeita deste pesquisador é de que, devido à grande variedade de peças e de fornecedores, haja grande variedade desses limites.

Ainda sobre a manutenção e o meio em que se encontra a estrutura, pode ser estudada uma comparação entre um vão de 50 m no Potengi e o vão do km 15 entre Lajes e Pedro Avelino, pois este se encontra muito bem conservado.

---

[134] O módulo de elasticidade do concreto é um dos parâmetros utilizados nos cálculos estruturais, que relaciona a tensão aplicada à deformação instantânea obtida, conforme a NBR 8522 (ABNT).

[135] Professor do Departamento de Engenharia Civil e Ambiental da Universidade da Califórnia, em Berkeley (EUA).

CAPÍTULO 26

PROPOSIÇÕES

Este autor faz a proposta para que o governo federal (principalmente o que decidiu vender), o estadual e o municipal, unidos, promovam um estudo dos pilares-blocos das fundações quanto aos seus estados e às suas capacidades de utilização por um corpo de engenheiros consultores. E, em se encontrando boa resposta nesse item, que:

1. Se faça um *pool* de empresas fabricantes de aço e outros grandes fornecedores e construtores sob uma gerência.
2. Sejam recuperadas e reforçadas as treliças existentes ou simplesmente trocadas que é o caso.
3. Em se assim procedendo, execute-se em chapas de aço e se utilize seu tabuleiro para a passagem de pedestres, carrinhos de ambulantes e bicicletas para restabelecer a sua nobre função de ponte.
4. Com isso realizado, promova-se a execução de uma terceira via em cada sentido das pontes de concreto existentes, dando, assim, um maior fluxo aos veículos que a cada ano engarrafam o bairro de Igapó e o bairro Nordeste.

Essa proposição resolve definitivamente uma velha ferida e ponto de lamentação do natalense, que não se conforma com todo o ocorrido. É uma simples decisão e um grande passo para o restabelecimento da autoestima de um povo.

Figura 262. Ponte montada por este autor. Projeto em AutoCAD e CorelDraw para corte em MDF, de Álvaro Negreiros
Fonte: fotografia de Eduardo Maia em 2012 em acervo do autor

CAPÍTULO 27

ENSAIO SOBRE PONTES

Figura 263. Esta fotografia pode ser uma poesia sobre a ponte velha de Igapó. Foi tirada pela margem direita do rio Potengi e está a montante

Fonte: acervo do engenheiro Nadelson Freire, gentilmente cedido em 2013 para publicação em livro deste autor

A grandeza de uma ponte só é comparada à sua própria denominação. Entre os títulos conhecidos no mundo, um é muito especial: o pontífice, que significa literalmente construtor de pontes. Na antiguidade, esse título era usado por qualquer sacerdote de qualquer religião. É uma expressão laica. Era, e é, o elo entre o terreno e o celeste. É um título sublime porque não há trabalho mais belo do que o de dedicar-se a erguer pontes em direção aos homens e aos lugares. Construir pontes é uma tarefa hercúlea, de ontem, de hoje e de amanhã.

A história das construções das pontes se confunde com a própria história da civilização. A ponte metálica é o próprio símbolo da Segunda Revolução Industrial[136] a partir de 1850 até 1945, pela mágica que proporcionou. A ponte metálica viabilizou os trens. Os trens

[136] A Segunda Revolução Industrial foi o período histórico marcado por continuidade do processo de industrialização que teve início no século XVIII na Inglaterra. No século XIX, houve a ampliação na escala territorial e nas técnicas, novas tecnologias e aprimoramentos contínuos que perduram até hoje. Surgiu também a ideia de acumulação do capital.

viabilizaram a sociedade moderna e suas cargas. Só os brasileiros abandonaram os trens e centenas de pontes belas de alto custo.

Analisando uma ponte, encontramos a sensacional definição para alguém que é fiel às duas margens. Serve a elas, mas não pertence a nenhuma delas. Uma ponte não é margem, mas apoia-se em ambas. É caro construir uma ponte, mas muito mais caro é não a construir. E horrendamente criminoso é não a manter, não a conservar.

Grandes batalhas já foram travadas por cidades e por pontes. E a mobilidade durante uma guerra é sempre afetada pela mobilidade por meio de suas pontes. No treinamento militar é dada especial ênfase em como destruir pontes existentes e ao mesmo tempo em como reconstruí-las rapidamente enquanto se está avançando sobre o inimigo.

Na área espiritual, um simples toque de um médium é uma ponte para a cura ou para a libertação.

O universo sabe que precisa de construtores de pontes, sua necessidade é como a do oxigênio. As pontes são para a prosperidade. O que se precisa cuidar é da relação entre destruidores e construtores no mundo. Os destruidores devem ser extirpados. Quem não mantém e não conserva o que deve ser conservado, precisa aprender a erguer pontes em direção a si próprio.

Um construtor de pontes materiais é, em essência, um construtor de fidelidade humana. No exemplo de G. C. Imbault, que poderia "ser do mundo", mas preferiu ser sempre de sua pequena cidade natal, é prova de sua fidelidade. A Fidelidade tem como princípio o amor às origens. Quem tem origem quer conservá-la, amá-la.

Os grandes construtores temem as duas grandes cidades, da vida e da morte, e o principal: sabem que elas estão apenas separadas por uma ponte. Quem ama a sua profissão de engenheiro construtor de pontes não vive na cidade dos alguns políticos mortos que pensam estar vivos, mas estão mortos, pois não conservam nada que seus antecessores construíram.

Marco Polo descreve uma ponte, pedra por pedra.

— Mas qual é a pedra que sustenta a ponte?, pergunta Kublai Khan.

> — A ponte não é sustentada por esta ou aquela pedra, responde Marco, mas pela curva do arco que estas formam. Kublai Khan permanece em silêncio, refletindo. Depois acrescenta:
>
> — Por que falar das pedras? Só o arco me interessa. Polo responde:
>
> — Sem pedras o arco não existe[137].

Sem engenheiros civis as pontes não existiriam. Ou melhor, alguém as teria construído, pois pontes são como o dinheiro, se não existisse, já teria sido inventado.

"Se você se sente só, é porque ergueu muros em vez de pontes." (William Shakespeare)

Uma das grandes tristezas da natureza do brasileiro é a falta de cultura sobre a importância de manutenção das coisas como livros, objetos, máquinas e equipamentos técnicos, como uma ponte, que seus antepassados construíram. É mais do que a inexistência de valores culturais. É a inexistência de valores morais, é a destruição do passado cultuada por políticos de baixíssimas castas.

Na engenharia civil, criamos as construções em geral, principalmente as pontes, os grandes ou pequenos viadutos. A ponte ou viaduto é uma OAE, A falta de manutenção dessas obras é um verdadeiro absurdo no nosso país. E somente os engenheiros são os responsáveis por isso ? Carregamos a enorme culpa porque o nosso maior órgão, o CREA e o CONFEA, está encastelado somente em fiscalizar o exercício da profissão, pecando monstruosamente por omissão em vários segmentos da sociedade e engenharia brasileira.

Constroem-se estradas, pontes e viadutos com fartas festas com direito a cortes de fitas de inauguração como a de 20 de abril de 1916 em Natal, mas, depois de inauguradas, vem o abandono. Parece que os novos governantes quando assumem seus postos querem derrubar todas as obras dos antecessores. Depois de inaugurada a obra, passado o entusiasmo criado pela mídia, a obra é abandonada. Especialmente quando termina uma gestão administrativa e é substituída por outra, aquela obra é entregue aos ratos do tempo.

---

[137] Calvino (1990, p. 79).

Decorridos anos, e com intuitos publicitários para gerar elogios e difamar as gestões anteriores, algumas obras são lembradas como mal construídas, com reparações custosas e gerando novas inaugurações.

Os casos de pontes e estradas, parques e jardins, prédios públicos ou instalações feitas para gerar conforto para a população ficarem em tal estado de abandono, sem nenhuma manutenção (pintura de 20 em 20 anos!) adequada, são vários pelo país afora, Ficando, então, algumas vezes sem a possibilidade de recuperação. Aí é que surge a oportunidade de uma nova construção no mesmo local vizinho, quando com esse dinheiro deveria se estar construindo outras necessidades.

Depois da corrupção, o pior do Brasil é o descaso do poder público, que teria obrigação de conservar o patrimônio que cada um de nós pagou, mesmo que tenham sido executados por antecessores. No caso de conservação temos as exceções como é o caso do IAPHACC, Instituto do Patrimônio Histórico e Artístico Nacional (Iphan), MPRN, diante do nosso comodismo inculto que não reclama ou não conscientiza, a comunidade de seu direito de não ver seus patrimônios abandonados, degradados e em vias de afundar no rio.

Pela Lei de Sitter[138] ou dos múltiplos de 5, uma recuperação tardia pode custar centenas de vezes mais do que manutenções periódicas, cujo valor se distribui ao longo do tempo. O tempo vai passando até ficar impossível a recuperação. E é isso o que "eles" querem ou é isso o que deixamos acontecer?

Somos culpados, somos culpados. E o erro está na nossa formação de engenheiro e de povo manso. Não nos ensinam como se deu a evolução da engenharia, sua história. Sem história não há outra ciência. Não temos a disciplina de História da Engenharia da forma como os arquitetos têm na arquitetura, por exemplo.

Manutenção periódica é a simples expressão da solução, mas a manutenção periódica de nossos valores morais também. Manutenção do nosso orgulho. Manutenção da verdade. Porque os nossos projetistas não escrevem nos seus projetos como deve ser realizada a manutenção periódica das suas obras? Foi necessária uma lei para

---

[138] Sitter demonstrou que a conservação começa no projeto com custo de um dólar, depois na construção, com custo de 5 dólares, depois as manutenções vão custar 25 e 125 dólares.

essa cultura se iniciar no Brasil. A manutenção periódica obrigatória de edifícios e construções no Brasil está começando a ser uma realidade. Vamos ver ou será para inglês ver?

Sem embargos e sem medo de errar, o problema de manutenção, em especial de obras, é um problema cultural de nosso povo. Essa cultura da manutenção se faria necessária a partir das escolas primárias, ensinando a criança a cuidar de seus brinquedos, pertences e de sua casa, e das universidades, em que as consciências são formadas definitivamente, algumas aulas de "como foi que aconteceu em outros lugares no passado". Qual é o capital humano de uma nação? É o seu povo.

É vergonhosa a falta de manutenção em nossas pontes e viadutos em todo o Brasil. A conscientização sobre a manutenção como um todo e para todos deveria ser de cada um, de cada grupo social, de cada escola, de cada comunidade. Campanhas junto a todos, seja do poder público, que deveria sentir o poder do cidadão contribuinte, seja do usuário, que deveria ter o aculturamento para ajudar a preservar as obras públicas.

O desgaste dos objetos, e dos humanos também, é o resultado de uma ação do oxigênio no tempo. E esse oxigênio é auxiliado em sua ação pela poluição atmosférica com o gás carbônico, pela umidade, pelos cloretos que não foram evitados, foi acelerado pela falta da manutenção.

Não é o tempo que causa esse desmanche, mas sim a falta de manutenção durante muito tempo. A ponte da Torre de Londres está lá. A Torre Eiffel, de Gustave, inaugurada em 31 de março de 1889, está lá, conservada. Centenas de pontes centenárias estão lá. As pontes que não foram destruídas totalmente pelas guerras estão lá, algumas recuperadas por G. C. Imbault.

Segundo Addis (2009), o Coliseu, do "engenheiro" Apolodoro de Damasco[139], construído entre os anos de 72 a 96 d.C., foi utilizado por mais de 400 anos. As pontes e túneis do notável e venerado

[139] Apolodoro de Damasco (Damasco, 50 d.C. a Roma, 130) foi um dos maiores arquitetos-engenheiros do império romano. Como o oficial do imperador Trajano, que reinou de 98 a 117, foi o responsável pelas construções das mais prestigiosas obras desse período, incluindo o Coliseu. Como engenheiro, ele escreveu vários tratados técnicos e sua enorme produção arquitetônica lhe rendeu imensa popularidade durante seu tempo.

engenheiro Isambard K. Brunel, o maior orgulho da Inglaterra depois de Winston Churchill, está funcionando após mais de 160 anos!

Um país que venera seus engenheiros e cientistas é um país que evolui sempre. Essa é a interpretação do Global Entrepreneurship Monitor (GEM)[140].

Figura 264. Esta pesquisa foi empreendida ao longo de 25 anos de lugares, pessoas, livros e viagens. A história não acabará até o dia em que ninguém mais terá a ideia de vender para um ferro velho uma obra de arte especial como a ponte metálica de Igapó

Fonte: fotografia do acervo do autor

[140] GEM é o maior estudo anual sobre a dinâmica empresarial do mundo. O GEM foi concebido em 1999 e desde então é venerado pela credibilidade e abrangência de suas pesquisas.

REFERÊNCIAS

Periódicos, revistas e jornais:

Actas Diurnas (publicadas de 1939 a 1946 pelo jornal *A República*; de 1947 a 1952 pelo jornal *Diário de Natal*, de 1953 a 1958, a coluna foi suspensa; de 1959 a 1960 a coluna volta a ser publicada pelo jornal *A República*).

Bitolas e escalas no ferreomodelismo (Jan-1993) Flávio R. Cavalcanti -Revista Eletrônica Centro-Oeste nº 74 http://vfco.brazilia.jor.br/historia/bitesc/bitolas--e-escalas-no-ferreomodelismo.shtml. Acessado em: 30.09.2021.

Cascudo, Luís da Câmara (1940). *Por que se chama Cidade do Natal? A República*, Natal, 4 abr. 1940.

Eytier, Jean-Louis (2005). Georges-Camille Imbault (An. 1892), dans "Arts & Métiers Magazine", 285, septembre 2005.

Bezerra, Candinha (2001 out.). *Cantaria: arte no corte da pedra.* Galante, ano 3, 5(II). (Colaborador Geólogo Edgard Ramalho Dantas). p. 2.

Gaudard, Jules (1891). *Revista de Engenharia,* Rio de Janeiro, ano III, (11). Club de Engenharia. Typographia Economica. Rua Gonçalves Dias Nº 28.

Jornal *O Paiz*. (1916/17/18). Recuperado de: http://www.memoria.bn.br

(2011). Cem anos de Resistência do Concreto na Ponte do Rio Potengi. *Revista Concreto & Construções,* 62, 22-26.

Revista de Engenharia (1891) Fonte: http://memoria.bn.br/DocRea

der/hotpage/hotpageBN.aspx?bib=709743&pagfis=507&pesq=revista+de+engenharia+caixoes+de+funda%C3%A7%C3%A3o+a+ar+comprimido&url=http://memoria.bn.br/docreader. Acessado em: 29 jan. 2013

Revista do Club de Engenharia. (1891) Rio de Janeiro. Disponível em: http://www.memoria.bn.br.

Revista Escola de Minas (2008 abr. jun.) Cardoso, Manoel Gonçalves. Araújo, Ernani Carlos de. Cândido, Luiz Claudio. UFOP. 61(2), 211-218.

Revista Panorama (1983) De Azevedo, Paulo Ormindo D. UFBA. Título: *Essa ponte pede passagem.*

"The Engineer" (1905, 7 abr. 1905). Disponível em: http://www.gracesguide.co.uk/images/5/5a/Er19050407.pdf.

"The Railway Times". (1915 jan./jun.). Londres.

Mensagens e relatórios governamentais:

Actos do Poder Executivo (1911). Volume III. *Leis do Brasil*. Rio de janeiro: Imprensa Nacional.

Catálogos:

Ponte Presidente Costa e Silva – (1984). Departamento Nacional de Estradas de Rodagem DNER . Editora Jolan Ltda. Rio de Janeiro. Brasil.

Cleveland Bridge – Creating Landmarks World-wide (2011). Catalog edited by Cleveland Bridge UK – Darlington- UK.

The Cleveland Bridge and Engineering Co. Limited – Darlington England. (1935). Hood & Co. Limited. Sanbride Works. Middlesbrough. England, p. 5,16,17,31 e 34.

Livros:

Addis, B. (2009). *Edificação: 3000 Anos de Projeto, Engenharia e Construção*. Porto Alegre, RS: Bookman.

Andrade, C. (1999). *Manual para diagnóstico de obras deterioradas por corrosão de armaduras*. São Paulo, SP: Pini.

APHA 4110 (1998). *Standards methods for the Examination of Water and Wastewater*. Washington DC. E.U.A: American Public Health Association.

Arrais, R., Andrade, A. & Marinho, M. (2008). *O Corpo e a Alma da Cidade: Natal entre 1900 e 1930*. Natal, RN: EDUFRN.

Barman, R. J. (1999). *Citizen Emperor: Pedro II and the Making of Brazil, 1825–1891*. Stanford, EUA: Stanford University Press.

Borzacov, Y. P. *Estrada de Ferro Madeira- Mamoré*. Uma História em fotografias. Instituto de Pesquisa Ary Tupinambá Penna Pinheiro. Instituto Geográfico e Histórico de Rodônia: Academia de Letras de Rodônia. 2004. M129 pp.

Brina, H. L. (1983). *Estradas de Ferro* (Vol. 1 e 2). Rio de Janeiro, RJ: Livros Técnicos e Científicos Editora S/A.

Bulcão, C. (2015). *Os Guinle, a história de uma dinastia*. Rio de Janeiro, RJ: Intrínseca.

Burnside, W. (1916). *Bridge Foundations*. London, UK: Scott, Greenwood & Son.

Burnell, George R. (1850). *Supplement to the Theory, Practice and Architecture of Bridges*. London: John ed Weale.

Callister, W. Jr. (2001) *Ciência e Engenharia de Materiais: Uma Introdução*. Barueri, SP: Editora LTC.

Calvino, Í. (1990). *As cidades invisíveis*. Trans. Diogo Mainardi. São Paulo, SP: Companhia das Letras.

Campos, H. G. (2012). *Caminhos da história: estradas reais e ferrovias*. Belo Horizonte, MG: Fino Traço.

Cascudo, O. (1997). *O Controle da Corrosão de Armaduras em Concreto - Inspeções e Técnicas Eletroquímicas*. Goiânia, GO: Editora UFG.

Cascudo, L.C. (1965) *História da República do Rio Grande do Norte*. [1a ed.]. Rio de Janeiro, GB: Edições do Val Ltda.

Cascudo, L. C. (2010) *História da Cidade do Natal*. [4a ed.]. Natal, RN: EDUFRN.

Clough, D. (1998). *Golden Years of Darlington*. Halifax, UK: True North Books.

Dantas, M. (1996). *Natal daqui a cinquenta anos*. Natal: Fundação José Augusto--Sebo Vermelho.

Dorfman, G. (2003). *A História do Cimento e do Concreto*. Brasília, DF: Editora Universidade de Brasília.

Emett, Charlie. (2003). *Made in Darlington*. Stroud, UK: Sutton Publishing.

Engenharia, Instituto de. (2007). *Engenharia do Brasil, 90 anos do Instituto de engenharia*. São Paulo: Instituto de Engenharia. p. 11.

Galvão, H. (1999). *História da Fortaleza da Barra do Rio Grande*. Rio de Janeiro, RJ: Fundação Hélio Galvão.

Gomes, L. (2013). 1889, *Como um imperador cansado , um marechal vaidoso e um professor injustiçado contribuíram para o fim da monarquia e a proclamação da República no Brasil*. 1. ed. São Paulo: Globo.

Hall, P. (2016). *Cidades do amanhã: uma história intelectual do planejamento e do projeto urbanos no século XX*. São Paulo, SP: Perspectiva.

Isaia, G. (2005). *Concreto: Ensino, Pesquisa e Realizações* [Vol. 1 e 2]. São Paulo, SP: Ibracon.

Isaia, G. (2007). *Materiais de Construção Civil e Princípios de Ciência e Engenharia de Materiais* [Vol.1 e 2]. São Paulo, SP: Ibracon.

Kuhl, B. M. (1998). *Arquitetura de ferro e arquitetura ferroviária em São Paulo: reflexões sobre a sua preservação*. São Paulo: Ateliê Editorial: Fapesp: Secretaria da Cultura.

Lima, P. L. de O. (2009). *Ferrovia, sociedade e cultura.1850 – 1930.* Belo Horizonte, MG; Argymentvm.

Lyra, C. (2001). *Natal Através do Tempo*. Natal, RN: Sebo Vermelho.

Melo, V. (2007). *Natal Há 100 Anos Passados*, Natal, RN: Sebo Vermelho.

Merriman, Mansfield, & Jacoby, Henry S. (1915). *Roofs and Bridges*. John Wiley & Sons, New York, p. 67-93-175.

Metha, P. K & Monteiro, P. (2008). *Concreto – Microestrutura, Propriedades e Materiais*. São Paulo, SP: Ibracon.

Miranda, J. M. F. de. (1999). *Evolução Urbana de Natal em 400 anos: 1599-1999.* Natal, RN: Iarte.

Monteiro, D. M. (2007). *Introdução a História do Rio Grande do Norte*. Editora da UFRN. p. 136.

Neville, A. (1997). *Propriedades do Concreto*. São Paulo: Pini.

Moreira, A. de M. (1909). *Calculo das Pontes Metallicas de Estradas de Ferro*. São Paulo: Casa Vanorden. p. 3 a 7.

Pinto, E. (1949). *História de Uma Estrada de Ferro do Nordeste*. Rio de Janeiro: José Olympio Editora. p. 111-115.

Pombo, R. (1922). *História do Estado do Rio Grande do Norte*. Rio de Janeiro, RJ: Anuário do Brasil.

Russel, H. (2002) *Cleveland Bridge 125 Years of History*. London, UK: Henning Information Services.

Rodrigues, W. do N. (2003). *Potengi: Fluxos do Rio Salgado no Século XIX*. Natal, RN: Sebo Vermelho.

Santarella, L. (1936). *La Tecnica delle Fondazioni*. [2a ed.]. Milano, IT: Editore Ulrico Hoepli.

Santos, P. A. de L. (1998). *Cidade Nova, 1901: um espaço de representação do novo poder republicano em Natal*. In Jornada Internacional sobre Representações Sociais. Natal, RN.

Silva, J. P. da. (1970) *Ponte Rodoferroviária sobre o Rio Potengi*. Natal: Departamento de Estradas de Rodagem do Rio Grande do Norte. p. 6 e 7.

Sousa, E. de (1999). *Costumes locais*. Natal: Verbo-Sebo Vermelho, 1999.

Souza, I. de. (2008). *Nova História de Natal*. 2. ed. Natal: Departamento Estadual de Imprensa do RN. p. 786.

Suassuna, L. E. B., & Mariz, M. da. (2005). *História do Rio Grande do Norte*. 2. ed. Natal: Sebo Vermelho. p. 222.

Taylor, H. F. W. (1997). *Cement Chemistry*. [2a ed.] London, UK: Thomas Telford Publishing.

Telles, P. C. da S. (1984). *História da Engenharia no Brasil*. Rio de Janeiro, RJ: Editora LTC.

Thorpe, W. H. (1906). *The Anatomy of Bridgework*. London, UK: E. & F.N. Spon.

Tecnologia, IPT 90 anos de. (1994) IPT 90 Anos de Tecnologia, IPT, São Paulo, p. 13-15.

Terzaghi, K., & Peck, R. B. (1962) Mecânica dos Solos na Prática da Engenharia. Tradução: Antonio José da Costa Nunes e Maria de Lourdes Campos Campello. Rio de Janeiro: Ao Livro Técnico S.A.

Torquato, A. et al. (2009). *Baixa-Verde: Raízes de nossa história*. Coleção Baixa Verdense Volume I. João Câmara.

Vasconcelos, A. C. de (1993). *1922. Pontes brasileiras- viadutos e passarelas notáveis*. São Paulo: PINI.

Uchikawa, H. (1986). *Hydration of bloated cement*. In Congresso Brasileiro de Cimento. São Paulo, SP.

Vargas, M. (org.) (1994) *História da Técnica e da Tecnologia no Brasil*. São Paulo: Editora UNESP. p. 190-194-211.

Velloso, D. A., Lopes, F. R. (2002) Fundações. 3. ed., v. 1, Rio de Janeiro: COPPE/UFRJ,

Pfeil, W. (1988). *Pontes em Concreto Armado*, vol. 2. Rio de Janeiro: LPC Editora.

Livros eletrônicos:

Dempsey, G. Drysdale. (1850). Tubular and other Iron Girder Bridges, Particularly Describing The Britannia and Conway Tubular Bridges. London: John Weale.

Em: http://books.google.com.br/books?id=Ro2URTS3s_wC&printsec=frontcover&hl=pt-BR&source=gbs_ge_summary_r&cad=0#v=onepage&q&f=false. Acessado em: 6 fev. 2013.

Fidler, T Claxton. (1887) A Practical Treatise on Bridge-Construction. London: Charles Griffin & Co. Em: http://books.google.com.br/books?id=yPw4AAAAMAAJ&q=inauthor:%22Thomas+Claxton+Fidler%22&dq=inauthor:%22Thomas+-Claxton+Fidler%22&hl=pt-BR&sa=X&ei=ERQTUZmtOOaR0QGC0oG4CA&-ved=0CEUQ6AEwBA. Acessado em 6 fev. 2013.

List of Members of The Institution of Civil Engineers. London. 1912. Em: http://www.archive.org/details/chartersupplemen1912inst.pdf. Acessado em: 18 abr. 2015.

Manual Didático de Ferrovias - Departamento de transportes. Recuperado em: www.dtt.ufpr.br/Ferrovias/.../MANUAL%20DIDÁTICO%20DE%20FERROVIAS%pdf

Ponnuswamy, S. (2007). Second edition. http://books.google.com.br/books?id=V-fRMyREWyuoC&pg=PA318&lpg=PA318&dq=steining&source=bl&ots=v3dqnfN-rAd&sig=1Ji0dTQmXYgDMqzOhlXxCL1EBRQ&hl=pt-BR&sa=X&ei=GOtFUa3L-BYzK0AGd2YDgBg&ved=0CLQCEOgBMCQ#v=onepage&q=steining&f=fals. Acessado em 25 fev. 2106.

Venkatramaiah, C. (2006). *Geotechnical Engineering*. [3a ed.] New Delhi: New Age International Publishers. Recuperado de: http://books.google.com.br/books?id=ftzs8hDiAJgC&printsec=frontcover&hl=pt-BR#v=onepage&q&f

Artigos eletrônicos:

Dutra, Kaio. Aula 3. *Processos Metalúrgicos: Fabricação Do Aço*. https://kaiohdutra.files.wordpress.com/2017/08/pm_aula3_fabricac3a7c3a3o-de-ac3a7o1.pdf. Acessado em: 4 maio 2020.

Freitas, Helena Costa Lopes de. (2002). *Formação de professores no Brasil: 10 anos de embate entre projetos de formação*. https://www.scielo.br/j/es/a/hH5LZRBbrD-FKLX7RJvXKbrH/?lang=pt&format=pdf. Acessado em: 30 ago. 2021

History of rivets, 20 facts you might not know. https://www.goebelfasteners.com/history-of-rivets-20-facts-you-might-not-know/. Acessado em: 23 ago. 2021.

Mello, Rafael Reis Pereira Bandeira de. (2011). *O Apostolado Positivista e a primeira constituição da república no Brasil*. http://www.snh2011.anpuh.org/resources/anais/14/1308581256_ARQUIVO_O_Apostolado_Positivista_do_Brasil_e_a_primeira_constituio_republicana.pdf. Acessado em: 22 abr. 2015.

Rodrigues, Wagner do Nascimento. *Tensões e conflitos na instalação de um pátio Ferroviário na Esplanada Silva Jardim, Natal* (1909 – 1920). Fonte: http://www.ifch.unicamp.br/ojs/index.php/urbana/article/viewFile/991/724. Acessado em: 20 abr. 2015.

Singh,S.(2013). *Well foudation* http://blogs.siliconindia.com/civilengineering/Well_Foundation-bid-Q3qK82yo75764524.html. Acessado em: 22 ago. 2013.

Santos, Pedro Antônio de Lima. *Manoel Dantas: O mito da fundaçãq de natal e a construção da cidade moderna*. Departamento de Arquitetura. Curso de Arquitetura e Urbanismo. Programa de Pós-Graduação em Arquitetura e Urbanismo. http://unuhospedagem.com.br/revista/rbeur/index.php/shcu/article/viewFile/822/797 UFRN.

Silva, Elisio Augusto de Medeiros. *Manoel Dantas: O homem de sete instrumentos*. (2014). http://noticiasdehontem.net/materias/anoIV/XXVII/manoel_dantas-o_homem_de_sete_instrumentos.html. Acessado em: 16 abr. 2015.

Capítulo em livro ou obra coletiva:

Arrais, Raimundo (2006). *Surge et Ambula: A Construção de uma Cidade Moderna*, (Natal, 1890-1940), Ferreira, Angela Lúcia. Dantas, George (org.). Natal: EDUFRN-Editora da UFRN. p. 121,123.

Battagin, A. F., Battagin, I. L. S. (2010). O cimento Portland no Brasil. In ISAIA, G. C. (org.). *Materiais de construção civil e princípios de ciência e engenharia de materiais*. [2a ed.] São Paulo, SP: Ibracon.

Freitas, M. T. de A. (2002). *Educação em Engenharia: Metodologia*. In Pinto, D. P. & Nascimento, J. L. do (org.). São Paulo, SP: Editora Mackenzie.

Trabalho em Anais de Congresso (Anais impressos ou em CD-ROM):

Negreiros, M. Pereira, F. (2010) *Cem anos de Resistência de um Concreto na Ponte sobre o Rio Potengi.* In Anais do 52º Congresso Brasileiro do Concreto, Fortaleza, CE.

Negreiros, Manoel, De Souza, Jacquelígia Brito, Almeida de Sá, Maria das vitórias Vieira, Faheina de Souza, Paulo Alisson, & Freitas, Julio Cezar de Oliveira (2012). *Estudo De Um Cimento Inglês Com Cem Anos De Idade e do CP II Z Brasileiro.* Anais do 54 Congresso Brasileiro do concreto, Maceió. p. 3 a 7.

Teses e dissertações:

Andrade, Alenuska Kelly Guimarães (2009) *A eletricidade chega a cidade: inovação técnica e a vida urbana em Natal* (1911-1940). (Dissertação de Mestrado). Programa de Pós-Graduação em História da UFRN, Natal. p. 65.

Frazão, E. P. (2003) *Caracterização Hidrodinâmica e Morfo-Sedimentar do Estuário Potengi e Áreas Adjacentes: Subsídios para Controle e Recuperação Ambiental no caso de Derrames de Hidrocarboneto.* (Dissertação de Mestrado). Programa de Pós-Graduação em Geodinâmica e Geofísica, Universidade Federal do Rio Grande do Norte, Natal, RN.

Chaves Júnior, I. de O. (2010). *Provocar, Auxiliar e Fiscalizar: lugar do Estado na produção do ensino secundário em Belo Horizonte (1898-1931).* (Dissertação de Mestrado). Universidade Federal de Minas Gerais, Belo Horizonte, MG.

Medeiros, G. L. P. de. (2011). *Caminhos que estruturam cidades redes técnicas de transporte e a conformação intra-urbana de Natal (1881-1937).* (Dissertação de Mestrado). Universidade Federal do Rio Grande do Norte, Natal, RN.

Monticelli, Gislene. (2005) *Arqueologia em Obras de Engenharia no Brasil: Uma Crítica aos Contextos.* Tese de Doutorado, no Curso de Doutorado Internacional em Arqueologia do Programa de Pós-graduação em História da Pontifícia Universidade Católica do Rio Grande do Sul.

Rodrigues, Wagner do Nascimento (2006). *Dos Caminhos de Água aos Caminhos de Ferro: A Construção da Hegemonia de Natal Através das Vias de Comunicação* (1820-1920), Dissertação de Mestrado, Programa de Pós-Graduação em Arquitetura e Urbanismo da UFRN. p. 39-60-70-89-99-120-145-147-150-153-157.

Santos, P. A. de L. (1998). *Natal século XX: do urbanismo ao planejamento urbano*. (Tese de Doutorado). Universidade de São Paulo, São Paulo, SP.

Normas:

Associação Brasileira de Normas Técnicas (ABNT) (2004). *NBR 6118/04: Projeto de Estruturas de Concreto Armado*. Rio de Janeiro, RJ: ABNT.

Associação Brasileira de Normas Técnicas (ABNT) (2014). NBR 6118/04: Projeto de Estruturas de Concreto Armado. Rio de Janeiro, RJ: ABNT.

Associação Brasileira de Normas Técnicas (ABNT) (1991). *NBR 11578: Cimento Portland Composto: procedimento*. Rio de Janeiro, RJ: ABNT.

Associação Brasileira de Normas Técnicas (ABNT) (1994). *NBR 5739: concreto: ensaio de compressão de corpos-de-prova cilíndricos*. Rio de Janeiro. 4p.

Associação Brasileira de Normas Técnicas (ABNT) (1995a). *NBR 6502: Rochas e Solos – Terminologia*. Rio de Janeiro, RJ: ABNT .

Associação Brasileira de Normas Técnicas (ABNT) (1995b). *NBR 7584: Avaliação da dureza superficial pelo esclerômetro de reflexão*. Rio de Janeiro, RJ: ABNT.

Associação Brasileira de Normas Técnicas (ABNT) (1987). *NBR 7680: Extração, preparo, ensaio e análise de testemunhos de estruturas de concreto*. Rio de Janeiro, RJ: ABNT.

Associação Brasileira de Normas Técnicas (ABNT) (1986). *NBR 9452. Vistorias de pontes e viadutos de concreto*. Rio de Janeiro RJ: ABNT.

Associação Brasileira de Normas Técnicas (ABNT) (1987). *NBR 9778 Determinação da absorção de água por imersão – Índices de vazios e massa específica*. Rio de Janeiro RJ: ABNT.

BS 146. (2002). *Specification for blastfurnace cements with strength properties outside the scope*. London, UK: BS 146.

(EF-88) Real decreto 824/1988, de 15 de julio, por el que se aprueba *la instruccion para el proyecto y la ejecucion de obras de hormigon en masa o armado* (EH-88) Organo Emisor: Ministerio de Obras Públicas y Urbanismo. Tipo de Norma: Convenio Colectivo. Marginal: 17400. Madrid. Espanha.

Internet:

ABPF-Associação Brasileira de Preservação Ferroviária (2021), Campinas SP. Recuperado de: http://www.abpf.org.br/

ANPF- Associação Nacional de Preservação Ferroviária (2021) Sabaúna, Mogi das Cruzes SP. Recuperado de: http://www.anpf.com.br/. Acesso em: 14 fev. 2010.

Lápis medidor de ph, da Rogertec (2021) . Recuperado de http//www.rogertec.com.br. Acessado em: 2 jul. 2010.

CBUK- Cleveland Bridge United Kingdon (2021) Darlington UK . Recuperado de - https://www.clevelandbridge.com/. Acessado em: 22 set. 2021.

Structurae International Database and Gallery of Structures (2021) Recuperado de http://en.structurae.de/persons/data/index.cfm?id=d001406 . Acessado em: 3 ago. 2010.

Delagoabay - The Delagoa Bay Review (2021) Recuperado de http://delagoabayword.wordpress.com/. Acessado em: 22 ago. 2021.

Cavalcanti, F. R. (1993). *Bitolas e escalas no ferreomodelismo. Centro-Oeste,* 74. Recuperado de http://vfco.brazilia.jor.br/historia/bitesc/bitolas-e-escalas-no-ferreomodelismo.shtml. Acesso em: 10 jun. 2021.

Cleveland - *Graces Guide to British Industrial History* (2020). Recuperado de http://www.gracesguide.co.uk/Cleveland_Bridge_and_Engineering_Co. Acessado em: 8 maio 2012.

Fontes primárias

Albuquerque, Marco Aurélio da Câmara Cavalcanti de. Entrevista em 1º de agosto de 2012.

Arquivo Nacional. Documentos disponíveis em CD-ROM. Rio de Janeiro.

Benevides, João Ferreira de Sá e Filho. Entrevista em 14.07.2012, em São José dos Campos/SP.

Benevides, João Ferreira de Sá e Neto. Entrevista em 14.07.2012, em São José dos Campos/SP.

Benevides, Rubens. Entrevista, por e-mail, em 28.07.2012.

Bezerra, Luís G. M. Entrevista em 2012. Em companhia de Frederico Nicolau.

Biblioteca Nacional. Microfilmes e Periódicos. Rio de Janeiro/RJ.

Cavalcanti, Jarbas de Oliveira. Entrevista em 14.02.2013. Fotografias do acervo do entrevistado. Depoimentos de tios e familiares.

Cavalcanti Neto, Manoel de Oliveira. Entrevista em 2014. Fotografias do acervo do entrevistado. Depoimentos de tios e familiares.

Collier, Wilson. Entrevista em março de 2010.

Colombot, Michel. Com a intermediação de Alice Lesage, encarregada de comunicação do Grupo Baudin Chateauneuf, em 23 de abril de 2010. Michel é neto do projetista Georges-Camille Imbault.

Cascudo, Daliana. Entrevista em 15.05.2021. Entrevista sobre seu avô Luís da Câmara Cascudo e cessão de uso de fotografia.

Dantas, Edgard Ramalho. Entrevista em 11.12.2012. Fotografias do acervo do entrevistado.

Departamento de Estradas e Rodagens do Rio Grande do Norte (DER/RN).

Freire, Nadelson - Entrevista em 2013 em companhia do eng. Evandro Costa Ferreira.Com a entrega das fotografias aéreas e debaixo da ponte de Igapó.

Forrest, Bob. Entrevista em 11.08.2011. Darlington, Inglaterra, RU.

Fundos do Ministério do Transporte do Arquivo Nacional de 1870 a 1920. Rio de Janeiro.

Galvão, Jaeci Emerenciano (2013). Acervo de fotografias particulares cedidas por seu filho Jaeci Jr e Fred Galvão (2021).

Galvão, João. Acervo de fotografias de domínio público e as pertencentes à família Sá e Benevides.

Galvão, William Pinheiro. Diversas entrevistas e diálogos e fornecimento de matérias de jornais e orientações.

GEPE Engenharia LTDA. (1988). *Relatório de Sondagem SPT BR 101.* Natal, RN: GEPE Engenharia LTDA.Rogério de Pinho Pessoa.(2021)

GIFI, Ministério dos Transportes, caixa 4B-417, maço 253. caixa 4B-453, maço 306.

Iglesias, Reinilde. Empresária aposentada. Entrevista em 27.02.2013.

Acervo de jornais, livros e fotografias do IHGRN.Extração do pó de cimento hidratado (2010)

Labonne, Hubert. E-mails em 23.04.2010.

Landreau, Odile. *Arts & Métiers Mag*. Paris. Recuperado de www.artsetmetiersmag.com

Legrand, Christian. E-mails em 08.07.2010.

Mariano, Atualpa Arruda. 74 anos, ferroviário aposentado presidente da AARFFSA. Entrevista em 18/03/2010 e em 07.02.2013.

Mariano, Gaspar Arruda. 91 anos, ferroviário aposentado como Agente de Trem, entrevistado em 07.02.2013. Indicou a ponte do Km 15 entre Lajes e Pedro Avelino.

Matoso, Waldemar de Souza. 78 anos, empresário aposentado. Entrevista em 28.02.2013.

Negreiros. Manoel Fernandes de. Fotografias do acervo do Autor.

Nicolau, Frederico. Entrevista em 2010. Cedeu fotografias de 1941.

Nobre, Esdras Rebouças. Fotografias aéreas da ponte cedidas gentilmente (2021).

Parisot, Eduardo. Álbum de fotografias do período de 1912 a 1919 do acervo de Wagner Nascimento Rodrigues (*in memoriam*).

Pereira, Fábio Sérgio da Costa (2010). Orientações do doutor em pesquisas de engenharia.

Proença, Família. Adalgisa. João Nabuco. Stella Maria. Thomaz Saavedra. (2014, 2015 e 2021).

Rede Ferroviária Do Nordeste (Estrada De Ferro Sampaio Correia), divisão Natal, Linha NL-SR, Projeto escala 1:500 – Ponte de 520,00 sobre o Rio Potengy -9 vãos de 50,00 e um de 70,00. 18/7/ano ilegível.

Rede Ferroviária Do Nordeste (Estrada De Ferro Sampaio Correia), Livro de Cópias de Ofícios da Inspetoria das Estradas de 1919 a 1920.

Ramos, Ivanilson Anselmo dos. 61 anos. Entrevista e fotografias em 16.06.2012.

Silva, José Pereira. Entrevistas e orientações do engenheiro calculista em 10.02.2010.

Souza, Manoel Tomé. Entrevista em 2011.

Pesquisa em acervo e museu da Superintendência de Trens Urbanos de Natal (STU/NAT).

Pesquisa em diversas edições, citadas nos capítulos, no jornal A República, de Natal, anos 1912/13/14/15 e 16. Várias notícias fotografadas nos jornais e citadas diretamente pelo autor (2013).